KB076342

건축 생산 역사 2

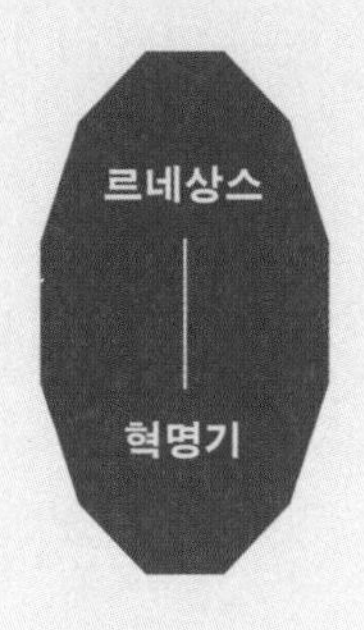

건축 생산 역사 2

박인석

만들어진 전통:
고전주의의 성립과 붕괴

마티

2권 차례

7 절대주의체제와 시민 계급의 성장
(17~18세기)

8 시민 계급의 팽창과 신고전주의 건축
(18세기 후반)

9 이중혁명: 부르주아 세계의 성립과 새로운 건축
(1789~1875)

1권 차례

일러두기

인명 등의 외래어 표기는 국립국어원의 원칙을 따르는 것을 기본으로 했으나, 이미 굳어진 한국어 표기가 있는 경우에는 이를 따랐다.
예) 피터 아이젠먼→피터 아이젠만, 헤릿 릿펠트→헤릿 리트펠트

머리말

왜 '건축 생산 역사'인가

항상 역사화하라(Always historicize)! 프레드릭 제임슨의 경구대로, 어떤 텍스트나 담론을 읽는 일에는 '역사적' 관점이 필수적이다. 그것을 독립된 사실이나 명제가 아니라 당시 여건 속에서, 지배관계를 포함한 정치-경제적 혹은 사회적 관계 속에서 이루어진 상대적이고 조건 의존적인 '역사적 구성물'로 읽어야 한다. 과거에 대한 사료적 기술이든 이를 둘러싼 담론이든 누군가 사료를 '선택'하고 '해석'한 것일 터이기 때문이다. 그리고 그 '누구' 역시 특정한 정치-경제적 계급과 관계 속에 존재했을 것이기 때문이다.

읽어야 할 대상이 서양 건축 역사라면 '역사적인' 관점의 필요성이 보다 긴요해진다. 오늘날 모든 사회의 제도와 사고체계는 서양 근대체제 개념틀이 지배하고 있으니 건축 또한 예외일 수 없다. 한국 사회에서 건축 생산과 이를 둘러싼 담론에는 서양발 건축 역사-담론이, 더 정확하게는 이에 대한 우리 사회의 이해가 필연적으로 개입한다. 그러니 한국 사회 건축의 작동 요인을 해석하고 실천 논리를 탐색하는 데에는 서양 건축 역사에 대한 이해가 불가결하다. 그리고 이때의 '이해'는 당대 서양 사회 상황 속에서의 이해, 즉 '역사적인' 이해이어야 함이 당연하다.

문제는, 서양 건축 역사-담론을 읽는 한국 사회의 작업들 속에 '역사적'이라 할 수 없는 태도, 즉 그것을 절대적인 진리 혹은 범접할 수 없는 권위로 수용하는 분위기가 매우

진하다는 것이다. 개중에는 서양 건축 역사-담론에 대해 진지한 공부를 쌓아나가는 작업도 있고, 서구의 담론을 기초로 한국 건축 상황에 대해 논구하는 작업도 있다. 그러나 그 작업들 대부분에는 서양의 건축 역사-담론을 당연히 수용해야 할 교본으로 전제하는 태도가 깔려있다.

물론 한편에는 비판적 성찰도 있다. 서양 중심 세계관에 기초한 건축 역사-담론이 아니라 한국 시각에서 이해한 서양 건축 역사 서술이 필요하다는 주장이 대표적이라 할만하다. 그러나 아직 구체적인 작업 성과는 보이지 않는다. "서양 건축이 아니라 한국 사회 건축을 소재로 한 담론 만들기가 과제"라는 제안도 있으나 이 또한 순조롭지 않아 보인다. 이미 서구 근대체제가 지배하는 사회임을 인정한다면, 서양 건축 역사-담론에 대한 객관적 이해 없이는 한국의 건축 현실을 진단하는 일 역시 가능하지 않다고 해야 하기 때문이다. 한국 건축 담론의 발화와 축적은 서양 건축 역사-담론을 '역사화'하고 객관화하는 일과 동시에 진행해야 할 과제일 수밖에 없는 것이다.

서양의 건축 역사학은 18~19세기에 성립한 근대 역사학의 한 줄기로 형성되었다. 당시는 유럽이 경제-군사-정치 모든 면에서 세계 최강 세력으로 확장해가던 때였다. 사회 지배 세력을 이루던 왕-귀족-부르주아 계급의 목표는 그들이 합의하는 법제도로 경영되는 새로운 국민국가체제 구축으로 모아졌고, 이는 인간 이성이(즉, 지배 계급의 이성이) '역사 발전'을 이끈다는 이념을 통해 정당화되었다. 물론 이들의 '역사 발전' 관념은 유럽 사회에만 해당하는 것으로, 이들의 생각에 유럽 외 지역, 가령 아시아 지역은 전쟁과 왕조의 교체가 영원히 반복되는 '정체' 상태에 있을 뿐이었다.

18~19세기 근대 역사학, 그 파생물인 건축 역사학은 이러한 관념의 산물이다. 이를 만들어낸 주체는 당연히 지배 계급 지식인들이었다. 야만 상태의 세계를 계몽하고 인류 역사 발전을 이끄는 주인공은 유럽 각국 지배 계급의 이성이었으니 모든 역사는 이 주인공 계급의 성장과 활약의 기록이었다. 여기에 이들의 자의적이고 편파적인 해석과 믿음이 개입하는 것은 당연하고 자연스러운 일이다.

그렇다고 해서 서양의 건축 역사를 객관적으로 입증된 사실들과 사료들로 재구성하자는 얘기가 아니다. 그것은 서구 사회가 챙겨야 할 서구의 과제다. 편파적이라고 비판하거나 비서구 건축까지도 포괄한 '공정한' 역사 서술이 필요하다고 조언할 수는 있을지언정 우리가 하겠다고 나설 일이 아니다. 정작 필요한 일은 서양 건축 역사-담론 자체를 객관적으로 이해하는 것이다. 그것이 자의적이고 편파적이라는 사실까지를 포함하여 그것이 생산되고 성립된 경위를 '역사적으로' 이해하는 일이다.

이러한 일에는 자못 심각한 쟁점이 제기된다. 한국에서 건축을 생산하고 담론을 생산하는 일 역시 '역사적인', 즉 상황 종속적인 사건이다. 서양 건축 역사-담론에 지나친 권위를 부여하는 현상, 그 역사-담론이 한국 건축에 심대한 영향을 미치는 현상 자체가 정치-경제-문화적 맥락을 갖는 '역사적인' 일인 것이다. 우리는 이미-항상 '역사적인' 상황 속에 놓여 있고 그 속에서 사고하고 행동한다. 이 책을 쓰는 일 역시 예외일 수 없다. 이 속에서 객관적 이해가 가능한가? 서양 건축 역사-담론이 개념틀을 지배하고 있는 '역사적인' 상황 속에서 그 상황을 객관적으로 인식하는 것이 가능한가?

그러나 '역사적인' 관점은 이러한 자못 구조주의적인 궁지를 극복하려는 각성과 실천(praxis)까지를 포함한다. 어떤 상황을 '역사적으로 인식하겠다'는 언명 자체가 자신이 이미-항상 상황 종속적 상태에 있다는 '각성' 없이는 성립할 수 없는 것이다. 이것이 없다면 남는 것은 구조주의적 결정론뿐이고 구조 자체를 벗어나려는 힘과 실천은 원천적으로 불가능해진다. 이러한 각성과 실천이 바로 이 책이 딛고 서 있는 지점이다.

이 책 제목을 '건축 생산의 역사'라 하고, '건축'보다는 '건축 생산'에 주목하는 것은 이 때문이다. 건축(architecture) 개념이 '어떤 본질적 가치를 담지하는 것'으로 통용되는 상황에서 '건축'은 이미 '역사적으로 구성된 텍스트'라는 혐의에서 자유롭지 못하다. 역사적 구성물을 '역사적으로' 이해하기 위해서는 그것이 생산-성립된 조건과 경위를 이해하는 작업이 필요하다. 중요한 것은 서양 건축의 형태적 특징이나 그것들에 부여되어온 '의미'가 아니다. 건축물은 물론이고 그들의 건축 역사-담론이 어떤 상황에서 어떤 경위로 성립하였는가, 다시 말해서 누가, 어떤 건축을, 어떤 담론을, 어떻게, 누구를 위해서 '생산'하였는가를 이해하는 일이다.

서양 건축 생산의 역사를 이해하는 데에 우선적으로 염두에 두어야 할 몇 가지 사안을 짚어보자. 이는 이 책이 견지하는 관점들이기도 하다.

첫째, 현재의 주류 서양 건축 역사는 유럽 중심 발전사관에 따라 서술된 것이다. 유럽 중에서도 서유럽, 그중에서도 프랑스·영국·독일 지역이 중심이다. 이들 지역은 18세기 이래 세계 최강 국가체제가 성립한 곳으로, 이때쯤부터 스스로 자신들을 주인공으로 세계 역사를 써내려갔고 그것을 근대 역사학으로 정식화한 곳이다. 근대 역사학은, 세계 역사는 유럽 근대 부르주아 세계를 정점으로 발전해왔다는 역사 발전 이념을 전제로 한다. 이를 예술 역사에 기계적으로 대응시켜서 예술 역시 자신들의 시대와 체제를 정점으로 발전해왔다는 것이 근대 예술사학이고 그 분파로 성립한 것이 근대 건축사학이다. 서양 건축 역사에 대한 이해는 이러한 역사 서술의 맥락을 이해하는 것에서부터 시작해야 한다.

둘째, 주류 건축 역사 담론은 당대 사회 지배 세력의 건축을 대상으로 구성된다. 고대 그리스·로마의 신전·경기장이 그렇고 중세의 교회당, 절대왕정기의 궁전, 산업혁명기 산업 건축과 박물관·도서관 등 공공건축 또한 그렇다. 소위 기념비적 건축이라 불리는 것들은 모두 당대 정치-경제를 지배하는 계급의 필요와 요구에 따라 생산된 건축물들이다. 대부분의 건축 역사 서술은 이들 지배 계급의 건축물을 둘러싼 이야기로 채워진다.

어느 시대든 지배 계급 건축보다는 일반 민중의 주거 건축 생산이 훨씬 보편적인 일이었을 것이다. 그러나 건축 담론은 지배 세력 엘리트 계층이 생산하는 건축 위주로 형성되었다. 일반 민중의 주거 건축 생산이 엘리트 계층의 관심 영역에 편입된 것은 20세기 이후의 일이다. 노동 운동 성장과 보통 선거제도 확산으로 일반 민중이 국가권력 성립에 일단의 영향력을 갖게 되면서, 그들의 필요와 요구에 민감해진 정치 세력이 이를 주요한 과제로 다루게 된 것이다.

지배 계급의 건축은 당시 구사 가능한 최고의 기술과 재료, 그리고 이를 실현하는 데 필요한 막대한 노동력과 재화를 동원할 수 있는 세력이 생산해낸 것이다. 즉, 당대 최고 수준의 건축 생산활동 결과다. 건축 역사-담론들은 여기에 의미를 부여하고 이를 지지하기 위해 만들어진 '역사적 구성물'이다. 따라서 서양 건축 생산과 이를 둘러싼 담론을 읽는 일은 당대 정치-경제 지배체제의 사회관계 속에서 그 담론을 구성-생산한 요인들을 이해하는 일이어야 한다.

셋째, '건축의 본질' 혹은 이를 전제로 하는 '건축이 갖는 의미체계'라는 개념은 서양 근대 세계에서 생산된 역사적 구성물일 뿐이다. 마르크스와 엥겔스가 『공산당 선언』(1848)에서 논파한, "단단한 모든 것은 공기 속으로 녹아 사라진다"는 말은 '역사적 구성물로서의 의미체계'를 잘 설명해준다. 이 말은 자본주의체제가 진전하면서 사회 가치체계가 송두리째 변화한 사태를 가리키는 것이다. 화폐 가치가 모든 것을 압도하면서 여러 사물들과 사회적 관습·규범들에 대해 이제껏 사람들이 공유하고 있던 믿음들, 즉 다종다양한 가치와 의미가 얽혀 있는 총합적 의미체계가 붕괴되어 버렸다는 것이다. 무너져버린 의미체계의 잔해 속에서 소중한 가치와 의미를 다시 건져 올리려는 시도들은 필연적으로 '분절적'인 작업이 될 수밖에 없다. 서로 얽혀 있던 의미들의 총체로부터 하나하나의 가치를 건져내서 개별적인 개념과 의미를 부여하며 호명할 수밖에 없기 때문이다. 총체성을 복원하려는 일조차 분절을 고착화하는 일이 되어버리는 것이다. 그야말로 모든 단단한 것, 즉 세상의 사물들과 사회적 관습과 제도와 규범에 스며 있던 총체적 의미체계가 녹아 사라진다고 할 만하다.

이렇게 따지고 든다면, 자본주의 이전 시대라 해서 '총체적' 의미체계가 온전히 지속되었다고 할 수도 없다. 모든 사회체제에는 나름대로 중요하게 공유되는 가치가 있기 마련이다. 중세 봉건체제라면 신의 권능과 영주의 토지 통치권이 중심적 가치였을 것이고, 절대왕정체제라면 여기에 영토국가 왕권 가계의 영광이 더해졌을 것이다. 이러한 가치들은 그 사회의 생활세계를 규정하는 여러 규범과 제도에 반영되고 사회 구성원들은 그 속에서 느끼는 의미를 공유하며 생활하기 마련이다. 사회체제가 바뀌고 지배세력의 성격이 달라지면 그 사회가 중요시 하는 가치도 달라진다. 당연히 기존 의미체계는 분절되고 재편되기를 거듭한다.

많은 건축 지식인들이 놓지 못하고 연연해 마지않는 소위 '건축의 본질'이라는 것은 없다. 있다면 그것은 시대마다 사회마다 건축에 부여되어온 '매번 다른' 의미체계일 것이다. 한국 건축에도 이미-항상 존재해왔고 존재하고 있을 그런 의미체계 말이다. 서양 건축 담론에서 '건축의 본질'이라는 것이 존재하는 양 거론되곤 하는 것은 그 사회의 지배 세력이 그것을 '본질'인 양 권력화했기 때문이다. 그러니 서양 건축 역사-담론을 건축의 '본질', 혹은 본질적 '의미체계'를 담고 있거나 표상하는 것으로 대하는 것은 부질없는 일이다. 탐구해야 할 것은 있지도 않은 '본질'이 아니라 그것이 '본질'연하는 담론이 생산된 경위와 연유이어야 할 것이다. 독자들은 이 책에서 그 신화가 형성되고 붕괴하는 과정, 새로운 신화로서 모더니즘 건축 규범이 생산되고 또다시 붕괴하는 과정을 목도하게 될 것이다.

요컨대 서양 건축 역사 속에 등장하는 건축 담론이나 이론은 절대적 진리도 아니고 지고한 이론도 아니다. 당시 건축 생산 여건 속에서, 지배관계를 포함한 사회관계 속에서, 생산-성립된 담론일 뿐이다. 예를 들어, 고전주의 건축 규범은 재료(석재) 조건 아래 '크기-비례-재료 강도' 관계 속에서 생산-성립된 규범일 뿐이다. 그것이 사회적 권위와 권력에 의해 '본질' 혹은 절대적 의미체계로 신화화한 것이다.

규범과 담론은 물적 현실과의 관계 속에서 성립하고 변화한다. 규범·담론은 복잡다단한 물적 현실의 흐름에서 일부 대상과 속성들을 절단-채취하여 만들어진다. 그리고 이를 현실 세상에 지침으로 지시한다. 물론 그렇다고 해서 복잡다단한 현실 세상이 규범에 따라 일사불란하게 정리될 리 없다. 규범의 개입으로 물적 현실의 작동 양상이 변화하긴 하지만 그저 '다른 양상의' 복잡다단함으로 변화할 뿐이다. 다시 물적 현실의 일부를 절단-채취한 새로운 규범·담론이 만들어진다. 규범·담론은 다시 물적 현실을 변화시키고…. 헤겔이라면 변증법적 발전, 니체라면 영원회귀, 들뢰즈라면 차이의 반복이라 했을 일이 규범과 현실 사이에서 작동하는 것이다.

우리 사회의 물적 현실은, 비록 전 지구적 자본주의체제 아래 공통적 속성이 적지 않겠지만, 서구의 그것과 같을 리 없다. 각각의 사회는 생활세계를 규정하는 각각의 물적 체계의, 즉 정치-경제 체제나 건축 생산 체제의, 모순과 불합리를 고쳐 나아가야 할 각각의 전선들이기도 하다. 사회마다 체계와 생활세계가 다르니 모순과 불합리의 발현 양상도 다르다. 당연히 고쳐야 할 대상도 방법도 다를 수밖에 없다. 한국 사회의 물적 현실을 반영하고 그것의 향방에 개입하고 영향을 미칠 건축 담론 또한 서구의 그것과 같을 수 없다. 굳이 서양 건축 담론을 살피는 것은, 그것을 따르기 위함이 아니라, 서양 건축 담론이 물적 현실 속에서 어떻게 성립하고 변화해왔는가를 살피고 이를 우리 상황과 견주어 참조하기 위함이다.

이 책에서 서양의 건축 생산 역사를 정리하고 기술하는 방식은 이러한 문제의식에 따른 것이다. 시대 구분은 통상적인 서양 건축사에서의 구분을 따르지만, 관심의 초점은 각 지역-국가의 정치-경제 체제가 변화해온 과정에, 그 각각의 시대와 지역-국가에서 발화한 사회-철학 담론들의 성립과 변화에, 그리고 이들 정치-경제 체제와 사회-철학 담론과의 관계 속에서 성립하고 변화하는 건축 생산 체제와 건축 담론에 맞추어져 있다. 건축 생산에 작동한 사회적 조건과 관계를 읽어내고, 그 건축 생산 속에서 사회체제 변화에 얽힌 실천적 함의를 읽어내려는 것이다.

+

그간 내 관심과 작업은 대부분 건축을 매개로 한 사회적 의제를 만들고 제기하는 일이었다. 시민들의 거주 공간과 시설을 개인이 부담하고 조달하도록 하는 사회체계와 그 반영물로서의 주거 건축 공간 형식 문제, 특히 개인의 삶터와 공공공간의 직접적 접속-소통을 어렵게 하는 아파트단지 개발-건축 방식의 문제, 그리고 건축 실천의 장 자체를 옥죄고 좁히는 반(反)건축적 건설 정책과 제도 문제 등이 나의 주된 공부 주제이자 실천 소재였다. 건축 역사나 이론 등 건축계 내부의 지식이나 내향적 담론을 겨냥한 작업은 별로 없었다. 이는 나의 '전공 분야'가 대중의 삶 문제와 직접적으로 연루된 주거 건축이었기 때문이기도 했다.

물론 주거 건축 분야 공부에서도 중심은 '역사적 맥락'이므로 역사 공부가 없었을 리 없고 이와 연결된 철학-사회학 담론들에 대한 독서가 없었을 리 없다. 그러나 어쨌든 나는 건축 역사를 전공 분야 삼아 공부한 사람이 아니다. 대학과 대학원 과정에서 수강하며 공부한 것이 거의 전부였다. 1980년대 국내에 유입된 만프레도 타푸리와 빌 리제베로의 건축 역사-담론을 통해 주류 서양 건축 역사서들에 대한 다소 거친 비판의식을 더하고 있었을 뿐이다. 그런데 대학으로 자리를 옮긴 내게 주어진 강의 과목 중에 '건축생산기술사'라는 이름의 과목이 포함되어 있었다. 서양 건축 역사를 건축 재료·구법 등 생산기술 중심으로 다룬다는 취지로 기획된 과목이었다. 나의 전공 분야와 거리가 있을 뿐만 아니라 다른 대학들에서도 찾아보기 힘든 독특한 과목이었다. 대학의 교수 인력이 충분치 않았던 당시에는 교수에게, 특히 신임 교수에게 배정되는 과목의 폭이 매우 넓었다. 건축계획 전공 교수에게 구조, 시공 등 공학 과목을 맡기는 경우조차 있곤 했다.

아무튼 '건축생산기술사' 강의를 맡고 나자 "이왕 할 바에야…"라는 나름의 욕심이 생겼다. 우선 과목 이름을 '건축생산의 역사'로 바꾸었다. 기술적 사안만이 아니라 건축 생산을 둘러싼 정치-경제적 관계를 다루어볼 요량에서였다. 물론 여기에는 한국 건축계가 서양 건축 역사와 건축 이론-담론을 절대적인 것으로 따르고 의존하고 있다는 평소의 비판의식이 깔려 있었다. 건축 형태 중심의 양식사에 함몰된 채 그것을 생산해내는 사회체제의 조건들에는 무심한 형식주의 담론들, 약한 논거를 철학-미학 담론들로 채우려는 아리송한 사설들, 사회체제 상황과는 별개로 개진되는 형식주의 담론들의 적절성-정당성에 대해 가타부타 논의조차 없는 건축 역사학계. 이 모든 형국이 못마땅했기 때문이다. 강의를 듣는 학생들 입장에서도 건축이 생산되어온 정치-경제-기술의 맥락을 이해할 때 비로소 건축 역사를 이해할 수 있게 될 것이라고 생각했다.

강의를 거듭하면서 참고한 문헌과 자료들이 늘어났고 강의 노트도 점점 두꺼워졌다. 학생들에게서도 제법 좋은 평판과 인기를 얻어가면서 어느덧 20여 년의 역사를 갖는 강의가 되었다. 두꺼워진 강의 노트는 책자로 정리해야겠다는 생각이 들었다. 처음에는 '서양 건축 생산 100 장면' 정도의 짧은 글 모음으로 정리할 생각으로 메모를 시작했다. 그러나 장면마다 독립적인 내용으로 구성하기 쉽지 않아 곧 통사 형식으로 방향을 바꾸었다.

강의 노트라는 자못 든든한 바탕이 있긴 했지만 보완하고 추가해야 할 내용들이 계속 늘어났고 이를 위해 찾고 읽어야 할 문헌과 자료 또한 늘어났다. 2차 문헌을 통해 알고 있던 내용을 다시 확인하기 위해 원저자의 저작물을 찾아 살피는 일도 계속되었다. 이 모든 일이 가능했던 것은 인터넷 세상 덕택이었다. 불과 몇 해 전에 비해 놀라울 정도로 풍성해진 각국 위키피디아(wikipedia), 인터넷 아카이브(archive.org)를 필두로 여러 비영리 사이트에 연결된 수많은 원문 자료들 덕에 많은 것을 찾고 보충할 수 있었다.

초고를 마친 뒤에도 계속된 자료 확인과 보완작업 탓에 이곳저곳 첨삭이 이어졌다. 거친 글을 어르고 다듬어 훌륭하게 묶어준, 편집 작업 내내 이런저런 지적과 제안으로 긴장의 끈을 놓지 못하게 한, 마티의 편집팀, 그리고 정희경 대표에게 감사드린다.

2022년 봄
죽전 살구나무 윗집에서
박인석

6

중세 사회질서의 해체와 새로운 문화

(르네상스, 14~16세기)

봉건체제의 해체

봉건체제 아래 농업 생산력 발전과 인구 증가를 지속하던 유럽의 농촌 경제는 14세기에 들어서 동요한다. 활발해진 도시의 상업활동을 봉건체제가 더 이상 수용하지 못하기 시작한 것이다. 14세기 내내 흉년·전쟁·질병으로 그간 증가했던 인구가 현저히 줄어든 것도 이 추이를 채찍질했다. 유럽의 인구는 16세기에 이르러서야 14세기 초 수준을 넘어서며 다시 증가한다. 하지만 이 과정에서 봉건체제의 근간인 농노제가 약화되고 도시를 기반으로 하는 상업이 확산되면서 유럽 사회는 구조적인 변화를 겪게 된다.

유럽의 14세기는 고난의 시기였다. 1315~16년은 전 유럽이 기근에 시달렸을 정도로 심각한 흉년이었고, 영국과 프랑스가 백 년 이상 지속한 전쟁(1337~1453), 그리고 유럽 전역을 덮치며 유럽 인구의 30퍼센트 이상을 사망케 한 흑사병(1347~50)이 겹쳤다. 이 시기의 인구 감소 폭에 대해서는 1400년까지 총인구의 40퍼센트가 사망했다는 의견에서 1347년부터 100년간 2분의 1에서 3분의 2가 감소했다는 견해까지 편차가 있다. 어쨌든 대단한 수준이었음은 확실하며 이로 인한 노동력 부족 역시 심각했다.

노동력이 줄어들자 도시에서는 임금이 상승했다. 농촌에서도 임금이 상승하거나 소작 조건이 개선되는 경우가 있기는 했으나 농민들의 이주를 금하고 착취가 심해지는 것이 더 일반적이었다. 14세기 잉글랜드에서 시행된 노동칙령

(1349~51), 프랑스 지역에서의 농민 규제령(1351)은 모두 임금을 동결하고 농민의 이주를 금하는 조치였다. 이에 반발해 북프랑스 자크리 농민반란(1358), 잉글랜드 대농민반란(1381) 등 유럽 각지에서 농민들의 대규모 반란이 일어났다.

농촌 경제의 동요는 도시적-상업적 생산관계 확산을 불러왔다. 농민의 노동을 직접 관리하기 어려워진 지주들이 농민에게 부과하던 봉건적 의무를 금납(金納)으로 바꾸었다. 영주의 직할지를 경작하는 의무를 화폐나 현물로 납부하도록 한 것이다. 농민들이 자신의 농업 생산물을 직접 팔아 화폐를 취득하는 일이 공공연해졌고, 지주와 농노가 봉건적인 신분 관계에서 농지 임대차 관계로 변화하기 시작했다. 15세기 후반이 되면 농노가 영주 직할 농지를 경작하는 데에 동원되는 일은 거의 사라졌다. 직할지를 농노에게 분배하여 소작지로 전환하는 영주가 늘어났고, 농노에게 도시로 이주할 수 있는 권리를 판매하는 경우도 드물지 않았다. 농노제 자체가 느슨해진 것이다.

한편 일부 지주 계층이 상업 계층으로 바뀌기도 했다. 영국에서는 임야나 농지를 목축지로 바꾸는 사례들이 출현했다. 양을 키워 모직의 재료인 양털을 판매하는 쪽이 농사보다 이익이 컸기 때문이다. 공유지에 울타리를 치고 사유화하여 목축지로 변경하는 일은 매우 흔했다. 농사를 짓기 어려워 내버려둔 숲이나 들은 원래 누구나 임산물을 채취하고 가축을 방목할 수 있는 공유지였다. 공유지를 지주 세력이 사유화함으로써 농민의 생활은 더욱 어려워져갔다. 심지어 농지에서 소작농을 내쫓고 목축지로 바꾸는 지주도 있었다. 13세기 말부터 시작된 이러한 현상은 16세기에 들어 '인클로저(enclosure) 운동'으로 본격화한다.

농촌 상황이 이처럼 변화한 배후에는 도시 경제의 꾸준

한 성장이 있었다. 모직 등의 생산을 위한 노동력이 필요했던 도시 상공업자들은 농민 반란을 후원하는 등 농노들의 농촌 이탈과 도시 이주를 부추겼다. 도시로 옮긴 농노들은 상업 및 수공업 업장에 고용되어 임금 노동자가 되었다. 봉건 농촌 경제가 위기에 빠졌던 14세기에도 도시는 발전을 지속했다. 북부 이탈리아나 플랑드르 지역의 여러 자치도시들은 흑사병으로 타격을 입기 전인 1340년쯤 인구수 최고치를 기록하며 경제활동의 중심지로 성장하고 있었다.

부르주아의 등장

농노제가 이완되고 농촌 경제의 안정성이 흔들리면서 지주 세력인 봉건영주들의 존립 기반도 약해졌다. 일부 봉건영주는 자신의 경제적 기반을 상공업으로 전환하며 도시 상공업자 대열에 합류했고 일부 보수적인 영주들은 이들과 대립하며 전쟁 태세로 전환했다.

교회 역시 쇠퇴했다. 교회는 직할 농지를 보유하는 봉건영주 세력의 일원이었으므로 농촌 경제가 동요하는 상황에서 자유로울 리 없었다. 자체적 경제적 기반이 약해지면서 교회는 왕이나 영주의 지원이 절실해졌고 자연히 이들에 대한 영향력이 약해졌다. 14세기 초 프랑스 왕에게 눌려 교황이 아비뇽으로 거처를 옮긴 사건인 아비뇽 유수(1309~76)는 교황의 권위와 정치적 영향력을 크게 손상시켰다. 이후에도 프랑스권과 신성로마제국권의 교회 세력이 교황 선출을 둘러싸고 대립하며 급기야 복수의 교황이 옹립되는 교황권 분열(1378~1417)이 40년이나 계속되면서 교황의 영향력은 더욱 축소되었다. 1417년 교황권 분열이 끝난 뒤 로마와 교황령은 비로소 안정을 되찾았다. 교황의 영향력이 약했던 시기에 이탈리아 북부 도시를 중심으로 발전한 인문주의 문화가 교황청에 집중되면서 로마를 중심으로 한 르네상스 전성기(1450년경~1527)를 맞기도 했다. 그러나 1517년 종교개혁이 시작되면서 로마 교황청은 더 이상 유럽 전체의 종교를 대표하는 세력이라는 지위를 잃게 된다. 1525년부터 독일 북부와 스칸디나비아, 스위스 등지에서 왕과 영주들이 신교로 돌아서기 시작했다.• 게다가 1527년 로마가 신성로마제국에 공격당하며•• 로마 교황의 힘은 급속히 약화되었다. 이어서 1534년에는 잉글랜드 헨리 8세가 교황청과 결별하며 영국 국교회 분리를 선언했고, 프랑스와 남부 독일에서는 가톨릭과 신교 세력이 혼재하며 대립하는 상황이 계속되었다. 온전히 가톨릭 세력으로 남은 곳은 이탈리아반도와 스페인 정도였다. 신교를 받아들인 지역에서는 상공업자들이 신교에 가세하며 경제활동에 대한 교회의 속박을 제거해나갔다. 교회는 점차 세속적 권력을 잃어갔고 정치적 지배 세력의 지원을 받으며 종교 중심체로서의 위상만을 유지하는 존재가 되었다.

반면 12세기부터 성장하기 시작한 도시 상인 계층은 계속해서 세를 불려갔다. 도시 상업과 수공업의 발전은 농촌 경제의 생산력뿐 아니라 원거리 무역의 확대에도 기초했기 때문에 14세기 농촌 경제의 위기가 직접 도시 경제의 위기로 연결되지 않았다. 인구 감소는 도시 경제에도 타격을 입

• 마르틴 루터의 개혁을 지지했던 알브레히트 폰 프로이센 공작이 1525년 프로이센공국을 개국하며 신교를 국교로 선언한 것이 최초였다. 여기에 여러 자유도시와 소공국이 가세했고, 이어서 헤센(1526), 작센(1527), 팔츠(1530), 뷔르템베르크공국(1534) 등이 신교를 국교로 선언했다.

•• 1521년부터 이탈리아 지배권을 둘러싸고 벌어진 프랑스와 신성로마제국의 전쟁에서 교황 레오 10세(재위 1513~21)와 하드리아노 6세(재위 1522~23)는 신성로마제국 황제의 편에 섰으나, 후임 교황 클레멘스 7세(재위 1523~34)는 프랑스 왕 편에 섰다가 황제의 공격을 받아 로마를 약탈당하고 자신은 6개월간 감금되어 몸값과 영토 일부를 신성로마제국에 주고 목숨을 구하는 곤욕을 치렀다.

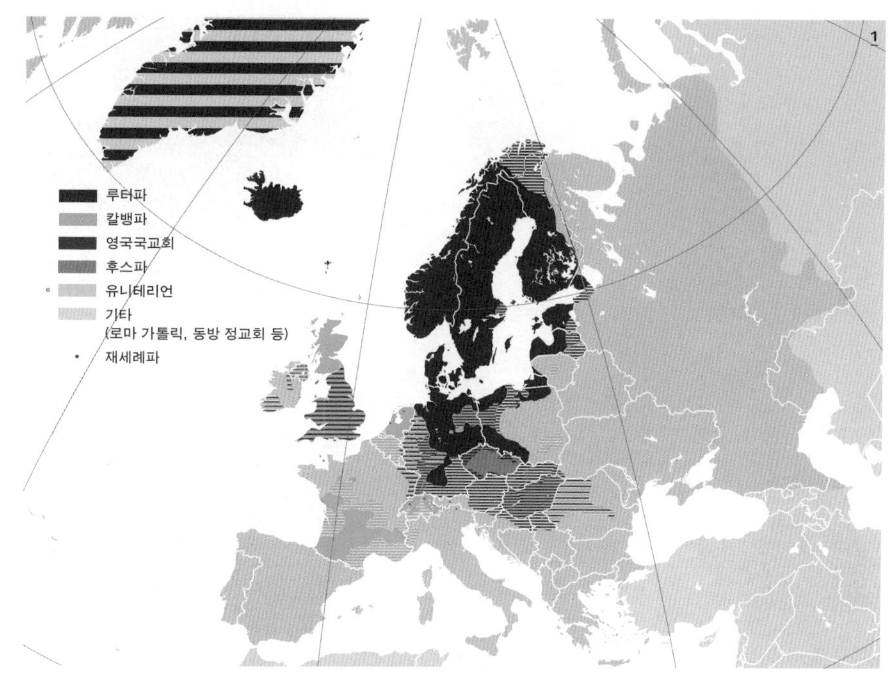

1 개신교 세력의 확산, 1545~1620

히긴 했으나 살기 어려워진 농촌을 떠난 농민들이 도시의 노동력을 보충하는 효과를 가져오기도 했다. 도시 안에서 일어난 변화 역시 상공업이 지속적으로 발전할 수 있는 주요 요인이 되었다. 첫째, 봉건 지배 세력에 유착하여 기득권이 된 길드체제가 해체되거나 느슨해짐으로써 상업활동의 자유도가 커졌다. 둘째는 15세기 후반에 이루어진 기술적 진보였다. 동광석에서 은을 분리하는 기술이 발견되며 화폐 생산이 크게 늘어났으며, 구텐베르크의 금속 활자 인쇄술 발명(1440)으로 인쇄물 생산과 수요도 급속히 늘어났다. 대포와 화약 등 새로운 무기 개발도 빨라졌으며 16세기 중반에는 안정성이 뛰어나 대양 항해가 가능한 갤리언(galleon) 선박 건조기술이 발전했다. 이 모든 것이 교역활동을 촉진하고 합

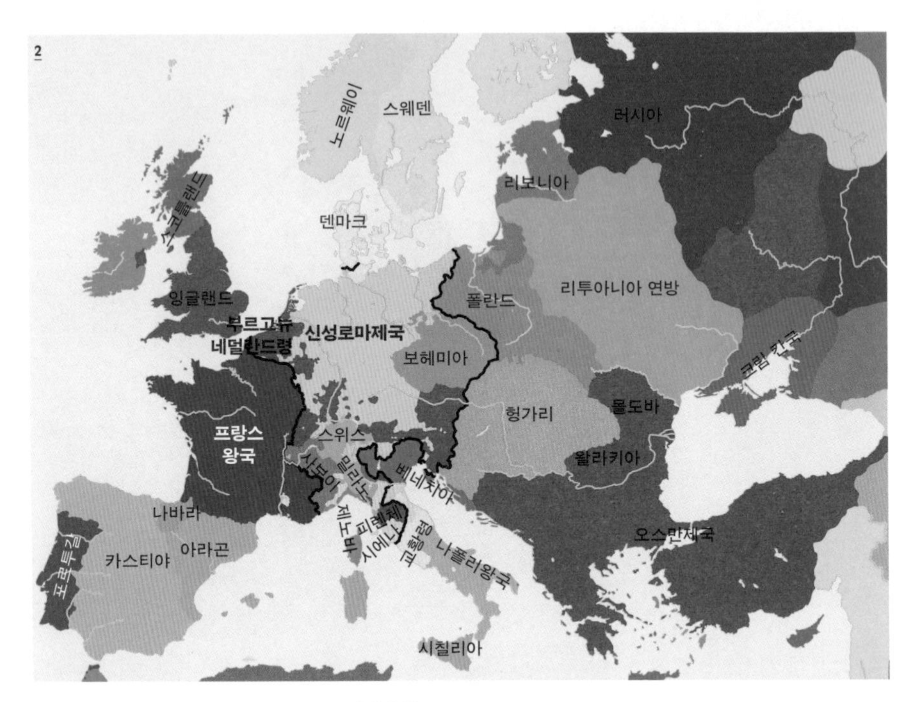

2　1500년경 유럽

리적인 지식의 보급을 확산시켰으며 도시 상공업의 발전을 자극했다.

도시 상공업 발전은 부르주아 계급의 세력 확대를 의미했다. 이들은 재정적 능력뿐 아니라 자신들의 상권과 재산을 보호하기 위해 군사력과 정치적 영향력 또한 키워갔다. 14세기 이후 부르주아들이 전통적 지배 세력인 왕·봉건영주·교회에 자금을 빌려주며 재정적으로 연대하는 사례가 증가했다는 사실이 이를 잘 보여준다.

왕권 강화와 절대주의체제로의 재편

15세기 중반을 지나면서 유럽의 경제 상황이 호전되기 시작했고 이와 동시에 각국의 중앙 왕권이 강화되었다. 백년전쟁 종식으로 대륙에서 철수한 영국은 대서양으로 진출했고 프랑스는 국내 안정을 다지며 16세기부터 다시 강대국으로 발돋움했다. 1453년 비잔티움제국을 집어삼키며 팽창한 오스만제국이 지중해 무역 항로를 위협하자 16세기부터 대서양 해안을 통한 무역활동을 개척한 스페인과 포르투갈은 아메리카 식민지를 확보하며 해상 강국으로 자리매김했다. 이 모든 것의 중심에 왕권이 있었다. 권력 분점이 가장 큰 특징이었던 봉건체제가 왕을 중심으로 한 중앙집권체제, 즉 절대주의체제로 변화해가기 시작한 것이다.•

이러한 경제적·정치적 변화는 기존 사회 세력들의 이해관계가 맞아떨어졌기에 가능한 것이었다. 농촌 경제가 흔들리자 봉건영주들은 영지와 농노를 직접 경영하고 통제하기가 점점 어려워졌다. 주변 영주로부터 영지를 지키면서 독립적으로 통치하기보다는 차라리 강력한 왕권에 복속한 관료가 되는 경우가 늘어났다. 사법권과 군사권을 포기하는 대신 토지 소유권을 인정받고 경제적 지배의 안정성을 확보하는 편이 유리했던 것이다.

왕권의 강화는 도시 부르주아 계급의 이해에도 부합했다. 상공업 발전에는 지역별로 나뉘어 있던 상권을 통합해 시장을 확대하는 것이 절대적으로 필요하다. 그러나 봉건영주들은 지역 상권의 독점권을 판매하거나 관세를 부과하는 등의 방법으로 자유로운 상업을 제약하면서 도시 부르주아들과 크고 작은 충돌을 빚었다. 부르주아 계급으로서는 봉건

• 프랑스의 경우 백년전쟁을 승리로 끝낸 샤를 7세(재위 1422~61)가 왕권 강화를 위한 정책들을 본격화했다. 1439년 귀족이 군대를 양성하지 못하게 막았고, 대신에 왕권 직속 군대를 강화하여 1445년에 기병대, 1448년에 궁수부대를 창설했다. 물론 이러한 조치로 지방 봉건영주들의 군사력이 일시에 사라질 리 없었지만 영주 세력과의 경합 속에서 왕권이 점차 강화되었다. 프랑스에서 절대왕권이 성립한 것은 앙리 4세(재위 1589~1610) 때다.

영주들의 지역 통치권을 해체하고 상공업 진흥책으로 경제 활동의 자유도를 높여줄 강력한 왕권 국가를 선호할 수밖에 없었다.

그러나 이러한 권력 지형의 변화는 영국과 프랑스 등 서유럽에 국한된 일이다. 이러한 변화가 유럽 전체에 공통된 것이었던 양 서술되곤 하는 것은 영국과 프랑스가 부르주아 혁명으로 대표되는 서양 근대를 이끈 중심 국가들이기 때문이다. 서유럽과 달리 동유럽에서는 영주 세력이 농민들의 동요와 저항을 분쇄하고 억압하면서 19세기까지 농노제가 유지되었다. 농촌 경제를 대체하고 보완해줄 도시 경제가 없었기 때문이다.

신성로마제국은 여전히 막강한 지위와 영향력을 가진 채 독일은 물론이고 이탈리아 북부까지 영향권에 두면서 유럽 최강의 권력으로 군림하고 있었다. 그 권력은 수많은 제후국과 맺은 계약에서 나오는 것이었다. 이 지역에서도 중앙 왕권이 강화되어갔지만 그 성격은 서유럽과 달랐다. 서유럽 국왕들은 봉건영주 세력의 지역 통치권을 인수·탈취하고 부르주아 계급의 조세를 동력으로 절대왕권의 지위를 갖추어 갔다. 이와 달리, 수많은 봉건제후국이 난립하고 있던 신성로마제국에서는 봉건 세력들 중 강한 세력을 왕에 옹립하면서 전제적 왕권이 성립되는 양상으로 전개되었다. 예컨대 1519년 프랑스 왕 프랑수아 1세가 신성로마제국 황제가 되는 것을 저지하려는 제후들이 합스부르크가의 카를 5세를 황제로 선출했다. 이미 1438년부터 황제 자리를 독점하고 있었던 합스부르크가를 견제하는 봉건제후가 많았지만, 보다 위협적인 프랑스 왕에게 대응하기 위해서는 이에 필적할 만한 합스부르크 왕가를 옹립할 수밖에 없었던 것이다. 동유럽 지역에서 통일된 국민국가로서 절대주의가 자리잡는 것은 18세기 프로이센왕국에 이르러서다.

북부 이탈리아 도시의 발전

유럽의 '르네상스'는 중세 봉건제에서 절대주의체제로의 이행 과정에서 전개된 지식 체계의 변화와 이에 따른 새로운 문화 규범의 출현 현상을 일컫는다. 변화는 북부 이탈리아 지역에서 자치도시들을 경영하던 상인 계급 사회에서 시작되었다.

북부 이탈리아에는 중세 초기부터 지중해 교역의 거점 역할을 하는 자치도시들이 발달하고 있었다. 서로마제국 멸망 후 랑고바르드왕국 치하에서도 라벤나, 제노바 등 몇몇 도시가 비잔티움제국 보호령으로 존속했고 신성로마제국에 점령된 후에도 여러 도시가 일찌감치 자치도시의 지위를 획득했다.

일찍부터 북부 이탈리아에서 자치도시가 발달할 수 있었던 것은 봉건영주와 왕의 영향력이 약했던 지역이라는 특수성에 기인한다. 무엇보다 로마 교황령에 근접한 탓에 신성로마제국 황제의 영향력이 약했다. 도시 상공업자들은 교황에게 경제적으로 협조함으로써 황제나 봉건영주로부터 도시의 자율권을 지키는 데에 교황의 지원을 얻을 수 있었다.

피사·제노바·베네치아·아말피·시에나·피아첸차·피렌체 등 자치도시의 상인들은 11~12세기부터 교역과 자금 대부업, 모직물 산업 등에 뛰어들어 부를 축적했다. 십자군 원정으로 지중해 무역 항로가 안정되자 동방에서 수입된 물자를 유럽 전역에 판매했으며 왕, 귀족, 교회 등을 상대로 한 고리대금업을 통해 유럽의 금융 중심지가 되어갔다. 13세기에는 북부 이탈리아 지역에 인구 2만 명 이상인 도시가 20개 이상으로 늘어났다.

영주들은 물론 점점 더 많은 교회가 상업활동에 합세했

3 이탈리아 지역의 자치도시, 1494

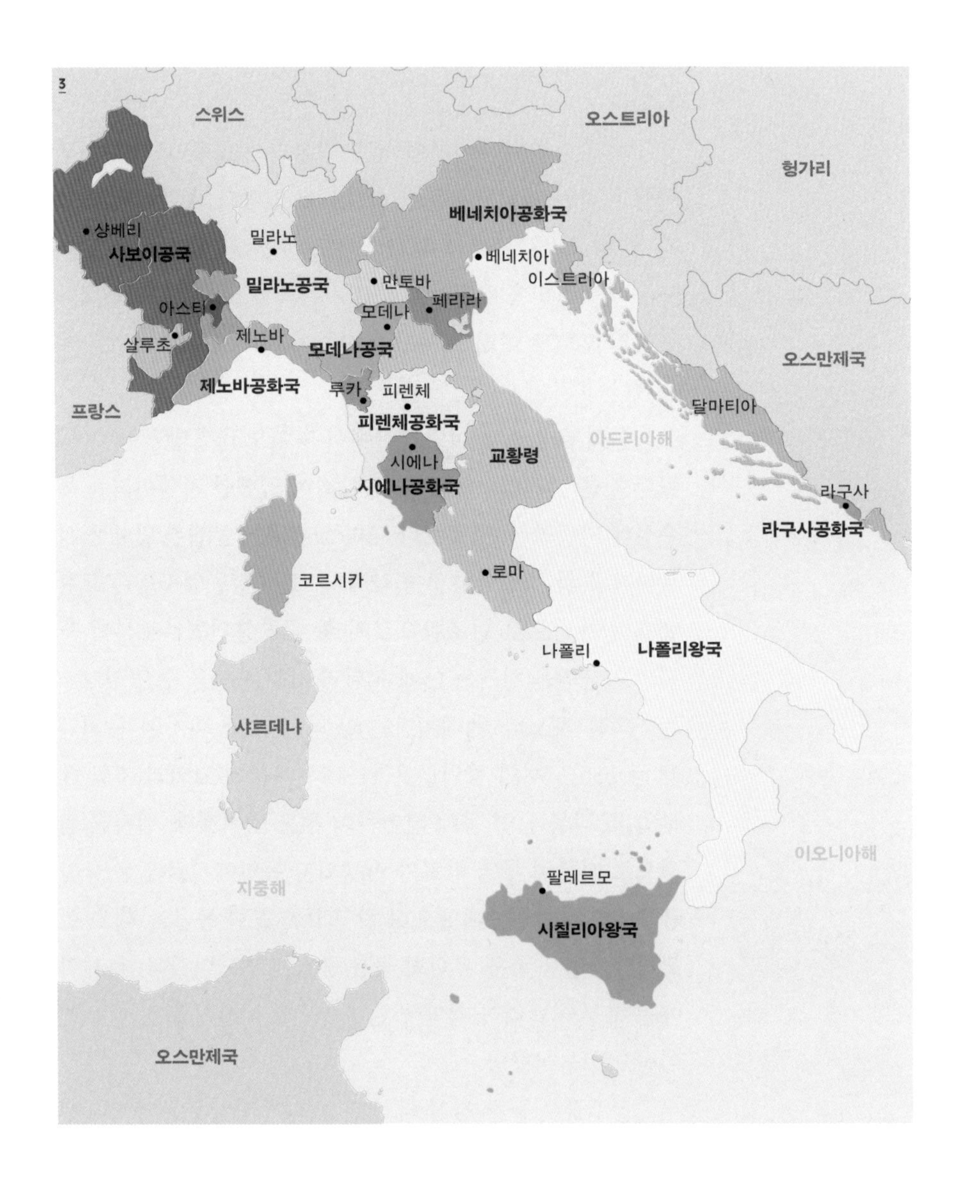

다. '일하는 자'를 영주 계급과 성직자 계급의 군사적·영적 지배-보호를 받도록 했던 중세의 윤리관 아래에서는 상공업 계층과 교회의 충돌이 불가피했었다. 그러나 교회가 이들의 경제적 지원을 받아들이면서 타협하는 경우가 늘어났고 부유한 상인들에 대한 사회적 인식도 확실히 개선되었다. 15세기 중반 이후에는 교회와 상공업자가 사업상 제휴하는 일도 흔했다.• 아시시의 산 프란체스코 성당(1228~53), 시에나 성당(1196~1348), 피렌체의 산타 마리아 노벨라 교회당(1279~14세기), 산타 크로체 성당(1294~1385, 입면 1853~6), 산타 마리아 델 피오레 대성당(1296~1471, 입면 1887) 등 이탈리아 도시에서 12세기 이후 건축된 성당 대부분은 상인 계급의 출자에 의한 것이었다.

대략 11세기까지는 주교를 대표로 한 교회 세력이 도시 행정을 지배했으나 11세기 말부터는 길드로 구성된 상인공동체가 자치정부를 수립했다. 이 과정에서 상층 상인들이 전통적인 봉건귀족층과 합세하며 도시귀족 가문이 생겨났다. 이들을 중심으로 자치도시마다 세습적인 참주들이 발호했고 도시끼리 상권과 영토를 다투었다. 12세기쯤부터는 유력 도시들이 인근 소영주들의 농촌 지역을 복속시키면서 이탈리아 북부 전역을 지배하기에 이른다.

13세기 말부터 서유럽 각국의 왕권이 강화되고 중앙 집권체제로 변화하면서 이탈리아 자치도시들도 더 강력한 통치체제를 갖춰나갔다. 도시 경제의 규모가 커지면서 상층 상인들과 중하층 상인들 간의 대립, 교황 추종파와 황제 추

• 상공업 계층이 주도하는 중세 도시 사회는 부자, 특히 훌륭한 사업 내용으로 자수성가한 사람을 존경했다. 벼락부자나 저급한 직업을 통한 부의 축적을 비판하는 분위기였고 공적 임무를 회피하려는 부유한 상인은 몰지각한 사람으로 치부되었다.

종파의 투쟁 등 내분이 빈번해졌다. 도시 내 분쟁을 평정하고 시민들의 지지를 받는 유력자가 군주의 자리에 앉았고 이를 세습했다. 이 과정을 거치며 14세기 말 무렵 북부 이탈리아에는 인접 농촌 지역을 포함한 자치도시 공화국들과 참주국들이 병존했다. 예컨대 밀라노는 13세기부터 비스콘티 가문이 지배하는 참주국이었고, 피렌체는 자치공화국을 거쳐 15세기부터는 메디치 가문이 지배하는 참주국이었다. 베네치아와 제노바는 공화국으로 존속했다. 14세기가 넘도록 상인 계급이 봉건귀족과 팽팽히 맞서던 북부 유럽 도시들의 상황과는 확실히 달랐다.

게다가 14세기부터는 아비뇽 유수, 교황권 분열이 이어졌다. 교황의 종교적 권력이 흔들리면서 자치도시에 대한 교황의 개입 자체가 약해진 상황이 백 년 이상 지속되었던 것이다. 이 또한 도시귀족들의 자율적인 통치가 큰 갈등 없이 진전될 수 있었던 요인이었다. '르네상스'는 이러한 배경에서 탄생했다.

상인 계급의 새로운 문화, 인문주의

중세 봉건 사회의 지배 계급이었던 영주의 통치는 자신의 영지를 다른 영주들로부터 보호하고 농노의 노동을 관리·수탈하는 것이었고 그 수단은 군사력이었다. 이들은 한마디로 '교양 없는 군사두목'이었다. 글을 못 읽는 영주도 허다했다. 군사적 능력과 왕에 대한 봉신으로서의 충성이 더 중요했다. 농노와 농경지의 관리 역시 폭력에 의존할 뿐 경영에는 무지한 자들이 대부분이었다. 교회를 중심으로 한 수도원 문화와 스콜라 철학이 이 시대 서유럽의 문화와 교양의 원천이었다. 로마네스크 문화는 수도원의 지식이 빚어낸 것이었고, 고딕 문화는 스콜라 철학을 익힌 성직자의 지식에 도시 장인의 기술이 더해져서 일구어낸 것이었다. 그리고 고딕 성당의 여러 장치는 일반인뿐 아니라, 교양과 지식이 부족하기는 마찬가지였던 지배자들에게 신의 영광을 직접 눈으로 보고 느끼게 해주어야 할 필요에 응답하는 것이었다.

도시의 지배 세력이 된 상공업 계층에게는 다른 능력이 필요했다. 이들 역시 외부 세력으로부터 도시를 보호하기 위해 군사력이 필요했지만 상공업활동을 직접 수행하고 관리하기 위해서는 무엇보다 경영 및 행정 능력이 중요했다. 여기에 더해 세습적인 귀족 신분 없이 새로이 지배 계급에 오른 자신들의 신분과 지위, 정체성을 표상할 문화 규범이 필요했다. 그리고 이를 받쳐줄 교양과 지식의 체계가 절실했다. 교회가 주도한 기존 지식 체계는 성직자-기사-농민으로 이루어지는 계급 구조를 신의 섭리로 전제했다. 이 구도는 농민과 다를 바 없던 상인 출신의 '새로운 지배 계급'에게 마땅치 않은 것이었다.

이들 새로운 지배 세력이 자신이 사는 지역 이곳저곳에 유적으로 남아 있는 고대 로마의 문화에 눈을 돌린 것은 자연스러운 일이었다. 교회 세력과의 협력, 고대 로마의 언어인 라틴어에 익숙했다는 점도 과거에 눈길을 돌리는 일을 거들었다. 이미 11세기경부터 이슬람을 통해 그리스철학이 유입되었고 11세기 말부터는 중세 대학이 설립되며 로마법 등 고대 로마의 제도를 참조하기 위한 작업이 이루어졌다. 십자군이 콘스탄티노플을 함락(1204)시킨 이후에는 비잔틴에서 성행하던 고대 그리스·로마 문헌과 지식이 직접적으로 유입되고 있었다. 이탈리아에서 고딕 양식의 건축이 분명치 않았던 것도 이 지역이 이미 고대 로마 문화의 영향을 적지 않게 받고 있었던 탓이다. 꾸준히 지속되던 고대 로마 문화에 대한 관심은 오스만제국의 비잔티움제국 점령(1453)을 계기로 비잔틴 학자들이 대거 이탈리아로 이주하면서 급격하게

4 조르조 바사리, 「6인의 토스카나 시인들」, 1544. 월계관을 쓴 세 인물 왼쪽부터 페트라르카, 보카치오, 단테

확산되었다.

고대 로마 문화를 지향한 학문과 예술을 인문주의(humanism)라고 부르는 것은 기존의 신 중심 문화와의 차이를 강조하기 위한 것이다. 금욕적 생활 태도와 신의 섭리를 강제하는 중세 문화에 대한 대안적 문화로서 인간적인 생활, 노력에 따라 성공하는 인간, 그리고 그들에 의한 통치를 부정하지 않는 새로운 문화를 도시 상업귀족 계층은 동경했고 그 답을 고대 로마에서 찾았다. 공화정을 수립한 피렌체의 상업귀족들은 로마 공화정의 회복을 지향했고, 비스콘티 가문의 참주정체제였던 밀라노는 카이사르와 로마 제정을 찬미했다. 이들 모두 중세의 신 중심 사회 대신에 인간 중심 사

회였던 로마를 지향했다. 그렇다고 그들이 '신이 창조한 세계'라는 중세 세계관을 벗어난 것은 아니었다. 르네상스시대 역시 중세와 마찬가지로 기독교 세계였다. 르네상스 인문주의가 중세의 신 중심주의와 다른 점은 신이 창조한 질서를 따르는 데에 그치지 않고 이를 인간이 이해하고 재현할 수 있는 법칙으로 파악하려 했다는 점이다.

이러한 분위기 속에서 교회나 중세 대학에 복속되지 않은 인문주의 사상가들이 출현하기 시작했다. 프란체스코 페트라르카(1304~74), 조반니 보카치오(1313~75)가 대표적인 인물로서(둘 다 상인의 아들이었다) 자신의 작품을 통해서뿐 아니라 로마 고전의 발견과 수집을 통해서도 인문주의적 사회로 나아가기 위해 노력했다. 특히 보카치오의 주저『데카메론』(1350~53)은 교회의 언어인 라틴어가 아니라 이탈리아어로 쓰였다는 점에서도 인문주의적인 저작이라 할 수 있다. 상공업 귀족들 사이에서 학자나 예술가를 보호하고 지원하는 것이 자신들의 영광을 더욱 높인다는 분위기가 팽배해졌고 인문주의는 더욱 확산되었다.

그리스·로마시대와 그 이후 시기의 차이를 인식하기 시작한 것은 14세기였다. 예컨대 페트라르카는 '영광스러운 고대'와 '개탄스러운 자신의 시대'를 대비하면서 역사를 고대·중세·당대 세 개의 시대로 구분했다. 중세(Middle Ages)는 '두 시대 사이에 있는 시기'라는 뜻으로 사용된 용어다. 인문주의자들은 중세를 고대 예술이 파괴되고 잊혀온 시간으로 이해했다. 이들에게 중세는 '고대 문화와 현세 사이에 유럽을 뒤덮었던 천 년의 암흑시대'였다.

'르네상스'라는 용어는 페트라르카와 보카치오 등이 잃어버린 고대의 문예 및 예술을 새 시대에 재현한다는 뜻으로 재생·부활을 의미하는 이탈리아어 '리나시타'(rinásscita)

를 사용한 것에서 연원한다. 이후 조르조 바사리(1511~74)가 그의 저서 『르네상스 미술가 평전』(1550)에서, 고대 미술이 야만족의 침입과 중세의 우상 파괴 운동으로 멸망했고 그 후 고트인들의 고딕이나 딱딱한 비잔틴 양식이 횡행하다가 13세기 후반 이후 피렌체 일대에서 화가와 조각가 들이 뛰어난 고대 미술 전통을 '부활'시켰다고 하면서, 이를 '리나시타'로 표현했다. 이 말이 19세기 초 르네상스(Renaissance)라는 프랑스어로 번역되었고 그대로 보편화되었다.

조형예술의 발전

육체노동을 천시하던 봉건귀족과는 달리 상공업에 종사하던 도시귀족들은 경제활동을 존중하는 '분주한 귀족'들이었다. 이러한 분위기 속에서 인문주의의 유행은 손을 부지런히 움직이는 기예 노동으로 빚어내는 조형예술 분야에 집중되었다. 추상적인 '언어와 숫자'를 재료로 하는 문학·수학·철학이 우위였던 고전고대에 비해 르네상스기는 가시적인 '이미지'를 다루는 조형예술이 우위를 점했다. 서양 문화의 역사에서 유독 르네상스기, 즉 중세 스콜라 철학 이후 약 2백여 년간은 문학·철학 등의 사변적 활동에 비해 회화·조각·건축 예술이 훨씬 활발하게 전개된다. 회화와 조각에서는 자연과 인체의 생생한 묘사가 중시되었고 건축에서는 고딕을 멸시하고 고대 로마 건축의 재현이 추구되었다.

르네상스 시기 조형예술의 발전 요인은 도시귀족 계급의 성격에서도 찾을 수 있다. 세습 영주들인 봉건귀족 계급에 비해 도시귀족 계급은 숫자는 많지만 상대적으로 자금 동원력이 작은 상공업자가 대부분이었다. 대규모 교회당 건축을 후원하지는 못하더라도 교회에 회화·조각·공예품 등을 헌납하는 사람이 많아졌다. 중세에는 건축의 부속물로 생산되던 회화와 조각이 별도로 취급되기 시작한 것이다. 이런 흐름 속에서 회화와 조각이 건축에서 독립했고, 건축가와 함께 회화·조각 예술가의 활동도 늘어났다.

피렌체를 지배했던 상인귀족 가문 메디치가의 사례에서 당시 도시귀족들의 문화예술 활동의 단면을 엿볼 수 있다. 코시모 데 메디치(1389~1464)는 어려서부터 피렌체 유력 가문 자제들과 함께 고전 학문에 대한 수업을 들으며 인문주의자로 성장했다. '고대에 찬란한 문화가 있었다'는 신화적 믿음은 피렌체 상인들이 가졌던 고대에 대한 동경과 지식 욕구를 대변하는 것이자, 중세 윤리관에 대한 저항의 발현이었다. 코시모는 고대의 골동품 수집을 위해 로마 일대를 뒤지고 다녔으며, 팔레스타인 지역에서 그리스 원고들을 발굴할 계획을 세우기도 했고, 대리인들을 통해 유럽과 북아프리카, 중동 지역에서 희귀 문헌들을 사 모았다. 코시모의 권유로 긴 수염의 그리스 학자들이 피렌체를 방문하여 머물렀으며, 피렌체대학은 유럽의 대학들 중 유일하게 그리스어를 가르쳤다. 로렌초 데 메디치(1449~92)는 로마에서 발굴해 온 조각들로 장식된 메디치 저택에서 매년 11월 7일 인문주의자들과 함께 플라톤의 생일을 축하하는 연회를 열었다.• 르네상스의 대표적인 예술가 미켈란젤로(1475~1564)는 초년기부터 메디치가의 지원을 받았다.

도시귀족 계급의 문화예술 보호활동에서 조형예술이 차지하는 비중이 커지면서 조형예술가들의 사회적 지위도

• 피렌체 인문주의자들은 스콜라 철학을 부정적으로 평가하면서 스콜라 철학이 절대시했던 아리스토텔레스보다는 플라톤에 심취했다. 예컨대 페트라르카는 스콜라 철학을 '논쟁을 위한 논쟁을 일삼는 수다스러운 학문'이라며 경멸했다. 1439~45년 피렌체에서 열린 공의회에 참석한 콘스탄티노플의 학자 게미스토스 플레톤이 아리스토텔레스와 플라톤의 차이를 설명하는 자신의 글을 소개한 것을 계기로 피렌체에서 플라톤에 관심이 크게 생기자 코시모 데 메디치가 플라톤 아카데미를 만들었다.

상승했다. 예를 들어 화가 라파엘로 산치오(1483~1520)는 추기경의 조카딸과 결혼했으며, 역시 화가였던 티치아노 베첼리오(1488~1576)는 황제 카를 5세의 궁정을 자유로이 출입했고 앙리 3세가 그의 집을 방문하기도 했다.

알프스를 넘어간 인문주의: 궁정 문화의 토대

이탈리아 피렌체 상인 계층을 중심으로 발흥한 인문주의는 다른 도시들로 빠르게 전파되었고, 고대 문화에 대한 지식을 인정받은 인문주의자가 자치도시나 군주국에서 관직을 구하는 사례가 늘어났다. 인문주의적 교양이 출세 수단이 된 것이다. 이러한 경향은 알프스 너머 중북부 유럽의 도시들로도 확산되었다. 특히 1440년 구텐베르크가 발명한 금속활자 인쇄기술이 1460~70년경부터 여러 도시에서 활발히 사용되고 서적 출판이 증가한 것이 인문주의의 빠른 확산을 도왔다.

왕권을 강화하며 절대주의체제로 진전하고 있던 중북부 유럽 국가들에서 인문주의자를 관료로 등용하는 풍조가 확산되자 이들 나라로 진출하는 이탈리아 인문주의자들이 늘어났다. 중북부 유럽에서의 인문주의 보급은 초기에는 이탈리아 인문주의자들의 진출에 힘입은 바 컸으나, 15세기 말엽에는 프랑스왕국, 잉글랜드왕국 및 독일 지역에서 각자의 문화적 전통과 결합한 독자적인 르네상스 문화가 발전했다. 네덜란드 출생으로 유럽 전역을 활동무대로 삼았던 에라스뮈스(1466~1536), 콜레주 드 프랑스와 퐁텐블로궁전 도서관을 설립한 기욤 뷔데(1467~1540), 잉글랜드의 토머스 모어(1478~1535) 등이 당시의 대표적인 비이탈리아권 인문주의자로 꼽힌다.* 특히 이 지역의 르네상스는 16세기 초부터 전개된 종교개혁과 연결되어 있었다.

알프스 이북 국가의 르네상스는 절대주의 왕정으로 나

아가는 중간 단계였다. 17세기 절대왕정체제 성립과 함께 완성되는 귀족 관료와 궁정 문화는 16세기 르네상스 인문주의의 연장선상에서 이해되어야 한다.

과거 영주 계급에서 왕의 행정 관료로 신분이 바뀐 봉건 귀족들은 새로운 지식과 기술을 습득해야 했다. 문화·경제 활동을 등한시하고 군사적인 능력만을 최우선으로 삼았던 이전과는 달리 규율이 선 장교 또는 문자를 알고 지식을 갖춘 행정 관료여야 했고 세련된 궁정인이면서 자신의 영지를 신중하게 경영하는 지주여야 했다. 새로운 자질과 능력을 갖추기 위해서는 문화와 교양과 예술에 관심을 기울여야 할 필요가 있었다. 이제까지 성직자만을 위해 존재했던 대학 교육에 귀족 계급이 새로운 소비층으로 등장했고, 인문주의가 그 교육의 주축이었다. 이러한 사정 때문에 중북부 유럽 국가의 인문주의는 통치 도구적 성격이 강했다. 16세기 프랑스의 대표적 인문주의 학자인 미셸 드 몽테뉴(1533~92)는 귀족으로서 궁정을 드나들며 저술활동을 했고, 영국의 에드먼드 스펜서(1552~99)의 서사시 『요정 여왕』은 엘리자베스 1세 여왕(재위 1558~1603)을 찬양했다. 귀족적 르네상스 문화는 곧 루이 14세와 같은 절대왕권의 궁정문화로 연결된다.

건축가의 등장과 건축의 이론화

이 시기 주요한 건축주는 도시귀족과 상인공동체였다. 왕권 국가에서는 왕과 귀족들의 건축 생산활동이 여기에 더해졌다. 교회당은 여전히 주요한 건축 생산의 대상이었으나 많은

• 에라스뮈스는 인문주의 연구가 성행한 파리대학에서 수학(1495~97)함으로써, 토마스 모어는 이탈리아 인문주의자의 저작을 통해서 인문주의자의 길로 접어들었다고 알려져 있다. 에라스뮈스는 1498년에 잉글랜드 옥스퍼드대학에서 그리스어를 가르쳤는데 이때 그곳에서 공부하던 토마스 모어와 교류했다. 기욤 뷔데 역시 에라스뮈스, 토마스 모어와 교류했다.

경우 신앙심보다는 교회 세력과 연대를 지속하기 위한 지배 계층의 정치적 목적 속에 지어졌다. 규모가 고딕시대보다 작아졌으며, 피렌체의 산타 마리아 델 피오레 대성당, 로마의 산 피에트로 대성당, 런던의 세인트 폴 대성당 등 대규모 교회당은 모두 돔 구조로 건축되었다. 교회당 외에 이미 도시국가화된 자치도시들의 시청사와 길드홀, 도시귀족 가문의 궁정(팔라초)과 저택(빌라), 군사 시설인 성곽 등이 주요한 건축 생산 과제였다.

15세기까지는 이탈리아 피렌체와 로마 등지에서 르네상스 양식이라 할 만한 새로운 건축 규범이 나타났을 뿐 영국 및 중북부 유럽에서는 고딕 건축 전통이 지속되었다. 16세기에야 이탈리아의 르네상스 양식이 파급되었지만 고딕 건축 역시 지속되면서 고딕과 '새로운' 고전주의가 지역마다 다른 모습으로 병존했다.

이 시기 건축 생산에서는 이전과는 다른 몇 가지 중요한 변화가 진행되었다. 첫째, 설계도면 체계가 잡혔다. 중세까지는 지역별로 서로 다른 척도를 사용했고 도면도 제각각이었다. 건축주에게 의사를 전달할 때는 모형과 입면 그림 정도를 사용했고, 평면은 사각형·삼각형 등 단순 도형을 여러 배율로 사용하여 복잡한 형태까지 구성하는 수법이 석공장들의 비법으로 전수되고 있었다. 시공을 위해 건축 현장의 바닥이나 벽에 실척(實尺) 도면을 그리는 일이 보편적이었다. 16세기 무렵에는 지역마다 통용되는 척도는 여전히 달랐지만 건축가들이 공통으로 사용하는 기준척도가 있었다. 단순 기하학적 형태에 대한 의존도가 줄고 비례에 따라 치수를 자유롭게 사용하는 경향이 늘어났다. 비례 체계를 중심으로 한 르네상스의 건축 규범은 이러한 조건 속에서 성립될 수 있었다. 설계도면 형식에서도 평면도·입면도·단면도를 사용하는 방식이 체계화하고 규범화했다.

둘째, 인문주의 확산에 따라 건축 지식의 성격이 변화했다. 중세의 신 중심주의가 만물의 근거를 신의 섭리와 말씀에서 찾았다면 인문주의는 인간의 능력과 현재적 소망을 중시했다. 자연히 현재적 삶과 실천에서 합리적인 규범과 원리를 찾으려는 태도가 나타났으며 이는 다시 자연과 세상에 대한 합리적인 이해를 위한 지식 추구로 이어졌다. 인문주의 열기는 건축 유산에 대한 탐구에서도 예외가 아니었다. 1414년 스위스 장크트 갈렌 수도원에서 비트루비우스의 『건축십서』 필사본이 발견된 것을 직접적 계기로 건축의 규범화·이론화 작업이 전개되기 시작했다. 비트루비우스의 책은 실제 건축 규범으로 삼기에는 내용이 충분치 않았지만, 고대인의 건축에 '규범'이 있었음을 확인했다는 것만으로도 이탈리아 인문주의자들에게 건축 개념의 극적 변화를 가져오기에는 충분했다. 필사본으로 제작되어 소수의 인문주의자 사이에서 읽히던 『건축십서』는 1486년 로마에서 초판 인쇄본이 발간되었다. 라틴어에 삽화가 없는 원래 필사본의 내용 그대로였다. 이후 이탈리아어로 번역되고 삽화와 주석이 추가된 초판을 보완한 판본들이 나왔고, 프랑스어, 독일어 번역판도 뒤따르면서 15~16세기 건축가들의 절대 규범이 되었다.

이외에도 과거부터 전수되던 건축기술과 로마 건축을 연구한 결과물들이 속속 출간되었다. 레온 바티스타 알베르티의 『건축론』(1485)•을 시작으로 세바스티아노 세를리오

• 알베르티의 『건축론』은 라틴어로 쓰인 채 필사본 형태로 소수 인문주의자들 사이에 읽히다가 1485년에야 인쇄본으로 편집되어 출간되었으며, 1546년에야 이탈리아어로 번역돼 출간되었다. 이에 비해 16세기에 출간된 세를리오의 『건축칠서』 등은 처음부터 이탈리아어 인쇄본으로 출간되었다.

5 1521년 체사리아노가 이탈리아어로 번역 발간한 『건축십서』에 추가된 인체 비례도(비트루비우스 맨)

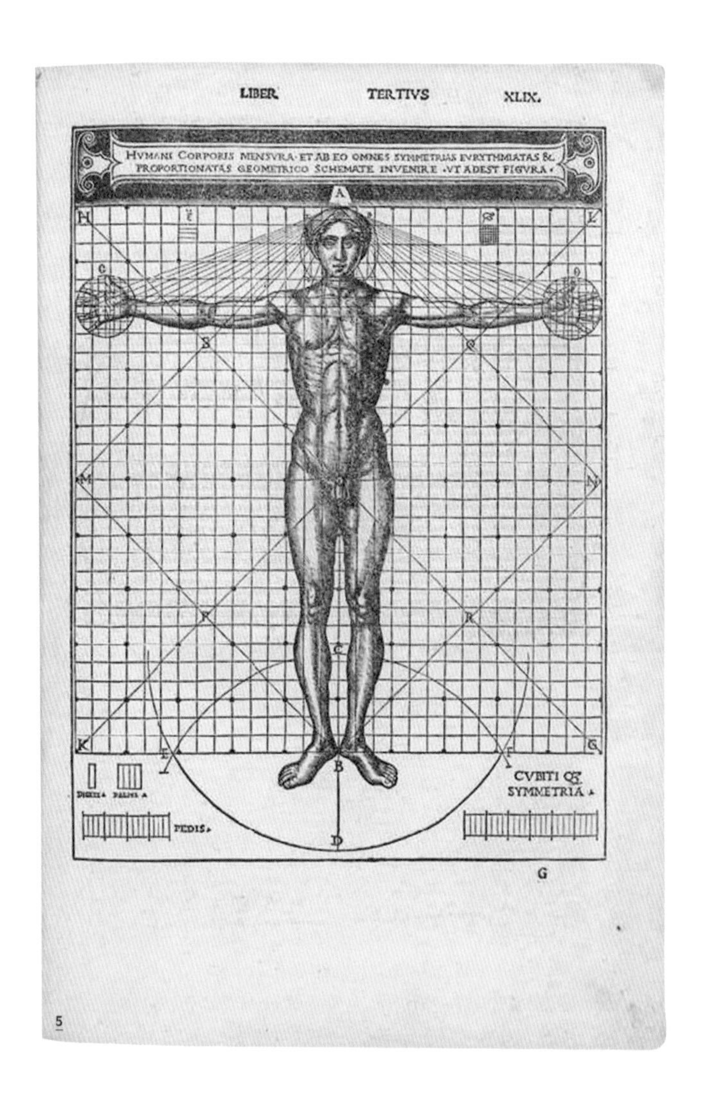

의 『건축칠서』(1537~75), 자크 앙드루에 뒤 세르소의 『건축서』(1559), 자코모 바로치 다 비뇰라의 『건축의 다섯 오더의 원칙』(1562), 안드레아 팔라디오의 『건축사서』(1570)가 뒤를 이었다.

셋째, 건축가의 직능이 건축 현장 출신 기술자에서 도면 제작자이자 인문주의적 건축 전문지식 보유자로 변화했다. 더 이상 현장 실무가 지식의 유일한 근원이 아니었다. 현장에서의 훈련보다는 고대 로마의 유물을 연구해 건축기술을 발전시키는 것이 중요했다. 당시 중부 이탈리아에서는 '중요한 것은 시공이 아니라 작업에 관한 개념이므로 예술가들은 건축 설계를 할 수 있다'는 생각이 만연했다. 이에 따라 석공장 출신이 아닌 다른 분야 전문가들이 건축가로 활약하는 사례가 증가했다. 초기에는 도면 제작에 능숙한 화가나 조각에 숙련된 금속세공 장인 출신의 건축가가 많았다. 필리포 브루넬레스키(1377~1446)와 미켈로초(1396~1472)는 금속 세공장 출신이며, 도나토 브라만테(1444~1514)는 화가에서 건축가가 되었다. 레오나르도 다빈치(1452~1519), 라파엘로, 세를리오(1475~1554), 로마노(1499~1546), 비뇰라, 바사리 등도 화가이자 건축가였으며 미켈란젤로는 조각가이자 화가이며 건축가였다. 전통적인 석공 출신으로는 줄리아노 다 상갈로(1484~1546), 안드레아 팔라디오(1508~1580)가 있다. 가장 르네상스다운 건축가는 알베르티(1404~72)였다. 그는 어떤 조형예술 훈련도 받은 바 없는 피렌체 도시귀족 가문의 인문주의자로서 스스로 공부한 '건축지식'만으로 활동했다. 실제로 그는 스스로 건축 현장을 지휘하고 책임지기보다는 장인들을 고용하여 자신의 설계를 적용한 건축을 건설하도록 했다.

중세의 장인이 예술가-건축가로 대체되는 변화는 15세

기와 16세기에 걸쳐서 진행되었다. 건축이 석공 중심의 기술에서 전문 학문이자 고급 예술로 변화하면서 건축가의 사회적 지위도 상승했다. 그리스·로마 문헌에서 유래한 '건축가'(arkhitektôn)라는 명칭이 다시 등장하여 널리 쓰이기 시작했다. 건축가들은 고급 예술가로서 자신의 능력을 보이는 것을 중요하게 여기게 되었으며 이는 중요한 설계를 수주하고 설계의 저작권 확보를 중시하는 풍조로 이어졌다.

인쇄술의 발달도 건축가의 직능과 건축 생산 변화에 영향을 미쳤다. 이탈리아 건축이론서들이 활발히 출판되면서 17세기쯤 유럽 전역에 보급되었고, 이를 통해 유럽의 건축가는 건축주인 왕이나 귀족들과 비슷한 수준의 교양을 습득한, 종전의 시공기술자(builder)와는 완연히 다른 예술가로서의 지위를 갖추어갔다. 또한 설계 치수, 구조 기준 등을 명시한 도면집이 발간됨으로써 설계를 규준화하는 경향이 강해졌다. 일단 어떤 유형의 설계가 정립되고 시공 규범으로 인정되고 나면 더 이상의 변화를 시도할 동기가 별로 없었기 때문이다.

피렌체 대성당의 돔

이탈리아 인문주의와 르네상스 문화의 발원지라 할 수 있는 피렌체에서 14~15세기에 진행된 산타 마리아 델 피오레 대성당(1296~1471/ 입면 1887)의 돔 건축을 둘러싼 에피소드는 건축 전문 지식인이자 고급 예술가로서의 지위를 갖춘 건축가의 직능과 태도의 변화를 드라마틱하게 보여준다.

13세기에 들어 양모 산업이 번성하며 본격적으로 발달한 도시공화국 피렌체에서는 상인 계층에 의한 크고 작은 교회당과 개인 궁전 건축 붐이 일고 있었다. 점점 세력이 커지고 있던 피렌체 상인 계층의 자신감은 도시의 문화와 영광을 대변할 대성당을 짓고자 하는 욕구로 수렴했다. 당시의 피렌체 대표 성당이었던 산타 레파라타 성당(4세기 말~5세기 초 건축된 것으로 추정)은 너무 오래되었고 늘어난 도시 인구에 비해 규모가 작았기 때문이다.

대성당은 당시 피렌체의 대표 조각가이자 석공 장인이었던 아르놀포 디 캄비오(1240?~1302/10)에 의해 긴 네이브와 거대한 팔각형 돔을 갖는 형태로 설계되어 1296년 착공되었다. 몇 년 뒤 아르놀포가 사망하면서 공사 진척이 느려지다가 1347년 흑사병이 피렌체를 덮치면서 중단되어 서쪽 입면과 네이브 벽체만 완성된 채 여기저기 기초가 노출된 채 방치되었다. 1355년쯤 공사가 재개되어 1366년 네이브 천장 볼트가 완성되었으며 돔이 얹혀질 동쪽 단부까지 진전되었다. 건축 자금을 책임지고 있던 양모 상인 길드의 건축 위원회는 주임건축가인 조반니 디 라포 기니에게 돔의 모델을 제작할 것을 요청하면서 또 다른 석공장 네리 디 피오라반티에게도 돔 모델 제작을 의뢰했다. 돔 건축을 위한 설계 경기인 셈이었다. 주임건축가의 설계는 플라잉버트레스가 있는 고딕식이었는 데 반해 네리의 설계는 플라잉버트레스가 없는 돔이었다.

네리의 설계는 돔 외관이 명확하게 드러나서 위용을 과시해야 한다는 의도에 플라잉버트레스 양식에 대한 혐오감이 더해진 안이었다. 즉, 피렌체와 적대 관계에 있던 독일·프랑스·밀라노를 지배하는 고딕 양식을 거부하는 다분히 정치적인 태도가 섞여 있었다. 네리는 플라잉버트레스로 돔의 횡압을 지지하는 대신에 돔 하부에 석재와 목재로 만든 체인을 설치해 보강하는 방안을 제시했으며, 이슬람 모스크 방식을 모방한 이중 돔으로 설계했다. 버트레스 없이도 돔의 자중에 의해 지지될 것이라고 네리는 추측했지만, 전례 없는 크기의 돔을 버트레스 없이 지지할 수 있을지는 미지수

6 산타 마리아 델 피오레 대성당, 이탈리아 피렌체, 1296~1471/ 입면 1887

7 산타 마리아 델 피오레 대성당 내부에서 본 팔각형 드럼과 돔

였다.

건축위원회는 두 안 사이에서 쉽게 결정을 내리지 못했다. 당시에는 대성당이 붕괴하는 사고가 빈번하게 일어났다. 오래전인 1284년에 보베 성당이 붕괴하는 사고가 있었고 피사 대성당의 탑•도 기울기 시작하고 있었다. 정치적으로는 네리의 설계안이 선호되었지만 구조적 불안을 해소할 수 없었다. 더욱이 주임건축가인 조반니가 네리의 설계안의 구조 문제를 제기하고 있었다.

그럼에도 불구하고 건축위원회는 돔 직경을 37.5미터에서 43.5미터로 더 늘려 네리의 설계를 채택하고 이를 피렌체 시민투표를 거쳐서 확정했다. 이는 분명히 정치적 동기에 치우친 결정이었다. 설계된 돔은 유례가 없이 크고 높은 것이었다. 직경 43.5미터는 로마 판테온보다도 90센티미터 크고, 높이는 서유럽 고딕 성당 중 가장 높은 보베 성당보다도 4미터나 높은 51.8미터였다.

공사 중인 대성당 내부에 4.5미터 높이로 설치된 모형 앞에서 고민이 계속되었다. 플라잉버트레스가 없는 돔은 팔각 형상의 드럼 위에 첨두아치 형상의 리브들로 설계되어 있었다. 먼저 리브를 축조해야 했고 직경 43.5미터의 리브아치를 축조하려면 엄청난 양의 거푸집 설치가 필요했다. 비용이 막대할 뿐 아니라 필요한 목재를 조달하는 것도 문제였다. 계산상 700그루의 대형 나무를 벌채해야 했는데 이는 대리석만큼이나 비싼 재료였다. 거푸집 설계도 큰일이었다. 당

• 피사의 탑은 1173~78년에 1차, 1272~78년에 2차, 1360~72년에 3차 등 매우 긴 공사를 거쳐 준공되었다. 1차 공사 후 탑이 기울기 시작하여 2차 공사에서는 기울어진 각도에 맞춰 수정을 가한 뒤 건설을 재개했으나 기우는 것을 멈추게는 못 한 채 3차 공사로 준공되었다. 20세기 들어 수차례 지반 조정 공사 끝에 2001년 안정화에 성공하여 현재에 이르고 있다.

시 사용하던 모르타르로 이 정도 대규모 돔을 축조한다면 양생 기간이 너무 길어져서 목재 거푸집에 느린 처짐이 발생할 것이고 이는 양생에 문제를 발생시킬 것이 분명했다. 여기에 공사 현장이 거푸집을 지지하는 가설재로 가득 차서 석공들이 작업할 공간을 확보하기 곤란해지는 문제와 거푸집을 해체하고 제거하는 작업 역시 걱정을 더했다.

한편에서는 무리한 설계이며 완공이 힘들다는 비판이 계속 제기되었다. 그러나 반드시 건축해야 한다는 분위기가 높아지면서 1413년에는 팔각 드럼이 완성되는 단계까지 진척되었다. 1417년 피렌체 지방자치회가 돔 건축 추진을 결정했고 1418년 돔 시공 방법과 설계를 모집하는 설계경기를 열어 각지에서 12개의 응모안이 제출되었다. 응모안들은 대부분 거푸집을 경제적으로 설치하는 방법을 집중적으로 제안했다. 건축위원회의 주목을 끈 것은 브루넬레스키의 안이었다. 그는 거푸집을 설치하지 않고 돔을 건축하는 방안을 내놓았다.

브루넬레스키는 원래 금속세공가이자 조각가였다. 그는 1402년에 대성당 정문 앞에 건축된 산 조반니 세례당 청동문 조각경기에도 참여한 바 있었다. 여기에서 로렌초 기베르티(1378~1455)와 경합하여 기베르티에게 1등을 빼앗기고 2등에 그쳤다. 이후 그는 조각을 포기하고 로마로 이주하여 15년간 고대 로마 건축을 조사하고 연구하며 지냈다. 당시 로마는 고대 로마 건축과 조각을 흠모하는 자들의 개인적인 발굴과 도굴이 성행하고 있었다. 로마 건축 연구에 몰두하던 브루넬레스키는 1418년 고향 피렌체에서 대성당 돔 설계경기가 열린다는 것을 알고 이에 응모했던 것이다.

거푸집 없이 건축한다는 브루넬레스키의 제안에 건축위원회가 주목한 것은 당연했다. 공사비를 획기적으로 줄

8 산 조반니 세례당, 이탈리아 피렌체, 1059~1128

9 로렌초 기베르티, 산 조반니 세례당 청동문 '천국의 문' 부분, 1402~23

일 수 있기 때문이다. 그러나 많은 이들이 의문을 제기했다. 돔 하부야 거푸집 없이 쌓아 올린다 쳐도 상부에서는 돔 곡면이 60도까지 기우는데 거푸집 없이 돌을 쌓는 것이 어떻게 가능하단 말인가? 그러나 브루넬레스키는 방법을 공개하지 않았다. 자신의 아이디어를 훔쳐갈 것이라는 우려 때문이었다.•

건축위원회는 1420년 브루넬레스키를 기베르티와 함께 공동 건축가로 지명했다. 18년 전 산 조반니 세례당 청동문 조각경기에서 브루넬레스키를 누르고 당선되었던 바로 그 기베르티였다. 그는 피렌체에서 예술가로서 능력을 인정받으며 활동하고 있었다. 건축위원회로서는 브루넬레스키가 자신하는 '거푸집 없이 건축하는 방안'을 포기할 수 없었지만 그의 능력을 전적으로 신뢰할 수도 없었다. 설계는 브루넬레스키의 안으로 하되 공사 진행은 이미 능력이 검증된 기베르티와 공동 책임을 맡기는 절충안을 선택한 것이다. 브루넬레스키의 설계였으므로 공사 진행도 브루넬레스키가 주도할 수밖에 없는 상황이었지만 두 사람의 보수는 동일하게 책정되었다.

공사를 진행하던 브루넬레스키가 목재 체인을 설치하는 공정 단계에서 몸이 아프다는 핑계로 공사 현장에 나오지 않자 건축위원회는 기베르티에게 공사 진행을 주문했다. 기베르티 단독으로 공사를 진행하도록 방치하던 브루넬레스

• 유명한 '브루넬레스키의 달걀' 이야기가 이 대목에서 나온다. 건축위원회 위원들에게 달걀을 세워보라는 문제를 내놓고 다들 못 푸는 것을 확인한 그는 달걀 꼭지를 조금 깨뜨려서 세웠다. "그런 방법으로는 누구라도 할 수 있다"며 자신을 비난하는 사람들에게 그는 자신이 거푸집 없이 돔을 건축하는 방법을 밝히면 지금과 똑같이 "그런 방법으로는 누구라도 할 수 있다"며 자신을 배제한 채 자신의 방법을 써서 공사할 것 아니냐고 반문했다.

키는 얼마 후 공사 현장에 나타나서 기베르티가 진행한 공사 내용에 조목조목 문제를 지적하며 재시공해야 한다고 주장했다. 결국 건축위원회는 브루넬레스키의 책임건축가 지위를 인정하고 그의 보수를 세 배 인상했고 기베르티는 2선으로 물러났다. 이후 브루넬레스키는 자신의 이름으로 공사를 진행하여 완공했다.

이 에피소드는 당시 건축가들이 자신의 건축설계와 시공기술의 독창성, 그리고 이를 자신의 실적으로 인정받는 것을 중시했다는 사실을 잘 보여준다. 그만큼 실력 있는 건축가로서 이름을 날리려는 욕망이 자연스럽게 통용되던 분위기였던 것이다.

브루넬레스키는 어떻게 팔각 돔을 거푸집 없이 건축했을까? 그는 당초 네리의 설계와 마찬가지로 이중 돔으로 설계했다. 내부 돔은 두께 2미터의 원형 돔으로 했다. 돔을 얹을 팔각 드럼의 폭이 4.2미터로 넓었기 때문에 이 정도 두께의 원형 돔을 쌓아 올리는 것이 가능했다. 외부 돔은 두께 30~60센티미터로 내부 돔을 지지대 삼아 원안대로 팔각 리브 돔으로 축조했다. 브루넬레스키는 원형 돔을 축조하는 동안 횡압만 잡아준다면 건축 중인 돔이 붕괴하지 않는다는 것을 알고 있었다. 원형 돔의 하부는 거푸집 없이 평범한 조적으로도 축조 가능한 곡률이기 때문이다. 원형 돔의 곡률이 30도가 넘는 부분부터 꼭대기까지는 9개의 수평 원형 링을 설치했다. 링 한 개가 완성될 때마다 이것이 종석 역할을 하면서 축조 중인 돔의 구조를 안정시키고 붕괴를 막았다.••

•• 수평 링은 내부 돔과 외부 돔 모두에 설치했는데 내부 돔의 링은 속에 감추었고 외부 돔의 링은 리브 부분에서 링이 팔각 모서리를 벗어나면서 내부 돔과 외부 돔 사이 공간에 노출되어 있다. 지금도 내부 돔과 외부 돔 사이 랜턴을 오르내리는 계단을 지나다 보면 이를 확인할 수 있다.

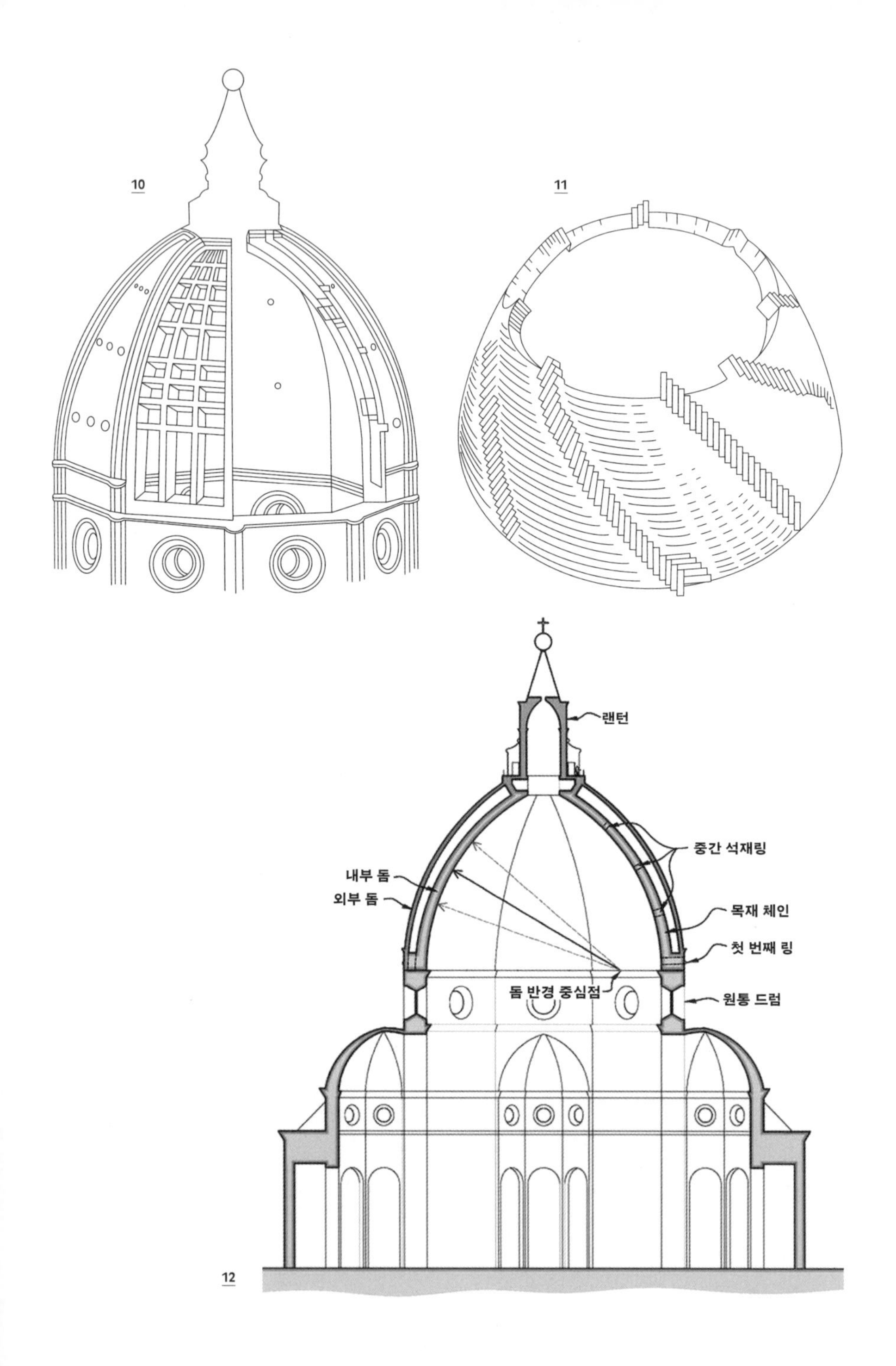

10 산타 마리아 델 피오레 대성당의 돔 구조

11 산타 마리아 델 피오레 대성당 내부 돔의 청어뼈 벽돌 쌓기

12 산타 마리아 델 피오레 대성당 단면도

그러나 곡률이 커지는 상부에서는 풀어야 할 또 다른 문제가 있었다. 곡률이 크기 때문에 다음 링이 완성되지 않은 상태에서는 축조 중인 돔 벽체를 지탱하기 곤란했다. 애당초 건축위원회가 브루넬레스키의 방법에 의문과 우려를 표한 것도 이 부분 때문이었다. 브루넬레스키는 이를 소위 '청어뼈 벽돌 쌓기'(herringbone brickwork)로 해결했다.• 하부 링에서 벽돌을 쌓아가면서 중간 중간에 벽돌을 세워서 쌓아 하부 링과 긴밀히 연결되도록 함으로써 시공 중인 부분을 이미 완성된 하부 벽돌 켜들이 잡아주도록 한 것이다. 또한 청어뼈 패턴으로 세워진 벽돌을 지지대 삼아 간단한 받침 가설 목재를 설치하여 큰 곡률로 기울어진 채 쌓이는 벽돌이 미끄러지지 않도록 받칠 수 있었다.

브루넬레스키의 돔은 조적조였으므로 로마 판테온과 마찬가지로 돔 하부에서 생기는 인장력을 견딜 수 없다. 당연히 균열이 발생했다. 그러나 이 돔은 상대적으로 횡압이 작은 첨두형 곡률로 설계되었고, 브루넬레스키가 내부 돔에 철이 보강된 사암 체인 네 개와 목재 체인을 설치한 효과 등으로 인해 비교적 안정된 상태로 유지되었다.••

돔은 1436년에 완공되었다.••• 여기에 사용된 건축기술도 놀랄 만하지만, 한 건축가가 주어진 문제를 전례 없는 독

• '청어뼈 벽돌 쌓기'는 고대 로마인들도 사용했던 방법이다. 브루넬레스키는 로마 건축을 연구하면서 이 방법을 익혔을 것이다.

•• 1639년 내부 돔에 균열이 발생한 것이 확인되었으나, 당시 비슷한 균열이 발견되어 철제 클램프로 보강을 한 로마의 산 피에트로 성당과는 달리 별도 보강은 필요 없다고 결론지었다. 1970년에는 균열의 원인이 건축물의 구조적 결함보다는 약한 지반 문제나 주변 도로의 교통량 증가로 진동이 심해진 탓으로 보고되는 등 이 구조물의 균열과 구조적 메커니즘은 여전히 규명되지 않았다. 2015년에 뮤온-영상화(muon-imaging) 기술을 이용해 내부 돔에 철 막대기들이 묻혀 있는 것을 확인했다.

13 산타 마리아 델 피오레 대성당 평면도

14 산타 마리아 델 피오레 대성당 단면도

15 산타 마리아 델 피오레 대성당 돔 시공 모습 상상도

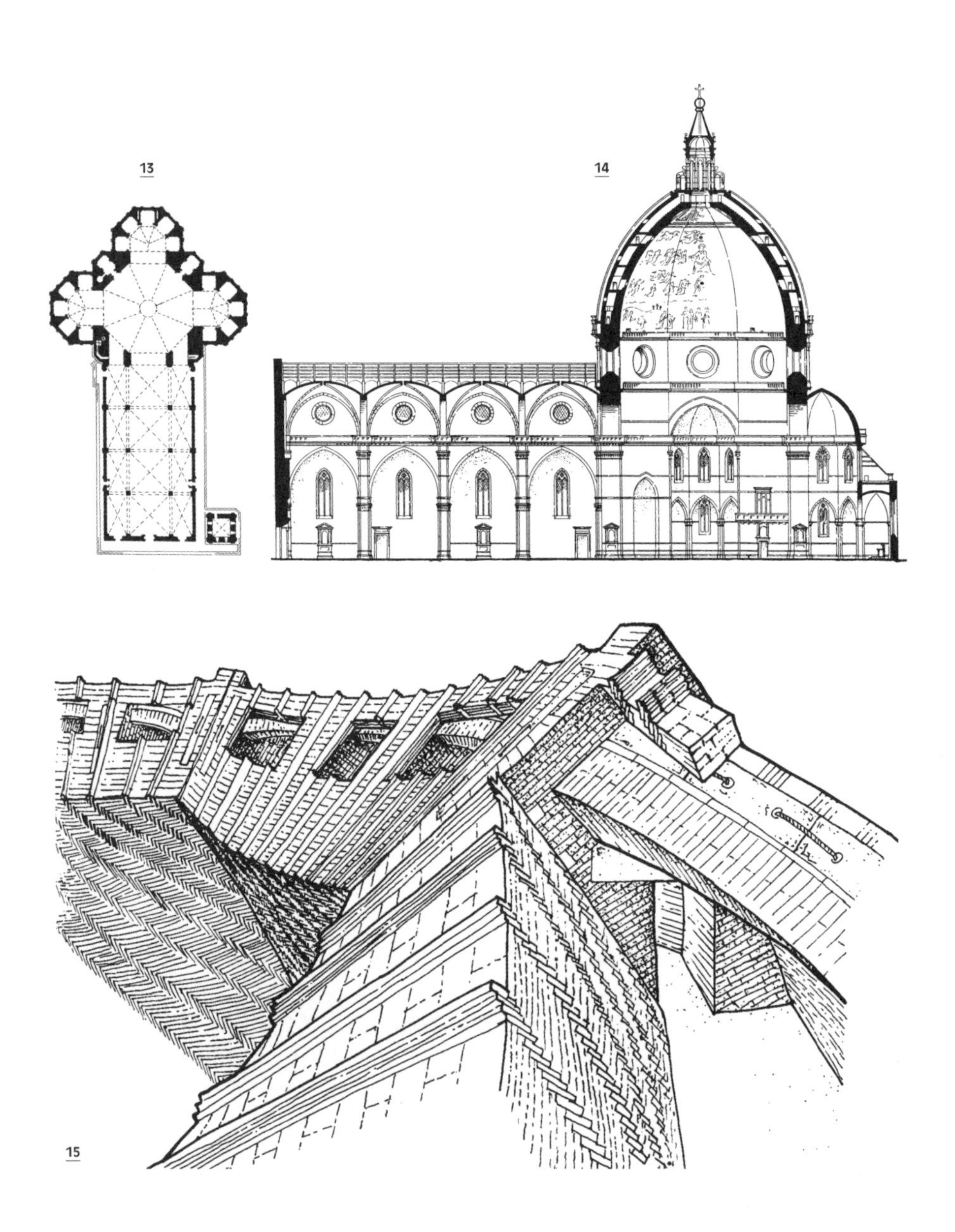

창적인 방법으로 해결하고 자신의 작품임을 주장하는 데에 쏟아부은 집착과 노력이야말로 주목할 만하다. 사회 계층의 지형이 달라진 만큼이나 건축 생산의 성격 또한 이제까지와는 다르게 바뀌었음을 보여주는 일화이다.

피렌체 르네상스와 새로운 고전주의

피렌체는 14세기부터 인문주의적 사고와 활동이 시작된 새로운 문화의 중심지였다. 단테, 페트라르카, 보카치오 등 초기 인문주의 시인과 예술가 모두 피렌체 출신이었다. 건축 생산이라는 측면에서의 르네상스도 피렌체에서 시작되었다. 건축 생산의 주체는 단연 도시를 지배하고 경영하는 상인 계층이었다. 산타 마리아 델 피오레 대성당과 돔의 건축을 결정하고 출자한 것은 상인 계층으로 구성된 도시 정부 회의(시뇨리아)였으며, 이 밖의 피렌체 르네상스의 주요 건축물들도 상인 계층에 의해 건축되었다. 브루넬레스키의 파치 예배당(1442~60)은 메디치에 이어 피렌체 제2의 상인 가문이었던 파치 가문이 출자했고, 산토 스피리토 성당(1444~87)은 도시 정부가 1397년 밀라노와의 전쟁에서 승리를 자축하며 도시의 영광을 기리기 위해 기존 교회의 재축을 결정하며 지어졌다. 역시 브루넬레스키 작품인 인노첸티 고아원(1417~36)은 피렌체 최대 길드의 하나인 실크 길드가 자선활동의 일환으로 출자하여 건축했다. 산타 마리아 노벨라 성당(1279~1357, 입면 1456~70)은 당초 도미니코 수도회가 건축한 고딕 양식의 교회였지만 광장에 면한 입면을 새

••• 돔 상부의 랜턴 공사를 위해 별도로 설계경기가 열렸고 이 역시 브루넬레스키의 안이 당선되었다. 랜턴은 1446년 브루넬레스키 사망 직전에 착공되어 브루넬레스키의 친구인 미켈레초에 의해 1461년에 완공되었다. 한편 현재의 서쪽 입면은 미완성 상태로 있다가 1871년 설계경기에 의해 신고딕 양식으로 설계되어 1887년에 완공되었다.

로운 모습으로 건축하도록 알베르티에게 의뢰하고, 이를 교회에 기부한 것은 부유한 양모 상인이자 메디치의 측근이었던 인문주의자 조반니 디 파올로 루첼라이(1403~81)였다.

피렌체 르네상스 건축의 주제는 고대 로마 건축으로의 회귀, 즉 고대의 오더(order)를 복원하는 것이었다. 로마인들이 그랬듯이 그들에게는 '기둥-보 구조'가 건축의 이데아였고 그 이데아의 구현을 보증하는 것이 오더였다. 엔타블러처 없이 주두만을 갖춘 독립기둥을 사용하는 중세의 건축, 즉 오더 개념이 없는 로마네스크와 고딕 건축은 무질서한 것으로 여겨졌다. 구조의 기술적 합리성으로 본다면 독립기둥으로 아치나 볼트를 지지하는 고딕 건축이 보다 합리적이다. 마치 기둥이 보(엔타블러처)를 받치는 구조인 것처럼 구성하는 고전주의는 실제 구조와 관계없는 외양, '거짓'이다. 그러나 당시 인문주의자들이 지향한 '합리성'과 '오더(질서)'는 구조기술의 합리성이 아니라 '세상의 본질적 구조'였고 이를 표상하는 '건축의 본질적 구조'였다. 그리고 그것은 '기둥-보 구조를 기본으로 질서 있게 배열되는 구성 요소들' 이었다. 세상의 본질적 구조와 이상적 가치를 지향하는 그리스 자연철학과 플라톤의 이데아론에 열광했던 피렌체 인문주의자들에게 불규칙하거나 보편적 원리로 설명될 수 없는 것은 경멸의 대상이었다. 비록 그 '질서'와 '보편 원리'가 근거 없는 관념적 믿음일 뿐이었지만 말이다.

질서와 보편 원리에 대한 관념의 기초는 중세부터 내려온 '신이 창조한 질서 있는 우주(cosmos)'였다. 그리스 플라톤 철학에서의 '제작자(dēmiourgos)가 만든 질서 있는 우주'라는 이데아가 '신의 창조물로서의 완전한 우주'라는 개념으로 번안되었다. 중세인들은 이를 절대적으로 수용해야 하는 신의 섭리로 받아들였다. 이에 비해 인문주의자들은 이

질서의 법칙을 찾아 규범화하여 신이 창조한 질서를 인간이 재현할 수 있도록 하려 했다는 점에서 결정적 차이를 갖는다. 인체 비례에 대한 태도 역시 마찬가지였다. 인간은 신의 모습으로 창조된 피조물이므로 인간의 몸에는 우주의 질서가 재현되어 있다는 관념은 중세부터 내려오던 것이었다. 12세기 이후에 이미 인간이 우주의 질서를 집약하고 있는 '소우주'(microcosmos)라는 학설이 일반화했다. 그러나 르네상스 인문주의자들은 여기에서 그치지 않았다. 소우주로서의 인체의 질서를 법칙으로 정립하려 했다. 인체 각 부분의 치수 관계를 서술한 비트루비우스에게서 힌트를 얻어서 인체의 질서를 완벽한 비례 법칙으로 재창조한 '비트루비우스 맨'이 그것이다.

비트루비우스가 말했듯이 건축 역시 질서 있는 것이어야 했다. 그리고 질서 있는 건축을 위한 법칙이 필요했다. 르네상스인들이 비트루비우스의 책을 발견하고 흥분했던 것은 고대 로마인들이 법칙을 갖고 건축물을 구축했음이 확인되었기 때문이다. "위대했던 고대 로마인도 우리가 하려는 것처럼 법칙을 갖고 질서 있는 건축을 만들었다!" 건축이 갖추어야 할 질서의 법칙은 당연히 고대 로마 선인들의 건축에서 찾아져야 했다. 비트루비우스가 『건축십서』에서 제시한 건축 각부의 비례 관계는 훌륭한 참조물이었다. 비트루비우스와 고대 로마 건축 유물을 교과서 삼아 건축 각 부분의 위치와 치수의 관계를 '규범'으로 정리하는 작업이 진행되었다.

예컨대 기둥의 지름과 간격의 비례에 대해 비트루비우스가 말하는 규범을 보자. 기둥 지름의 1.5배(Pycnostyle), 2배(Systyle), 2.5배(Eustyle), 3배(Diastyle), 3배 이상(Araeostyle) 간격이 사용되는데, 그중에서 2.5배가 편리성·

아름다움·내구성에서 가장 좋다고 말한다. 왜 그런지에 대한 설명은 분명치 않다. 다른 것들은 출입하기에 너무 좁거나 넓어서 보가 불안정하다는 정도의 설명만 있다. 이러한 '비례 규범'의 근거도 따로 설명되지 않는다. 그저 "이런저런 사용 방법이 있다"고 서술할 뿐이다.

르네상스인들은 비트루비우스와 고대 로마 건축에서 발견되는 문법들을 통일된 원칙으로 재정립하려 했다. 고대 로마의 콜로세움이나 개선문에서 쉬이 찾아볼 수 있는 아치나 볼트 구조와 기둥 오더의 결합을 르네상스 건축가 비뇰라가 『건축의 다섯 오더의 원칙』에서 기둥 오더 유형별로 아치와 결합 방법을 정리하며 원칙화했다. 비뇰라뿐 아니라 여러 건축가가 저서나 건축 실례를 통해 각종 '규범'을 제시했다. 어떤 것이 실제 '규범'으로 받아들여지느냐는 이들에 대한 평판에 따라 결정되었다.

'질서 있는 건축을 위한 규범'은 기둥과 기둥 사이의 균일한 배치, 기둥 사이에 설계되는 창문 크기와 형태의 균일성, 평면과 입면의 대칭, 중심축에 위치한 입구, 입면과 평면을 구성하는 부분들 간의 비례 등으로 정리되었다. 르네상스 건축이 중세 서유럽에서는 많이 쓰이지 않았던 형식인 돔 구조를 다시 보편적으로 사용한 것은 고대 로마 건축으로 회귀하려는 의도도 있었겠지만, 중심이 있는 정연한 질서를 갖춘 건축을 지향한 것도 한 가지 이유다.

르네상스 초기의 대표 건축가는 바로 산타 마리아 델 피오레 대성당 돔의 주인공 브루넬레스키였다. 브루넬레스키는 건축을 수학적 비례 관계로 구성된 공간 단위의 조화로 파악했다. 그가 설계한 파치 예배당과 산토 스피리토 성당에서는 아일의 높이와 폭의 비례가 2:1인 정방형 베이를 연속시켰다. 또한 네이브의 폭은 아일의 두 배로, 네이브의 높이

16 비뇰라가 제시한 이오니아 오더와 아치의 결합 방법, 주초가 있는 경우와 없는 경우

16

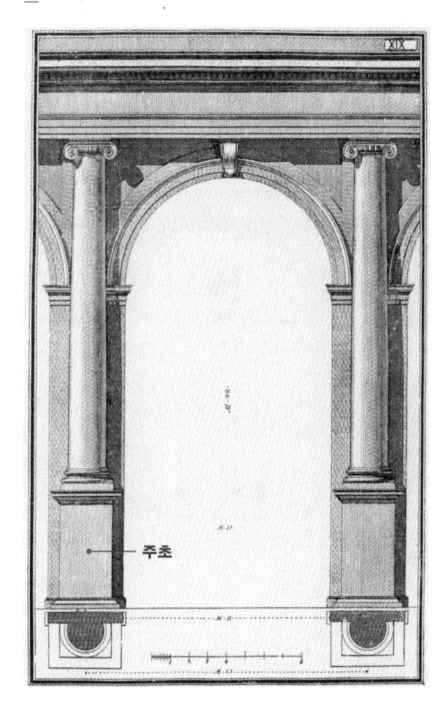

17 브루넬레스키, 파치 예배당, 이탈리아 피렌체, 1442~60

18 브루넬레스키, 인노첸티 고아원, 이탈리아 피렌체, 1417~36

19 산토 스피리토 성당 평면도

20 브루넬레스키, 산토 스피리토 성당, 이탈리아 피렌체, 1444~87

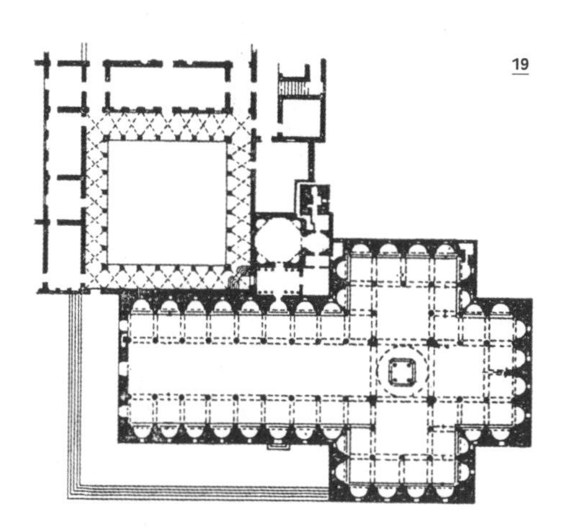

19

20

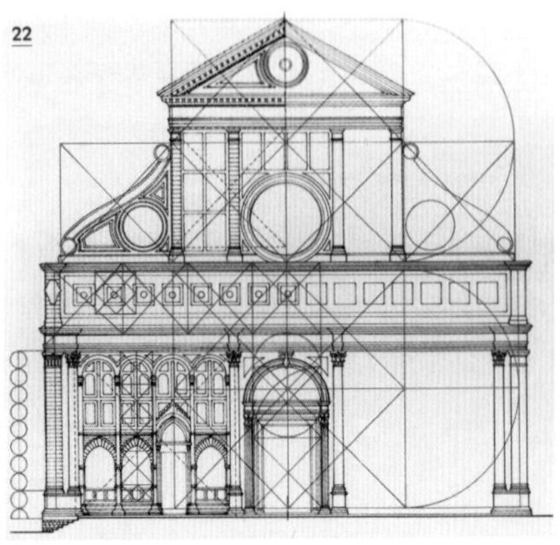

21 알베르티, 산타 마리아 노벨라 교회당, 이탈리아 피렌체, 1279~14세기/ 입면 1456~70

22 산타 마리아 노벨라 교회당 입면 비례 분석도

23 산타 마리아 노벨라 교회당에 덧댄 입면

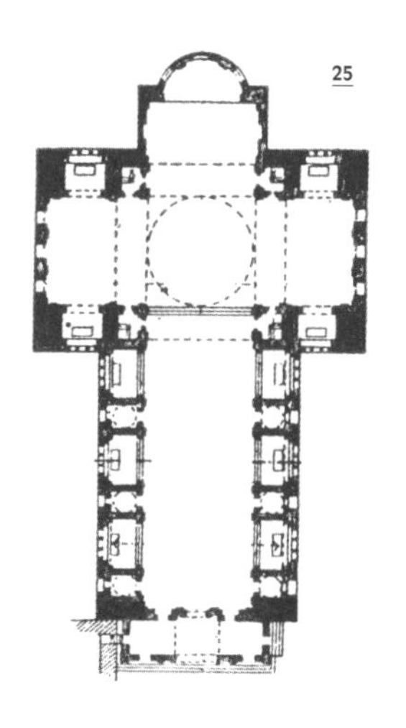

24 알베르티, 산탄드레아 교회당, 이탈리아 만토바, 1472~1732

25 산탄드레아 교회당 평면도

26 산탄드레아 교회당 내부

와 폭 역시 2:1로 맞추었다. 네이브 벽체 1층 높이와 천측창의 높이 역시 정확히 1:1이다. 아치-볼트-기둥의 사용에서는 중세 건축의 흔적이 여전히 남아 있었다. 인노첸티 고아원에서는 볼트를 엔타블러처 없이 독립기둥으로 지지했고, 산토스피리토 성당에서는 아일의 볼트를 지지하는 독립기둥 주두 위에 엔타블러처 조각을 얹어놓는 형태를 사용했다.

알베르티는 『회화론』(1435), 『조각론』(1462), 『건축론』(1485) 등을 저술하며 모든 조형예술의 법칙을 탐구했다. 예를 들어 "기둥으로 아치를 받칠 때에는, 사각형인 아치 단부와 원기둥이 만나는 것은 부적절하므로 반드시 각기둥으로 해야 한다" 같은 법칙을 제시했다. 브루넬레스키의 작업에서 보였던 중세 방식의 아치-볼트-독립기둥과 고대 로마식 기둥-보 형태 사이에서 고심한 흔적이 역력하다. 그의 대표작들인 산타 마리아 노벨라 교회당 입면(1456~70), 산탄드레아 교회당(1472~1732)• 등에서 그의 '법칙'에 따른 사각 벽기둥 오더를 확인할 수 있다.

기존의 고딕 바실리카 교회당 입면을 리모델링한 피렌체의 산타 마리아 노벨라 교회당에서는 바실리카 교회당의 입면 연구를 통해 전체 높이와 폭을 동일하게 하고, 전체 높이를 1:1로 분할했다. 또한 입면의 윗부분은 정사각형 비례로 구성했다. 알베르티는 이 새로운 입면을 원래의 바실리카 교회당 전면에 부가했는데, 기존의 입면 윤곽과 새 입면의 윤곽이 일치하지 않아 마치 합판으로 만든 벽체를 붙인 듯하

• 만토바의 군주 루도비코 3세 곤차가가 알베르티에게 의뢰해 설계되었으나 알베르티가 사망한 1472년에 건축이 시작되었다. 곤차가도 1478년 사망하면서 공사는 느리게 진행되어 18세기에야 완공되었다. 당연히 알베르티의 원래 설계안이 어디까지인지도 불투명한데, 1488년 완성된 입면과 배럴볼트로 구성된 네이브의 기본 개념 정도를 알베르티의 설계로 본다.

다. 말 그대로 가짜 입면임을 그대로 드러낸다. 건물의 몸체와 입면이 일치하는지 여부는 중요한 것이 아니었다. 건물이 보이는 모습(전면)이 '완전한 것'이어야 했다. 인문주의자들의 고전주의가 '있는 것'이 아니라 '있어야 할 것', '완전한 것'을 지향하고 표현하려는 태도임을 잘 보여주는 사례다.

관념으로서의 규범

이들은 심지어 기초구조도 비례 규칙에 따라 규범으로 정리했다. 알베르티는 『건축론』에서, 땅에 박는 구조체 파일(pile)들의 길이는 지지할 벽체 높이의 8분의 1 이상이 되어야 하고, 그 두께는 길이의 12분의 1 이상이어야 한다고 했다. 팔라디오는 『건축사서』에서 기초의 두께는 상부 벽체 두께의 두 배는 되어야 한다고 규정하고 지반 조건과 건축물 규모에 따라 비례가 달라져야 한다고 첨언했다. 르네상스인들은 비례를 중심으로 한 건축 규범을 형태상의 아름다움을 넘어서 구조적 안정성까지를 보장하는 것, 즉 '완전성'을 보장하는 수단으로 이해했다.

르네상스인을 사로잡은 플라톤 철학의 '이데아' 개념은 '완전함'으로 이어지는 관념이다. 세상의 모든 사물과 현상에는 각각의 '완전한' 본질로서 이데아가 있다. 자연세계에 존재하는 사물과 현상은 이데아의 모방일 뿐이다. 인간이 현실세계에서 행하는 모든 일은 그 이데아의 모방이되 가장 완전에 가까운 모방이어야 한다. 르네상스인은 건축의 이데아를 모방한 고대 로마 건축을 완벽히 규범화해서 건축 이데아를 더 완벽하게 모방하려고 했다. 이 규범의 충실한 적용은 완전한 건축을 보장할 것이고, 완전한 건축이란 아름다움, 편리성, 튼튼함 모두를 담지한 것이다.

물론 이 모든 것은 토대가 빈약한 관념이다. 그 질서가 왜 '비례'여야 하는가? 근거가 모호하다. 석재 건축의 '스케일-비례-재료 강도' 삼각관계의 결과로서 빚어진 비례로부터 파생된 것일 뿐이다. 이러한 '설득력이 빈약한 관념적 체계'는 18세기에 동요하고 19세기에 들어서서 완전히 무너진다. 그러나 '이상적 형태'와 '본질'을 지향해야 한다는 믿음은 지속되었다. 새로운 권력이 된 부르주아 계급의 '진보'에 대한 믿음, 자신들이 역사적으로 '옳은' 일을 하고 있다는 믿음이 '이상적인 세계'와 '역사의 본질'에 대한 믿음과 연결되었다.

예컨대 알베르티가 『건축론』 1권에서 고대 로마인들의 개구부 비례에 대해 서술한 대목을 보자. "문은 높이가 폭보다 항상 더 커야 한다. 더 높은 문에는 두 개의 맞닿은 원이 포함되어야 한다. 낮은 문은 그 바닥 폭을 한 변으로 하는 정사각형의 대각선 길이를 문 높이로 삼는다." 왜 그래야 하는지 별다른 설명이 없는 이 문장은 공허하다. 『건축론』에서 제시된 이론과 규범은 과학적 근거도, 이렇다 할 사변적 뒷받침도 없다. 크고 작은 차이가 있는 고대 로마 건축의 사례들에서 보편 원리로 삼을 만한 것을 추론해낸 것일 뿐이다.

그럼에도 르네상스인들의 건축 규범이 주목을 받는 것은, 건축의 이론화를 시도했다는 점 자체가 의미가 있기 때문이다. 이제까지 건축의 형태와 기술은 전통과 관습의 반복이었다. 르네상스인은 전통과 관습을 가져다 쓰기만 하지 않고, 비록 근거가 허술하더라도 나름대로 이론화하고 규범화하려는 노력을 보인 것이다. 재료의 특성과 사용 시 유의점 등 '전해 내려오는' 장인의 지혜들을 모아 정리하려는 노력 역시 평가할 만한 부분이다.

선 원근법: 서구 합리주의의 표상

우주의 질서를 '인간이 재현 가능한 법칙'으로 파악하려 한 르네상스 인문주의자들의 태도를 잘 보여주는 것이 선 원근법(linear perspective)이다. 원근법은 아리스토텔레스의 저서『시학』에 스케노그라피아(skenographia)에 대한 설명이 있을 정도로 그리스시대부터 사용되던 개념이었다. 그러나 그리스인은 이를 불완전한 인간의 눈에 비치는 착시 현상으로 설명했다. 중세에는 원근법이 잊혔다. 중세인은 '중요한 것을 중앙에 배치하고 크기를 크게 하여 강조하는' 방식으로 그림을 그렸다. 눈에 '보이는 것'이 아니라 머릿속으로 '생각한 것'을 그려 보이려고 했던 셈이다. 이에 비해 르네상스인은 인간의 눈에 보이는 현실 그대로를 사실로 인식하고 그것에 내재하는 질서를 파악하려 했다. 원근법은 인간의 눈에 보이는 장면을 그대로 묘사하기 위해 인간의 눈에서 멀고 가까운 정도에 따라 크기를 조절하는 것에 일정한 법칙을 부여한 것이다.

원근법을 누가 발명했는지는 분명치 않으나, 1425년 브루넬레스키와 토스카넬리•가 피렌체의 산 조반니 세례당 그림을 사용한 실험이 유명하다. 브루넬레스키는 로마에 거주하던 시절부터 투시도 전문가로 불렸다. 그는 자신의 방법으로 작도한 세례당 그림과 거울을 이용해, 자신의 작도법이 우리가 눈으로 보는 것과 일치하는 과학적 방법이라는 것을 증명했다. 이 밖에도 피렌체 산타 마리아 노벨라 교회당에 마사초(1401~28)가 그린 벽화 「성 삼위일체」는 배럴볼트를 원근법으로 그려 그것이 실제로 있는 것처럼 보이도록 한

• 파올로 달 포초 토스카넬리(1397~1482)는 피렌체 태생 의사·천문학자·지리학자·수학자다. 1456년 출현한 핼리 혜성의 궤도를 연구했으며, 포르투갈 궁정에 지도와 서한을 보내 향료 산지를 찾는 항해 계획안을 제시했다. 이 서한과 지도를 크리스토퍼 콜럼버스가 1492년 첫 항해 때 가져갔다.

그림으로 유명하다. 알베르티는 『회화론』에서 원근법을 수학·광학 개념으로 자세히 설명했다.

르네상스인이 원근법에 부여한 의미는 대단했다. 그들이 모범으로 삼았던 고대 예술가들을 능가하는 성취라는 자긍심과 함께 이를 통해 세상의 구조를 파악할 수 있다는 자신감까지 보였다. 예컨대 다빈치는 "눈은 천문학의 대가이다. 또 우주의 그림을 그려낸다. 눈은 인간의 모든 예술을 선도하고 개선한다. … 눈은 인간을 세상의 구석구석으로 인도한다. 눈은 수학을 지배하는 군주이다. … 눈은 건축과 원근법 그리고 신성한 회화를 창조했다. … 눈은 항해술을 발견했다"라 했다.

이후 원근법은 서구의 회화와 건축은 물론 다방면에서 공간을 인식하는 기초 개념으로 자리 잡았다. 시각에 의한 정확한 관찰이 확인되고 이것이 명료한 인식을 담보한다는 주장이 힘을 얻으면서 시각예술의 지위가 격상되었다. 고대 이래 최고 지위를 구가하던 학예는 언어 영역의 문법·수사학·논리학과, 자연의 질서와 수를 다루는 영역인 산술·기하·천문학·음악이었다. 여기에 원근법을 제8 학예로 거론하는 분위기가 조성되기도 했다.•

원근법으로 공간을 파악하고 묘사한다는 생각은 서구 합리주의의 속성을 단적으로 보여준다. 원근법은 인간의 시점으로 자연을 파악할 수 있다는 인간 중심주의의 표출이었다. 이는 현실세계를 불완전한 것이라 여기며 현실세계 너머의 이상적 가치를 지향했던 플라톤의 사고와는 사뭇 다른 것이었다. 오히려 불완전한 현실세계의 구조를 이해하고 여기

• 1493년 로마 산 피에트로 성당에 안치한 교황 식스토 4세 묘비에 투시법이 여덟째 학예로 새겨졌다.

27 브루넬레스키와 토스카넬리의 투시도법 증명 실험, 1425

28 마사초, 「성 삼위일체」, 산타 마리아 노벨라 교회당 벽화, 1425

29 뒤러, 투시도법 원리를 이용한 그림 기계, 1525

27

28

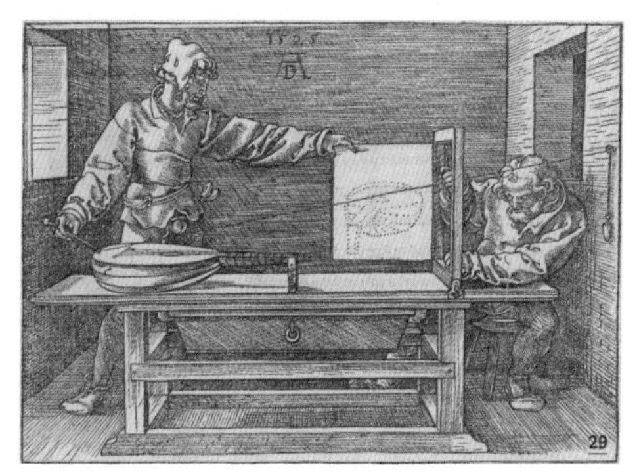
29

에 질서를 부여하며 관장하려는 태도였다.• 플라톤의 이상주의와 본질주의를 지향하되 이와 동시에 불완전한 현실을 완전한 것으로 만들어가려는 욕망을 드러낸 태도라 할 만한 것이었다.

자연의 모습을 보이는 대로 정확하게 재현(representation)하는 것을 진리 추구로 간주하는 이러한 사고는 르네상스 이후 19세기 말 후기인상파 등에 의해 극복될 때까지 서구 근대 회화를 특징지었다. 특히 건축에서는 원근법적 공간 개념이 절대적 원리, 즉 과학에 의해 보장되는 자연적이고 절대적인 공간 형식으로 여겨졌다. 그리고 인간의 창조물인 건축공간은 당연히 이러한 질서와 법칙에 따라 구성되어야 할 것으로 여겨졌다.

로마 교황청의 르네상스

14세기 아비뇽 유수와 교황권 분열로 쇠퇴하던 로마 교황권이 회복세에 들어선 15세기 중반부터 이탈리아 르네상스의 중심이 피렌체에서 로마로 확대되었다. 이는 로마 교황이 인문주의에 심취하거나 동조했음을 뜻한다. 교황청이 중세 내내 고대 로마 건축 유적들을 이교도의 것으로 백안시하며 약탈과 파괴를 방치하고 심지어 채석권을 판매하기까지 했던 사실을 떠올린다면 이해가 곤란한 정도의 변화라 할 수 있다.

이 시기 교황 대부분이 도시 상업귀족 세력이 지원하고

• 이러한 태도는 불완전한 현실과 사물이 만들어지는 원인을 탐구하고 그 속에 완전한 본질이 있다고 주장했던 아리스토텔레스에 가까운 것이다. 그럼에도 르네상스인이 아리스토텔레스보다 플라톤에 심취했던 것은, 당시는 이미 이성적 능력이 중요하게 통용되는 사회였으므로 굳이 사변적인 스콜라 철학과 연결되는 아리스토텔레스를 동원할 필요성이 사라졌기 때문이라고 해석할 수 있다. 플라톤의 이데아와 '이상국가' 쪽이 간명한 개념이었을 것이다.

추대한 인물들로서 어려서부터 대학에서 공부한 인문주의자들이었다는 점을 주목해야 한다. 인문주의자가 주교나 추기경을 거쳐 교황으로 선출된다는 것은 교회가 인문주의에 동조하거나 이를 용인하지 않고서는 불가능한 일이다. '인문주의자 교황'은 상업 계층이 어느덧 교회 세력의 주류에 진입했음을 알려주는 확실한 증거다. 예컨대 레오 10세(재위 1513~21)와 클레멘스 7세(재위 1523~34)는 피렌체의 대표적 상인귀족인 메디치가의 일원이었다.

로마는 15세기 초부터 인문주의자 교황들에 의해 재건되기 시작했다. 교회를 복원하거나 신축하는 사업이 진행되는가 하면 가로·수로 정비 및 새로운 도로 건설이 이어졌다. 인문주의자 교황들은 유적 발굴과 인문주의적 회화·조각·건축 의뢰에도 열정적이었다. 새로운 수요가 생기자 피렌체에서 활동하던 예술가들이 대거 이주하며 로마가 르네상스 예술의 새로운 중심지가 되었다.

15세기 초 피렌체 르네상스가 건축의 이론화·규범화의 발단이었다면 로마에서는 이를 더욱 진전시키고 완성했다. 이 시기를 대표한 건축가는 도나토 브라만테(1444~1514)였다. 이탈리아 르네상스 건축은 브라만테에 이르러 비로소 고대 로마 건축 문법에 기초한 16세기적 전형이 확립된 것으로 평가된다. 초기에는 밀라노에서 활동하다가 1499년 프랑스의 밀라노 침공으로 후원자였던 스포르차 가문이 권력을 잃자 로마로 이주한 브라만테는 1503년 교황 율리오 2세에 의해 교황청 주임건축가로 발탁되었다. 그는 당시 여전히 지속되고 있던 중세적 건축 경향, 예컨대 아치나 볼트를 엔타블러처 없이 독립기둥으로 지지하는 등의 경향을 일관된 오더에 따르는 고전주의 건축 규범으로 통합해냈다. 밀라노의 산탐브로조 교회 옆 중세 수도원 건물을 부수고 새로 건

30
IA EPS HOSTIENSIS CARD NEAPOLITAN
PIE AFVNDAMENTIS EREXIT ANNO SALVTIS CRISTIANE MDIIII
MARIE

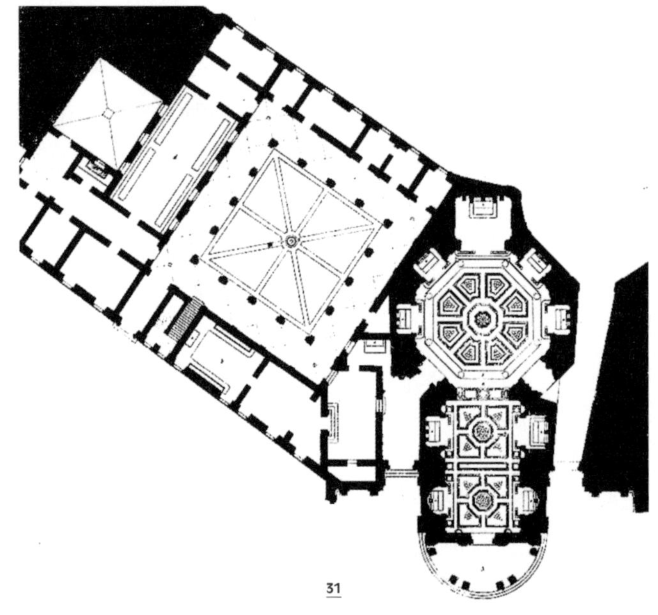

31

30 브라만테, 산타 마리아 델라 파체 교회당 회랑, 이탈리아 로마, 1500~4

31 산타 마리아 델라 파체 교회, 1482~17세기, 평면도

32 브라만테, 산탐브로조 교회 회랑, 이탈리아 밀라노, 1497~1513

축한 회랑(1497~1513/ 1620~30)에서 브라만테는 마당 주위 회랑 열주를 엔타블러처 조각을 얹은 독립기둥으로 처리했다. 브루넬레스키가 산토 스피리토 성당 네이브 기둥에서 사용했던 문법이었다. 이에 비해, 브라만테가 로마로 이주한 후 첫 작업이었던 르네상스 교회당 산타 마리아 델라 파체(1482~17세기)에 덧붙인 안마당 회랑(1500~4)에서는 아치에 기둥-엔타블러처를 조합하는 방법을 정리된 형태로 제시했다.

브라만테는 건축공방을 열어 건축가를 육성하기도 했다. 라파엘로, 안토니오 다 상갈로•, 자코포 산소비노(1486~1570), 발다사레 페루치(1481~1536) 등 로마 르네상스 건축의 주역 대부분이 이 건축공방 출신으로, 브라만테의 건축문법에 기초한 고전주의 오더 사용례를 확산시켜나갔다. 건축적 문법을 만들고 건축가 계보를 형성하는 등 괄목할 만한 성취를 보인 브라만테는 브루넬레스키나 알베르티를 능가하는 권위를 획득했고, 그의 건축문법이 새로운 건축 규범으로 확립되었다. 이 밖에 세를리오가 1537년부터 출판한 일곱 권의 건축서인 『건축칠서』 역시 로마 르네상스 건축 규범을 확립한 놀라운 성취였다. 알베르티의 『건축론』이 삽화 없이 라틴어로 쓰여 일부 엘리트 인문주의자를 겨냥한 저술이었던 데에 비해, 세를리오의 『건축칠서』는 이탈리아어로 쓰였을 뿐 아니라 풍부한 삽화를 곁들여 폭넓은 독자층을 대상으로 했다.

• 안토니오 다 상갈로 일 조바네(1484~1546)를 말한다. 상갈로 가문은 줄리아노 다 상갈로(1445~1516)와 그의 동생 안토니오 다 상갈로 일 베키오(1453~1534), 그리고 그들의 외조카인 안토니오 다 상갈로 일 조바네가 건축가로 활동했다. 이 외에도 줄리아노의 아들인 프란체스코 다 상갈로(1493~1570, 조각가), 조카인 바스티아노 다 상갈로(1481~1551, 화가)가 있다.

33 템피에토 평면도

34 브라만테, 템피에토, 이탈리아 로마, 1502

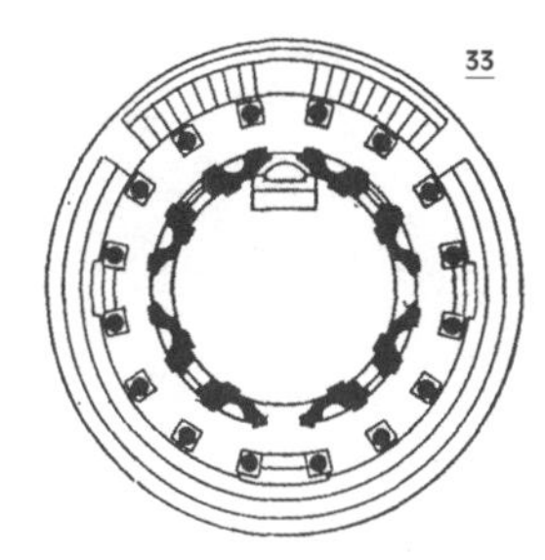

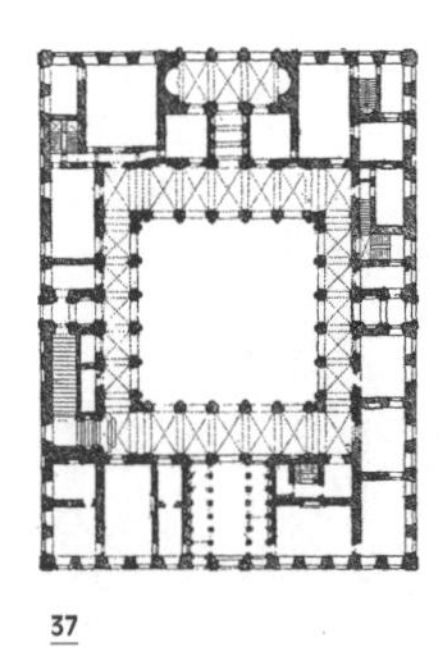

35 줄리아노 다 상갈로, 메디치 빌라, 이탈리아 포조 아 카이아노, 1470~1520

36 페루치, 빌라 파르네시나, 이탈리아 로마, 1506~12

37 팔라초 파르네세 평면도

38 안토니오 다 상갈로, 팔라초 파르네세, 이탈리아 로마, 1515~80

건축공간에서는 명료한 질서를 극단화한 평면, 즉 돔 중심으로 상하좌우가 대칭인 평면이 자주 사용되었다. '중심에 선 인간의 눈을 의식한 구성'이라 할 만한 이러한 공간 형식은 인문주의자이자 도시 군주들 못지않은 야심가였던 로마 교황이나 추기경의 속성을 반영한 것이었다. 브라만테의 대표작인 템피에토(1502)와 새로운 산 피에트로 성당 초기안(1503)은 집중형 구성의 대표 사례다.

그런데 이탈리아 르네상스 건축 규범의 완성기인 이 시기에 브라만테 외에는 이렇다 할 건축적 성취를 보인 건축가가 뚜렷하지 않다. 건축 생산활동 자체가 적었던 것은 아니었다. 줄리아노 다 상갈로가 메디치 빌라(1470~1520)를, 페루치가 빌라 파르네시나(1506~12)를, 안토니오 다 상갈로가 팔라초 파르네세(1515~80)를 건축하는 등 도시귀족 및 고위 성직자 가문의 저택과 크고 작은 교회당 건축이 계속되었다. 그러나 그들의 건축은 브라만테의 문법 범주를 벗어나지 않는 것들로서 브라만테의 그늘 아래에서 빛날 뿐이었다. 규범이 된 고전주의 건축문법이 반복되며 오로지 브라만테의 권위와 성가만이 높아졌다.

산 피에트로 성당

산 피에트로 성당 건설(1506~1626)을 둘러싼 일화는 로마 르네상스시대 건축 생산의 한 단면을 생생히 전한다. 교황이 로마를 떠나 아비뇽에 가 있는 동안 옛 피에트로 성당은 심각하게 노후해 15세기에 들어 이를 개수하거나 아예 신축하는 것이 교황들의 숙원이 되었다. 니콜라오 5세(재위 1447~55)는 성당의 대대적인 리모델링을 계획하며 알베르티 등 몇몇 건축가에게 구상을 자문하고 일부 증축 부위의 기초공사를 시작했다. 콜로세움을 철거하여 건축에 필요한 석재를 마련할 것을 지시하기도 했다. 이후 교황 율리오 2세

39 산 피에트로 성당 평면도, 브라만테의 안, 1503

40 산 피에트로 성당 돔 단면도, 브라만테의 안, 1503

41 산 피에트로 성당 평면도, 라파엘로의 안, 1514

39

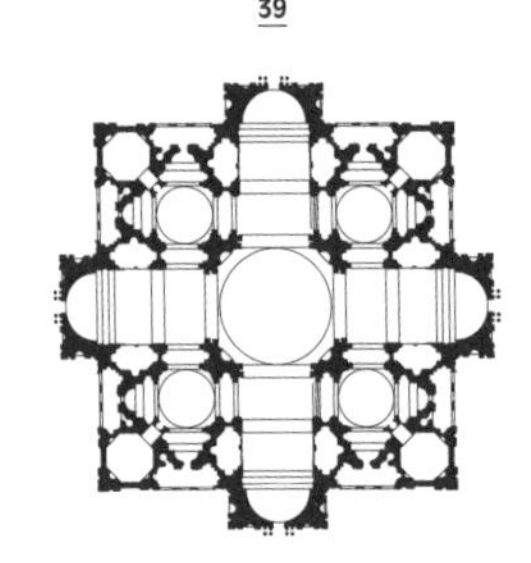

40

41

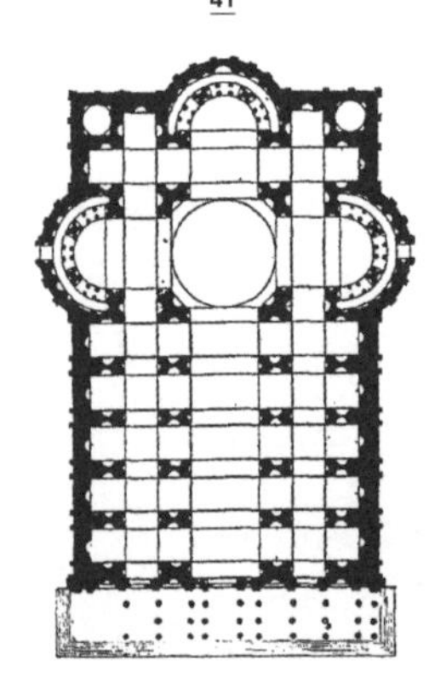

42 산 피에트로 성당 평면도, 상갈로의 안, 1536

43 산 피에트로 성당 입면도, 상갈로의 안, 1536

44 산 피에트로 성당 평면도, 미켈란젤로의 안, 1547

45 산 피에트로 성당 입면도, 미켈란젤로의 안, 1547

42

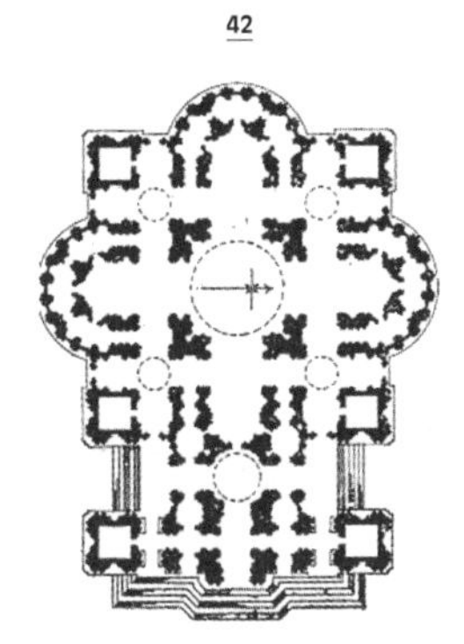

44

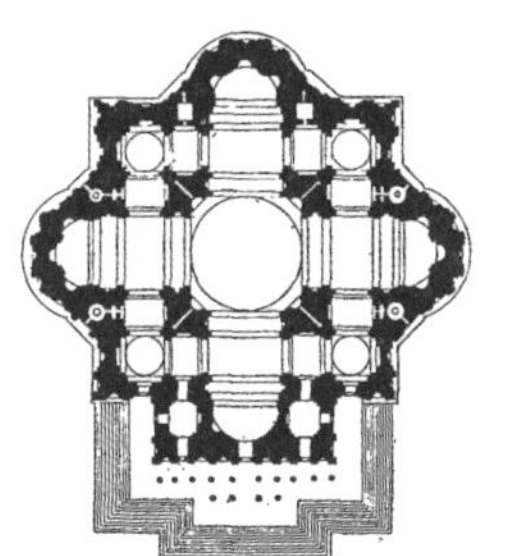

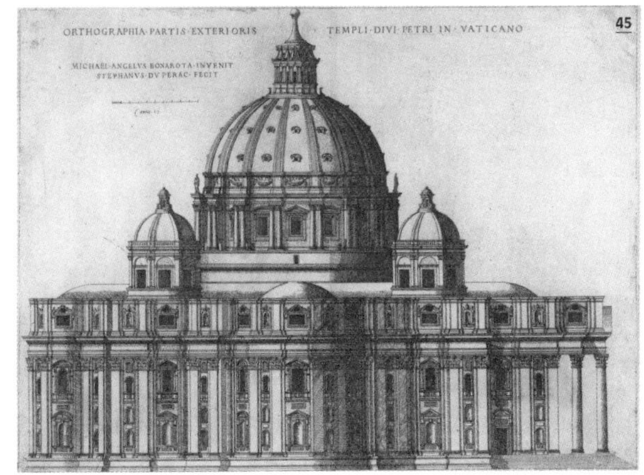

(재위 1503~13) 때 본격적인 공사가 진행되었다. 교황령에 속한 자치도시들을 교황 직할령으로 복속시키려고 전쟁도 불사한 야심가였던 그는 자신이 죽은 후 산 피에트로 성당에 안치할 석묘를 미켈란젤로에게 미리 제작하도록 지시할 정도로 욕심이 많았다.• 율리오 2세는 1505년 옛 성당을 완전히 철거하고 기념비적 성당을 새로 건축할 것을 결정했다. 설계경기를 통해 브라만테의 안이 선정되었고 1506년부터 기초공사가 시작되었다.

브라만테의 안은 중앙에 거대한 돔을 갖는 완벽한 사방대칭의 그리스 십자형 평면이었는데 공사가 진행되면서 구조적 안정성에 의문이 제기되었다. 브라만테가 설계한 돔은 판테온 돔과 같이 하부 바깥 면에 계단형 링을 부가한 것이었는데, 하중을 더해줄 이 링들이 판테온의 것보다 작아서 드럼 벽체의 안정성이 우려되었다.•• 그렇다고 링을 더 두껍게 하여 부가하중을 늘리면 기초구조가 위험할 것이라는 우려도 제기되었다. 벽체 시공 과정에서 이미 부동침하로 인해 아치에 균열이 발생하고 있었기 때문이다.

1513년 브라만테가 사임한 후 여러 명의 건축가들이 주임건축가 자리를 이어받고 다시 사임하기를 거듭하면서 공사는 느리게 진행되었다. 브라만테의 설계가 불완전했으

• 율리오 2세는 당시 법적으로 교황령이었음에도 영주 세력과 자치도시들이 차지한 지역을 교황 직할령으로 만들고자 했다. 이에 저항하는 자치도시들을 굴복시키기 위해 직접 군대를 지휘하여 영토를 탈환하기도 했다. 한편으로는 미켈란젤로에게 시스티나 예배당 천장화를 그리도록 하는 등 인문주의 예술 애호가로도 유명하다.

•• 현재의 구조 지식으로 판단한다면, 조적재로 축조될 돔은 균열이 발생하여 몇 개의 아치들로 나뉘어 힘을 받을 텐데, 이 아치들 단부에 발생하는 횡압으로 인해 드럼 벽체 안쪽 면에 걸릴 인장력을 상쇄할 만한 자중(에 의한 압축력)이 부족하지 않을까 우려한 것이다.

46 산 피에트로 성당, 이탈리아 로마, 1506~1626

47 산 피에트로 성당 내부

므로 새로운 건축가마다 나름대로 개선된 설계안을 제시했다. 브라만테의 후임은 1513년 줄리아노 다 상갈로, 1514년 라파엘로, 1520년 페루치, 1536년 안토니오 다 상갈로, 1547년 미켈란젤로, 1564년 비뇰라와 바사리, 1585년 자코모 델라 포르타, 1602년 카를로 마데르노로 이어졌고 새로운 성당은 1626년에 완공되었다. 건축가마다 평면과 돔의 설계를 변경해 제시했으나 공사 진척 과정 중 가장 결정적인 단계에서 주임건축가를 맡았던 미켈란젤로의 설계가 대부분 지켜지며 건축되었다.

라파엘로와 안토니오 상갈로가 브라만테의 집중식 평면을 제각기 다른 장방형 바실리카 평면으로 변경했지만 미켈란젤로는 이를 브라만테와 유사한 집중식 평면으로 다시 변경했다. 판테온보다 높게 솟은 돔을 판테온처럼 단일 돔으로 건축하는 것은 부적절하다고 판단한 듯 산타 마리아 델 피오레 대성당 돔과 유사한 방식으로 16개 리브로 연결되는 이중 돔을 설계했다. 그러나 돔은 첨두 형상인 브루넬레스키의 돔과는 달리 반원 형상이었다. 구조적 이점보다는 돔 형태의 완전성을 우선한 선택이었다. 미켈란젤로의 안은 돔의 횡압을 두터운 드럼 부축벽으로 지지하는 것이었지만 횡압을 모두 받아내기에는 부족했다.

1588년부터 델라 포르타가 돔 공사를 시작했다. 그는 전면 광장에서 돔이 잘 보이도록 돔의 높이를 높이기 위해 곡률을 크게 했다. 이는 돔의 횡압을 줄이는 데에도 도움이 되었다. 내부 돔은 상부로 갈수록 두께를 줄여서 무게를 줄였고 외부 돔은 전체를 얇게 했다. 브루넬레스키의 돔이 교본처럼 사용된 것이다. 또한 돔 하부 면에 철제 체인 두 개를 설치했다. 이는 델라 포르타가 인장력 발생을 예상했음을 보여준다. 철제 체인은 돔 상부 면에 한 개, 랜턴 하단에 두 개

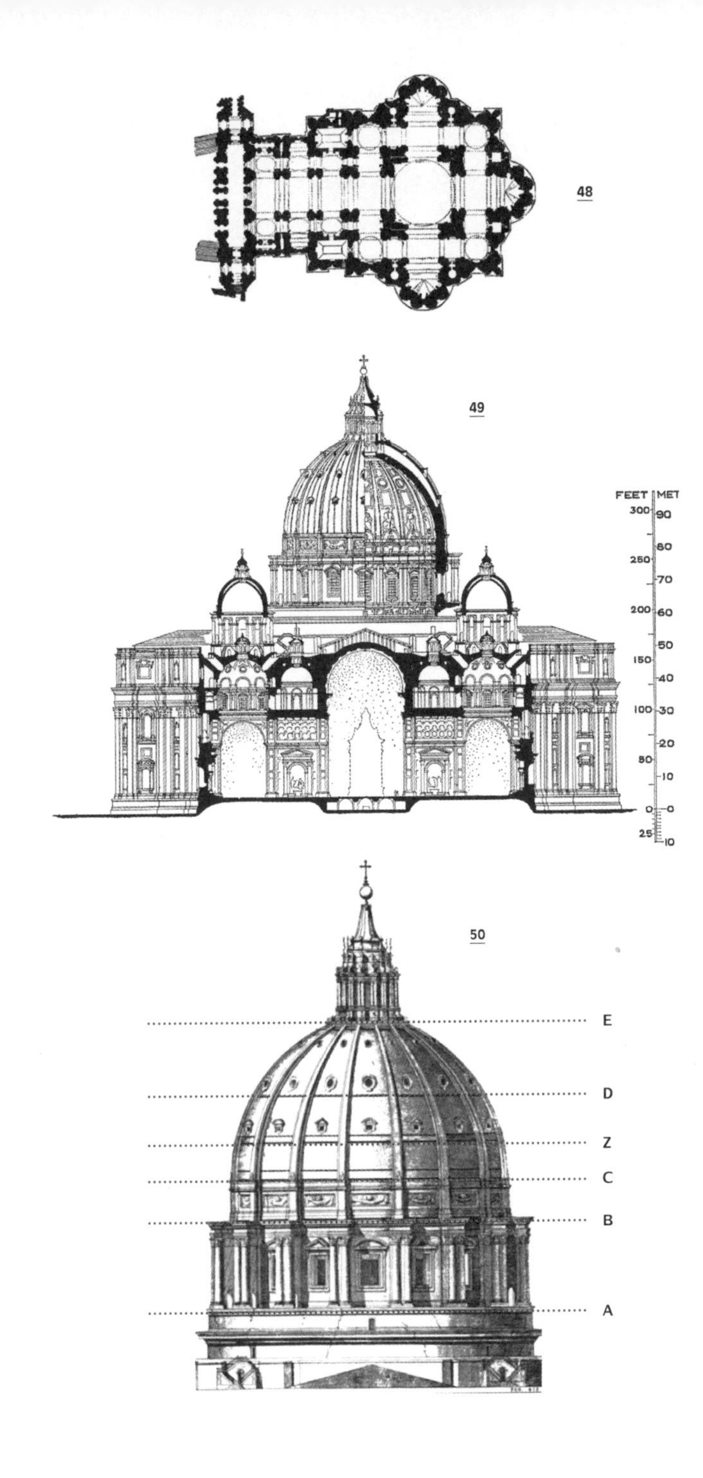

<u>48</u>　산 피에트로 성당 평면도

<u>49</u>　산 피에트로 성당 단면도

<u>50</u>　산 피에트로 성당 돔 균열과 인장 체인 보강:
폴레니가 새로 보강한 다섯 개 체인(A-E)과 기존 체인 교체(Z) 위치

가 더 설치되었다.

산 피에트로 성당의 건축은 건축주였던 교황의 세속적 야심과 건축가 브라만테의 입신양명을 향한 야심이 결합하여 탄생한 무리한 계획을, 당대 최고의 건축가들이 자신의 명망을 걸고 설계를 거듭 변경해 해결해나간 과정이었다. 모든 면에서 인간의 욕망과 능력으로 추동된 그야말로 인본주의적 건축 과정이라 할 만하다.

아무런 보강 장치가 없다는 전제 아래 돔 구조를 해석한 최근의 연구에 따르면, 허리 부분에서 약간의 수평 방향 인장력이 발생했을 것으로 진단되었다. 그렇다면 당연히 균열이 발생했을 것이다. 아니나 다를까 철제 체인을 설치했음에도 불구하고 1626년 준공 직후 균열이 발생해 철제 크램프로 보강한 것이 확인되었다. 그러나 이후에도 균열이 계속되어 교황의 지시로 1742~43년 과학자 조반니 폴레니와 건축가이자 공학기술자인 루이지 반비텔리가 정밀한 균열 조사 끝에 인장 체인 다섯 개를 설치하는 공사를 진행했다. 공사 중 돔 하부 면에 델라 포르타가 설치했던 체인 중 하나가 끊어진 것이 발견되어 이를 교체했다. 석공장 니콜라 자발리아의 솜씨로 수행된 이 보강 공사 이후 돔은 비로소 안정되었다.

후기르네상스와 매너리즘

16세기 들어 중앙 집권을 지향하며 왕권을 강화한 국가들 때문에 북부 이탈리아 도시들이 기를 펴지 못하면서 이탈리아 르네상스 문화의 중심은 더욱 로마로 집중되었다. 피렌체는 1530년 신성로마제국의 공작령으로 예속되었으며, 밀라노는 1535년 스페인왕국 치하로 편입되었다. 교황권 분열이 끝난(1417) 이후 백여 년간 안정적 세력을 유지하던 가톨릭교는 독일에서 시작한 종교개혁(1517~)과 신성로마제국의 로마 침략(1527)으로 쇠퇴하기 시작했고, 교황청의 위상과 활력은 예전보다 현저히 약화했다. 그러나 가톨릭 국가인 스페인 등의 지원으로 교황은 일정한 세력을 유지했고 종교개혁에 반대하는 가톨릭 부흥 운동을 동력 삼아 17세기 중엽까지 이탈리아 지역의 건축과 예술 생산의 중심지라는 위상을 이어갔다.

16세기 이탈리아 르네상스를 대표하는 예술가인 미켈란젤로는 고대를 능가하는 조각가라는 평판을 얻으며, 기성 권위와 규범을 배척하고 자유롭고 다이내믹한 형태를 구사한 것으로 유명하다. 건축에서도 마찬가지였다. 피렌체 메디치가의 라우렌치아나 도서관(1525~71)• 현관에서 기둥을 벽 속에 묻힌 반기둥 등으로 처리하지 않고 벽감을 파내어 그 안에 독립기둥을 배치한다거나, 벽기둥을 까치발로 지지되는 형태로 설계하고 계단 시작 부위를 곡선으로 처리하는 등의 탈규범적이고 독창적인 어휘를 구사했다. 캄피돌리오 언덕에 로마의 부흥을 상징하는 공간을 조성코자 한 교황 바오로 3세의 주문으로 설계한 캄피돌리오 광장(1536~17세기)에서도 '규범의 변주'를 유감없이 보여주었다. 그는 기존 중세 건축물 두 개 동의 입면을 리모델링하고 새로운 건물 한 동을 추가하면서, 기존 중세 건물의 배치 방향을 활용하여 교황청 쪽으로 역사다리꼴 형상으로 열리도록 설계했다. 광장 바닥에는 타원형 패턴을 넣었다. 교황청 쪽에서 대계단을 올라 광장으로 접근하는 사람들의 눈앞에 서서히 펼쳐지

• 메디치가 출신 교황 클레멘스 7세가 메디치가가 수집한 진귀한 문헌들을 보관하기 위해 건축했다. 교황은 즉위한 해인 1523년 미켈란젤로에게 도서관 건축을 명했고, 1525년 착공되었다. 미켈란젤로가 1534년 로마로 이주한 후에는 여러 장인들과 건축가들이 공사를 진행, 1559년 전실이 완공되었다. 미켈란젤로 설계로 구현된 대표적 부분이 열람실 전실공간이다. 1571년 공개되었다.

51

52

51 미켈란젤로, 라우렌치아나 도서관 현관, 이탈리아 피렌체, 1525~71

52 미켈란젤로, 캄피돌리오 광장, 이탈리아 로마, 1536~17세기

53 캄피돌리오 광장 평면도

54 미켈란젤로에 의한 정비 이전의 캄피돌리오, 16세기 초

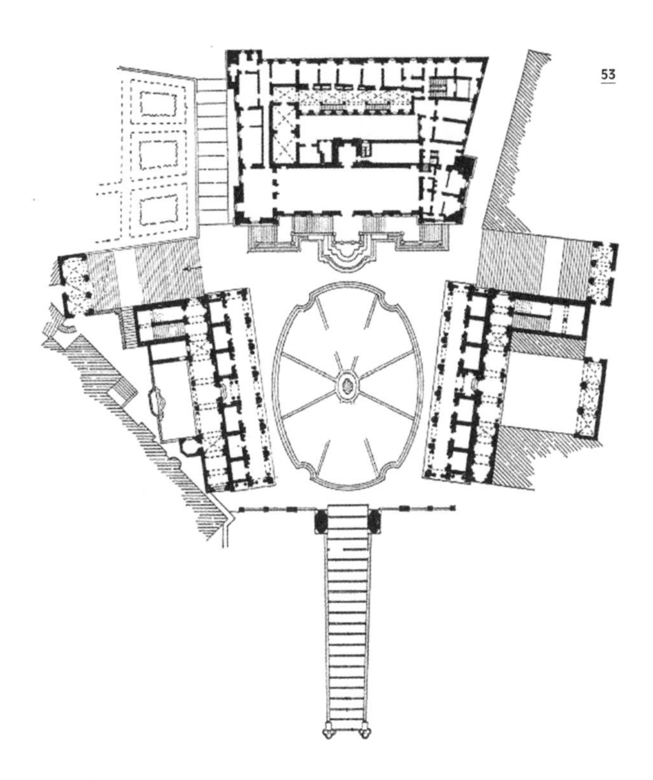

53

54

는 광장이 역투시 효과로 원형 패턴이 새겨진 정사각형 공간으로 보이도록 한 것이다. 이 밖에도 광장을 둘러싼 건물 입면 두 개 층을 관통하는 벽기둥에는 코린트 오더를, 1층에는 통상적 이오니아 오더를 동시에 채용하는 등의 변주도 더해졌다.

미켈란젤로의 '변주'와 '탈규범'적 설계는 모두 당대의 '살아 있는 권위'였던 브라만테에 대한 반발과 기존 규칙을 극복하려는 욕망에 따른 것이었다. 그리고 이는 16세기 후반 르네상스 예술가들이 처한 딜레마에서 비롯한 것이기도 했다.

예술가들은 높아지는 사회적 지위만큼 예술가로서의 자긍심도 커졌다. 그러나 자신의 독창성과 역량을 보여주어야 한다는 건축가들의 욕망은 점점 실현하기 어려운 일이 되어가고 있었다. 브라만테와 세를리오에 이르러 건축의 규범화·이론화가 정점에 달하면서 규범에 따른 건축으로는 이들이 이룬 성취를 능가하는 것이 불가능하다는 자각과 콤플렉스에 시달려야 했다. 그럴수록 건축가들은 자의식을 더욱 강하게 드러내고 반영했다. 이는 두 개의 상반된 경향으로 표출되었다.

하나는 자신의 독창성을 나타내기 위해 선배들이 정초한 규범에서 탈피하려는 태도였다. 개인적 표현 양식 혹은 매너리즘•이라고도 불리는 이러한 성향의 건축가 중에는 미켈란젤로처럼 전통적인 건축 수련을 받지 않은 화가나 조각가 출신이 많았다. 눈을 사로잡는 시각 효과를 강하게 의식하는 이들의 건축 태도는 이후 바로크 건축으로 이어진다.

줄리오 로마노는 이러한 매너리즘적 건축을 구사한 최초의 건축가로 알려져 있다. 그는 만토바공국의 군주였던 곤차가의 여름 저택인 팔라초 델 테(1524~34)와 팔라초 두칼레 중정(1539~61)[••]에서 페디멘트와 아치의 조합, 뒤틀린 도리스식 기둥 등으로 오더 규범을 깨트리는가 하면, 과장되고 변형된 러스티케이션(rustication) 벽면, 과장된 아치 홍예석들과 종석으로 여느 건축들과는 다른 면모를 보였다. 비뇰라가 못 끝낸 일 제수 성당(1568~80) 건축을 이어받은 델라 포르타는 새로 설계한 입면에서 중첩된 벽기둥, 원기둥과 벽기둥을 조합한 쌍기둥, 표면을 돌출하고 후퇴시키는 등 입면에 입체감을 부여하는 수법으로 또 다른 '변주'를 선보였다.[•••] 이러한 수법은 이후 로마 바로크 교회당 입면의 전형적 문법의 하나로 사용되었다.

이와 대비되는 또 하나의 경향은 규범에 더욱 충실한 건

• 매너리즘(mannerism)은 관습적인 양식과 방법을 되풀이하는 태도와 고전주의에 대한 반동, 즉 과도하거나 부자연스러운 탐닉의 태도를 포함하는 개념이다. 주로 부정적인 의미로 사용되었으나 20세기에 들어서 긍정적 의미를 부여하는 해석이 등장했다. 매너리즘의 의미를 이해하는 데에는 조르조 바사리가 『르네상스 미술가 평전』에서 즐겨 사용한 개념인 '마니에라'(maniera)가 유효하다. 마니에라는 매너(manner)를 뜻하는 이탈리아어로서 흔히 '양식'이나 '방식'으로 번역되는데, 바사리는 이를 '개인 양식'이라는 뜻으로 사용한다. 미술가의 기본 소양인 자연의 충실한 모방에 그치지 않고 여기에 주관적인 표현을 더해 도달하는 특유의 양식이라는 것이다. 자연의 충실한 모방을 전제로 하면서도 이를 극복하는 주관적 표현을 지지하는 개념이다. 매너리즘은 이러한 '개인 양식'을 지향하는 태도라고 할 수 있다. 당시 인문주의의 진전으로 규범적 예술 표현에 익숙해진 엘리트 계층에게 부응하기 위해서는 심원한 암시·놀라움·새로움을 추구할 필요가 있었고, 이러한 태도가 16세기 말에 와서 좀 더 극적인 개인 양식을 추구하는 태도로 나아갔다.

•• 1538~39년 로마노가 설계해 건축한 것을 그의 제자인 조반니 바티스타 베르타니가 1563~70년 증축했다. 베르타니는 로마노의 설계 어휘인 뒤틀린 기둥과 거친 벽면을 전체 건물에 동일하게 반복했다.

••• 이러한 탈규범적 건축 표현이 가능했던 데에는 르네상스 건축 규범의 본원인 이탈리아에서조차 여전히 중세적 건축 전통들이 잔존하고 지속되었기 때문임을 짚어야 한다. 브라만테 등에 의해 고전적 건축 규범이 확립되었지만 이것으로 모든 건축 행위가 완전히 통합되지는 않았다. 기존의 다양한 건축적 수법들이 지속되었기에 미켈란젤로 등의 변주와 새로운 형식이 도입될 수 있었다.

55 로마노, 팔라초 델 테(여름 저택), 이탈리아 만토바, 1524~34

56 로마노, 팔라초 두칼레 중정, 이탈리아 만토바, 1539~61

 비뇰라와 델라 포르타, 일 제수 성당, 이탈리아 로마, 1568~80

축을 추구하는 것이었다. 선배들의 성취를 능가해야 했기에 세간의 주목을 끌거나 인정을 받기 어려웠다. 르네상스 건축 규범을 밀어붙여 일정한 성공을 거둔 대표적인 건축가로는 비첸차를 주 무대로 활동한 안드레아 팔라디오(1508~80)가 있다.

베네치아 지역의 건축 생산과 팔라디오의 고전주의

팔라디오가 활동한 비첸차는 1404년 베네치아공화국에 편입된 자치도시였다. 8세기경부터 비잔틴, 이슬람 세계와 거래하며 막대한 부를 쌓아온 베네치아는 13세기 후반에는 유럽에서 가장 부유한 도시로 발전했다.• 13세기 이후 비잔티움제국이 현저히 약해지면서 지중해 일대의 강자로 부상한 베네치아는 15세기 초에는 비첸차, 베로나 등 베네토 지역을 속주로 병합하면서 세력을 키웠다.••

경제가 번영하자 건축 생산활동 역시 활발해졌다. 유력 가문들이 앞다투어 저택을 지었고, 재능 있는 예술가들을 경쟁적으로 후원했다. 아직 르네상스 고전주의는 성립하기 전이었던 14세기 무렵, 비잔틴 건축의 영향 아래 있던 베

• 베네치아의 지배 계층은 원래 내륙 농토를 소유한 지주들이었으나 무역량이 늘어난 12세기경부터 상인들로 재편되었다. 상인 귀족들로 구성된 의회가 선정한 10인 위원회가 도시를 경영했으며 이 밖의 행정관료들의 인사권도 의회가 행사했다. 의회 의원들 중 가장 강력한 권력을 가진 자가 총독으로 선출되었으나, 이들이 절대적인 권력을 가진 것은 아니어서 사퇴를 강요받기도 했다. 정치와 군대는 철저히 분리되어 있었고, 총독의 직속 근위병들을 제외하면 주로 용병들을 고용하여 국가를 방위했다.

•• 베네토 지역의 주요 도시인 비첸차·베로나·파도바 등은 1404~5년에 모두 베네치아공화국의 속주로 편입되었다. 비첸차는 1001년 신성로마제국 오토 대제가 주교에게 통치권을 양도하면서 자치도시가 되었던 곳이고, 베로나는 서로마 붕괴 이후 전형적인 봉건영주의 거점 도시로 존립하다가 13~14세기에 전성기를 맞아 1311년 비첸차를 병합하기도 했다. 파도바는 11세기부터 자치도시로 발전하면서 비첸차·베로나와 경합했다.

58 팔라초 두칼레, 이탈리아 베네치아, 1340~1442

59 카도로, 이탈리아 베네치아, 1428~30

네치아에 북부 이탈리아 도시들의 고딕 건축 구법이 유입되면서 이에 영향을 받은 건축 생산이 활발히 전개되었다. 15세기에는 후일 '베네치아 고딕'이라고 불릴 만한 나름의 건축 양식이 정립되기도 했다. 베네치아 총독의 거처인 팔라초 두칼레(1340~1442)와 상인귀족 가문의 저택인 카도로(1428~30)의 로지아(loggia)를 장식하는 열주, 즉 상부에 정교한 트레이서리(tracery)를 붙인 기둥들을 촘촘히 세운 것이 15세기 베네치아 고딕 양식의 특징적 요소였다.

16세기 베네치아는 강력해져가는 유럽 왕권 국가들과 오스만제국의 압박, 대서양 항로의 개척에 따른 지중해 무역의 지위 약화 등으로 쇠퇴기에 접어들었지만 여전히 유럽 전체에서 가장 부유하고 문화적 활력이 넘치는 도시 중 하나였다. 대서양 무역 항로가 아직 불안정했기 때문에 지중해를 통한 교역량이 일정 수준을 유지했다. 또한 당시 왕권을 강화하면서 전쟁을 일삼던 프랑스와 신성로마제국, 스페인 등에 의해 이탈리아 북부 도시들이 전쟁터가 된 탓에• 내륙의 제조업자들이 대거 베네치아로 이주하면서 모직·견직·유리 산업이 발달했다. 15세기에 독일에서 발명된 인쇄기술이 상업도시 베네치아의 자유로운 분위기와 결합하며 출판업도 크게 융성했다. 16세기 내내 베네치아는 유럽의 인쇄·출판업의 수도였다.•• 이런 여건 속에서 베네치아는 적어도

• 백년전쟁 이후 왕권을 강화해가던 프랑스가 1494년 이탈리아 영토에 대한 권리를 주장하며 침공한 이래 1559년까지 이탈리아전쟁이 계속되었다. 이 전쟁에는 프랑스와 밀라노·베네치아·교황령·신성로마제국·스페인·잉글랜드·스코틀랜드 및 오스만제국까지 개입했다.

•• 1495~97년에 전 유럽에서 신간 서적이 1,821종 나왔는데 그중 447종이 베네치아에서 간행되었다. 2위는 파리로 181종에 그쳤다. 이후 16세기 후반에 이르는 50년 동안에 베네치아의 113개 출판사가 신간 4416종을 출판했다.

60 산미켈리, 팔라초 카노사, 이탈리아 베로나, 1527

61 산미켈리, 팔라초 베빌라쿠아, 이탈리아 베로나, 1530년경

62 산소비노, 조폐국(팔라초 제카) 평면도, 이탈리아 베네치아, 1536~48

63 조폐국 입면 기둥 상세

64 산소비노, 산 마르차나 도서관, 이탈리아 베네치아, 1537~88

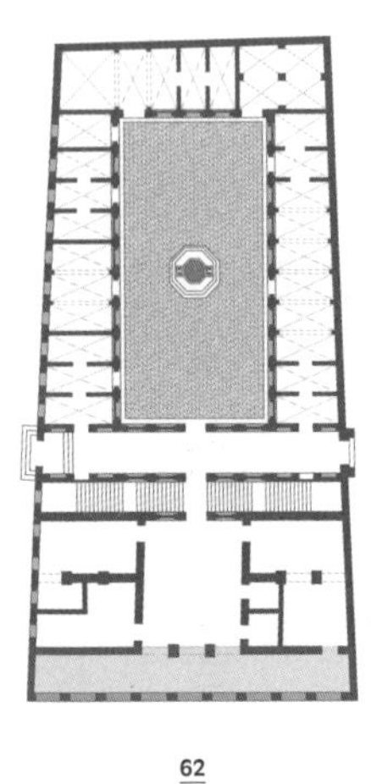

62

63

64

17세기까지는 경제와 문화 모든 면에서 도시의 활력을 유지했다.

로마의 르네상스 고전주의 건축이 베네토 지역에 유입된 것은 15세기 말부터였다. 신성로마제국의 로마 약탈(1527) 이후 로마가 쇠퇴해가자 로마에 비해 안정적인 건축 활동을 해온 베네치아가 르네상스 건축 생산의 또 다른 중심지로 부상했다. 로마를 포함한 여러 지역의 건축가들이 베네토 지역으로 모여들었다. 그중 대표적인 건축가는 베로나의 석공 집안 출신인 미켈레 산미켈리(1484~1559)와 로마에서 건축가로 일하다 신성로마제국의 로마 약탈 이후 베네치아로 이주한 자코모 산소비노, 역시 같은 시기에 베네치아로 이주한 세를리오, 그리고 비첸차의 팔라디오였다. 산미켈리는 젊은 시절 로마로 가서 안토니오 다 상갈로의 조수로 일하며 고전주의 건축을 습득했으며, 산소비노는 피렌체 태생에 브라만테 건축공방 출신이었다. 산미켈리는 베네토 지역 여러 도시의 성곽과 귀족들의 궁정 저택 건축가로 활약하며 매너리즘 경향의 고전주의 건축을 구사했다. 베로나의 팔라초 카노사(1527), 팔라초 베빌라쿠아(1530년경) 등이 그의 대표작이다. 산소비노는 고전주의 건축 양식을 구사하며 베네치아의 대표 건축가로 등극했다. 산 마르코 광장 확장 공사와 그 주변의 주요 건축물들인 조폐국(1536~48), 마르차나 도서관(1537~88) 등이 그의 대표작이다. 세를리오는 1541년 파리로 이주하기 전까지 베네치아에 거주하면서 그의 건축이론서인 『건축칠서』 중 첫 두 권을 출간했다.

파도바 출신인 팔라디오는 일찍이 비첸차로 이주하여 평생 그곳에서 활동하면서 많은 건축물을 지었다. 비첸차의 귀족이자 인문주의자인 잔 조르조 트리시노의 전폭적 후원 아래 인문주의적 교양과 고전주의 건축에 대한 지식을 쌓으

65 안드레아 팔라디오, 팔라초 키에리카티, 이탈리아 비첸차, 1550~1680

66 팔라초 키에리카티 평면도

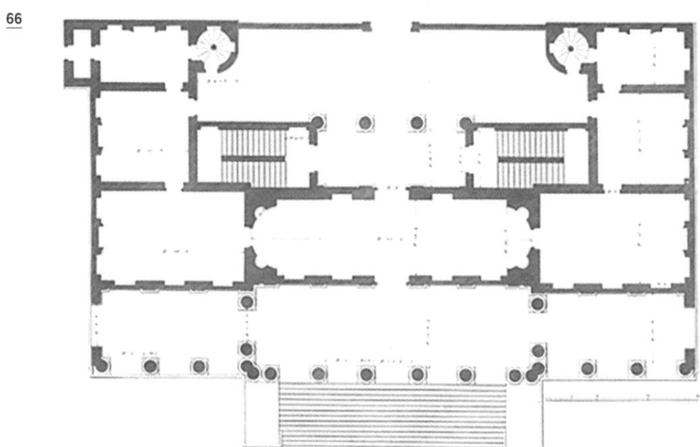

67 안드레아 팔라디오, 빌라 카프라(라 로톤다), 이탈리아 비첸차, 1567~1605

68 빌라 카프라 평면도

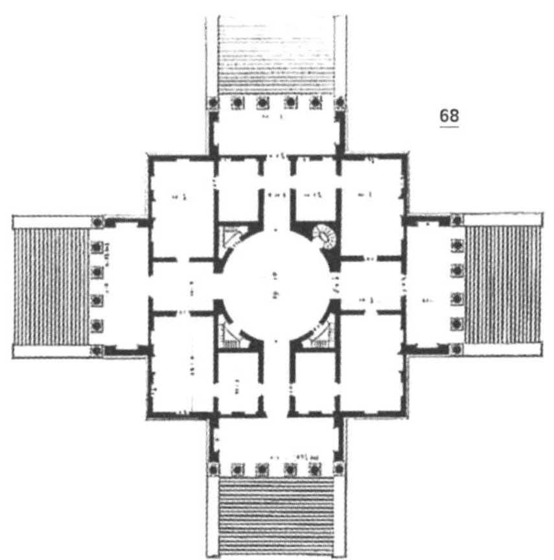

면서 비첸차뿐 아니라 이탈리아 후기 르네상스를 대표하는 건축가로 성장했다. 전통적인 석공 길드에서 석공 장인 훈련을 받고 건축가의 길을 걸은 그는 고대 로마 건축에 대한 연구를 통해 르네상스 건축 규범을 한 단계 높은 수준으로 끌어올리려 했다. 팔라디오는 세를리오의 로마 유적 도판집의 부정확함을 비판했으며, 고대 로마 건축을 원형으로 형태와 비례의 세련된 아름다움을 구현하는 데에 매진했다. 오더·비례·대칭 등 고전주의 건축문법을 진지하고 엄격하게 추구해 보편적 법칙으로까지 끌어올려 브라만테보다 높은 경지에 도달했다는 평가를 받았다. 그는 건축 규범을 다룬 『건축사서』를 저술하여 평면, 입면의 3분법(기단, 몸통, 지붕) 등 건축물 전체의 구성 방식을 체계화했으며, 여러 채의 도시 궁정 저택들과 교외 별장용 빌라를 건축했다. 그의 팔라초 키에리카티(1550~1680)과 빌라 카프라(1567~1605)는 각각 고전주의 도시 궁정 저택과 교외 빌라의 완결판을 보여준다.

르네상스기 유럽 각지의 건축 생산

15~16세기 중북부 유럽의 정치·경제 상황은 지역별로 차이가 컸다. 프랑스와 잉글랜드는 일찍부터 왕권이 강화되면서 절대왕권체제를 향해 나아가고 있었으며 스페인 역시 1492년 강력한 통일왕국이 되었다. 한편 신성로마제국 치하의 독일 지역에는 황제의 권력이 약한 가운데 크고 작은 독립적 세력들이 병존했다. 독일 북부에서는 13세기부터 도시 상공업자들을 중심으로 자유도시들이 세를 넓혀가며 발전하고 있었다. 16세기 종교개혁 이후 개신교 세력의 구심점이 된 이들 도시는 상공업 계층이 점점 큰 발언권을 얻어갔다. 그러나 이런 도시 지역을 제외하고는 여전히 장원경제를 기반으로 상업을 겸하는 영주 세력인 융커(Junker)들이 관

장하는 지역이 대부분이었다.

절대주의체제로 진전하던 국가들에서 인문주의자를 관료로 등용하면서 15세기 후반부터 이들 나라로 진출하는 이탈리아 인문주의자들이 늘어났고, 16세기쯤에는 프랑스, 잉글랜드 및 독일 지역에서 각자의 문화적 전통과 결합된 독자적인 르네상스 문화가 자라기 시작했다. 지배층의 의뢰로 엘리트 건축가가 생산한 건축물의 성격은 서서히 고딕에서 고전주의로 전환된다.

그러나 이탈리아와 달리 이들 지역에서는 고딕 건축 전통이 강했다. 수백 년에 걸쳐 지역에 뿌리를 내렸으며 건축기술과 형태적 양식 모두에서 절정을 구가했던 고딕 건축 전통이 하루아침에 사라질 리 없었다. 농촌에서는 물론이고 도시의 엘리트 지배 세력과 건축가들 사이에서도 고전주의 양식은 고딕과 병행하고 경합하는 긴 과정을 거치면서 느리게 확산되었다. 건축 생산의 물적 조건이 중세와 달라지지 않았기에 변화는 더딜 수밖에 없었다. 건축물의 재료는 여전히 석재였고 구조 형식은 고대와 중세의 아치·볼트·돔이었다. 사회경제적 차원에서나 재료·기술 차원에서나 건축 생산 조건의 근본적인 변화 없이 건축물의 형태를 규정하는 규범만 변한 것이다. 인문주의 지식인의 담론이 지배 계층에게 수용되고 지식권력이 되면서 회화·조각 등 개인적인 문화활동은 쉽게 고전주의 양식을 좇았다. 그러나 생산에 투입되는 재화 규모가 클 뿐 아니라 생산 주체 또한 다수이며 지역적 조건에 영향을 받을 수밖에 없는 건축은 달랐다.

중북부 유럽 지역에 이탈리아 르네상스 건축 양식이 그대로 유입되어 건축되는 일은 별로 없었다. 인문주의 문화가 이입되는 정도도 지역의 정치경제적 여건에 따라 달랐고, 지역에 따라서는 17세기 후반까지도 중세 고딕 전통이 지속되었다. 도시마다 들어선 엄청난 규모의 고딕 건축물들에 대한 경외를 간직한 채 '새로운' 건축인 고전주의 양식이 지배 세력에 의해 채택되면서 천천히, 그리고 지역별로 사뭇 다르게 전개되었다.

프랑스 14세기부터 강력한 왕권국가로 발전해온 프랑스는 백년전쟁(1337~1453)의 여파로 지방에 대한 장악력이 느슨해졌고 영주 세력들이 발호했다. 왕권이 안정을 되찾았은 것은 16세기 들어서였다. 프랑수아 1세(재위 1515~47)와 앙리 2세(재위 1547~59) 시대에 왕권 강화가 본격화했고• 경제도 안정적으로 성장했다. 상업도시들에는 이탈리아로부터 인문주의가 활발히 유입되어, 군주들이 인문주의 관료들을 등용하는 한편 인문주의 예술과 학문을 적극적으로 후원했다.•• 왕국의 번영과 더불어 각 지방에서 궁성이 건축되었다. 원래 중세 영주 등 실력자들의 성채로 지어진 궁성이 이 시기에 루아르강 일대를 중심으로 왕과 귀족들의 거처나 별장으로 개축·증축되거나 새로 지어지는 일이 성행했다. 성곽 요새였던 궁성이 점차 화려한 외관과 내부를 갖춘 궁전 형식으로 탈바꿈했다. 블루아성(12세기/ 증축 1515~24), 샤보르

• 왕권이 강화되면서 교회 세력이 상대적으로 약해졌지만 여전히 주요한 권력 집단이었다. 프랑수아 1세는 물론이고 1654년 루이 14세도 랭스 주교로부터 왕관을 받았다.

•• 프랑수아 1세는 프랑스의 첫 번째 르네상스형 군주로 꼽힌다. 그는 왕실 도서관의 확장과 문헌 수집에 열심이었고 예술가들을 후원하며 그들이 프랑스에 오도록 장려했다. 레오나르도 다빈치는 프랑스에서 죽을 때까지 머물면서 「모나리자」 등의 작품을 남겼다. 프랑수아는 건축에도 적극적이었다. 블루아성 증축, 샤보르성 신축, 루브르궁 재건축, 퐁텐블로궁전의 재건축과 확장 등이 모두 그가 재위하던 시기에 이루어졌다. 1539년 프랑수아는 왕국의 행정 언어를 라틴어 대신 프랑스어로 바꾸었다.

69

70

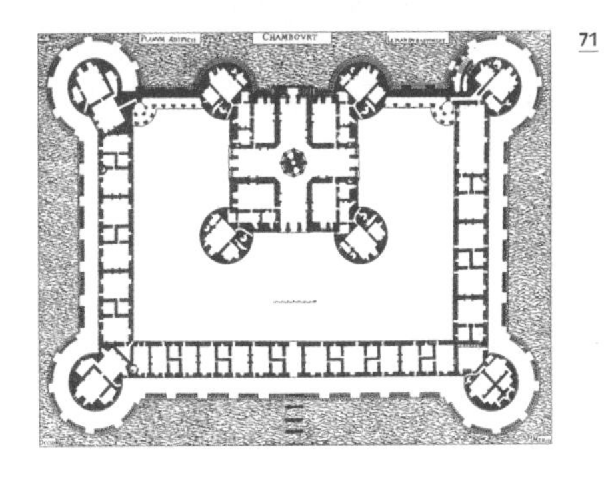

71

69 블루아성, 프랑스 블루아, 12세기/ 증축 1515~24

70 샹보르성, 프랑스 샹보르, 1519~47

71 샹보르성 평면도

72 퐁텐블로궁전, 프랑스 퐁텐블로, 1528~1609

73 피에르 레스코, 루브르궁 레스코 윙, 프랑스 파리, 1546~78

74 필리베르 들로름, 아네성, 1547~52(1840 복원)

73

74

성(1519~47), 퐁텐블로궁전(1528~1609) 등이 대표이다. 대부분 해자·성벽 등 성채로서의 방어적 기능과 상징적이고 화려한 외관 등 궁으로서의 성격을 동시에 갖추었다. 장식적 고전주의 주두, 기둥-보 형태 채용 등 이탈리아 르네상스 고전주의의 영향이 뚜렷했지만 급경사 지붕과 종탑 등 고딕 전통이 혼합된 형태였다.

16세기 후반 르네상스 건축 규범이 본격적으로 유입되면서 프랑스만의 독자적인 고전주의가 발전했다. 1541년 프랑수아 1세의 초청으로 세를리오가 파리로 이주하여 궁정 수석건축가로 활동하고 『건축칠서』 중 네 권을 출판하는 등 프랑스에서도 고전주의에 정통한 건축가들이 등장하기 시작했다. 루브르궁의 첫 건물을 설계한 피에르 레스코(1510~78), 세를리오에 이은 궁정 수석건축가였으며 건축이론서를 저술하기도 했던 필리베르 들로름(1514~70) 등이 대표적 인물들이었다. 레스코가 프랑수아 1세의 명으로 루브르 궁성을 철거하고 궁전으로 다시 건축(1546~78)한 루브르궁 첫 건물들은 경사지붕, 굴뚝 등 궁성 건축의 특성은 남아 있지만 벽기둥으로 표현한 오더가 뚜렷해진 '프랑스식' 고전주의 건축이었다. 들로름은 당대 프랑스 건축가 중 고전주의에 가장 정통하며 프랑스 고전주의를 완성한 인물로 꼽힌다. 그가 당시 최고의 권력자였던 귀족의 주문으로 건축한 아네성(1547~52)은 고전주의 문법에 충실하면서도 프랑스 고딕 요소가 병존하는 프랑스 초기 고전주의 건축의 전형이다.

잉글랜드

잉글랜드는 중세 봉건제 시기부터 왕권이 강했다. 역설적이지만, 13세기에 대헌장을 발표하며 일찍이 의회가 출범한 것도 강력한 왕권을 견제할 필요가 대두되었기 때문이

75 헨리 7세 예배당, 영국 런던, 1503~9

76 킹스 칼리지 예배당, 영국 케임브리지, 1446~1515

다. 이후 왕권이 약하면 의회의 힘이 커지고 왕권이 강하면 의회가 약해지는 양상이 반복되었다. 백년전쟁의 여파가 채 가시지 않은 상황에서 잉글랜드는 왕위 쟁탈전인 장미전쟁(1455~85)•에 빠져들었다. 그러나 장미전쟁 과정에서 영주와 귀족의 세력이 크게 약해졌고 최후 승자인 헨리 7세(재위 1485~1509) 이후에는 절대왕정의 길로 들어섰다. 15세기 말엽부터 잉글랜드에도 인문주의가 유입되고 이에 동조하는 사람들이 늘어났으나 건축에서는 강력한 왕권을 과시하는 듯 화려한 부채볼트(fan vault) 장식의 영국식 후기 고딕 양식이 성행했다. 런던 웨스트민스터 사원의 부속 건물인 헨리 7세 예배당(1503~9), 케임브리지의 킹스 칼리지 예배당(1446~1515) 등이 대표적인 예다. 16세기 중반까지 이런 경향이 계속되었다. 1534년 잉글랜드가 로마가톨릭 교회와 결별하고•• 영국 국교회가 선포된 이후 교회당 건축이 일시 중지되자 고딕 양식은 비로소 쇠퇴하기 시작했다. 프랑스에서와 비슷하게 16세기 중엽부터는 세를리오의 건축이론서가 수입되는 등 르네상스 고전주의 건축에 대한 지식이 소개되기 시작했다. 그러나 고전주의 건축으로의 전면적인 전환은 아니었다. 중세 고딕 건축 전통에 고전주의 건축어휘가 부분적으로 차용되는 수준이 한동안 계속되었다. 잉글랜드에서

• 장미전쟁은 붉은 장미 문장을 가진 랭커스터 왕가와 흰 장미 문장을 가진 요크 왕가 사이의 왕위 쟁탈전이었다. 두 왕가가 승패를 주고받은 전투 끝에 요크가에서 세 명의 왕이 왕좌를 이어갔으나 결국 1485년 랭커스터가의 헨리 튜더가 왕의 군대를 격파하고 헨리 7세로 즉위하며 장미전쟁이 끝나고 튜더 왕조가 시작되었다. 이 전쟁 과정에서 많은 제후와 기사가 몰락하고 왕권이 강력해졌다. 왕권에 저항한 옛 귀족 세력의 괴멸이 튜더 왕조의 절대주의가 시작하는 단초가 되었다.

•• 헨리 8세(1509~47)가 로마교황과 결별하며 1534년 영국 교회의 정점은 교황이 아니라 영국의 왕이라는 수장령(Act of Supremacy)을 선포했다.

77 헨리 7세 예배당 부채볼트 천장, 영국 런던, 1503~9

78 킹스 칼리지 예배당 부채볼트 천장, 영국 케임브리지, 1446~1515

르네상스 고전주의 건축의 성립은 이니고 존스(1573~1652)가 활동하는 17세기를 기다려야 했다.

신성로마제국 (독일)

신성로마제국은 프랑스나 영국과는 달리 16세기에도 수많은 제후국과 자유도시가 황제와 세를 겨루며 병존했다. 프랑스, 오스만과의 긴 전쟁, 종교개혁의 여파로 계속된 구교-신교 간의 분쟁이 이어졌고• 제후국 대부분이 중세적 장원체제에 머물러 있었다. 고전주의 건축이론서들이 유입되고 출판되긴 했지만•• 각 제후국의 중심 도시들에는 후기 고딕 건축의 불꽃무늬 양식이 여전히 유행했다. 이탈리아 도시들과 교류가 많았던 남부 독일의 일부 제후와 대상인의 개인적 취향에 따라 이탈리아 고전주의와 매너리즘 양식을 따른 건축이 산발적으로 이루어졌다. 자유도시이자 남부 독일 최대 금융도시였던 아우크스부르크의 대상인 푸거 형제의 출자로 지은 고딕 교회당 장크트 안나 교회(1321)의 부속 건물인 푸거 예배당(1509~12), 바이에른공국의 군주 루이 10세가 이탈리아 여행 중 영감을 받아 아우크스부르크의 르네상스 건축가 베른하르트 츠비첼(1496~1570)을 초청하여 뮌헨 인근

• 신성로마제국은 카를 5세 통치 기간(1521~56) 내내 이탈리아로 영토 확장을 꾀하는 프랑스와 싸웠고, 베네치아 침공(1529), 헝가리 점령(1541) 등으로 서유럽을 위협하는 오스만제국과도 전쟁을 치렀다. 종교개혁 이후에는 소작 농민들의 대규모 반란이 신교 지지로 연결되었던 농민전쟁(1524~25), 구교-황제파와 신교-제후파 사이에 벌어진 슈말칼덴전쟁(1546~47)이 있었다. 구교-신교 갈등은 1555년 아우크스부르크 화의로 봉합되었으나, 결국 갈등이 폭발하며 전 유럽으로 확전돼 8백만 명의 사망자를 낸 30년전쟁(1618~48)으로 이어졌다.

•• 의사인 발터 헤르만 리프가 비트루비우스의 『건축십서』 해설서인 『건축』(1547)과 독일어 번역판인 『독일 비트루비우스』(1548)를 출판했고, 한스 블룸이 취리히에서 『다섯 기둥 양식 도록집』(1550)을 라틴어판과 독일어판으로 출간했다. 또한 벤델 디털린이 『건축, 다섯 기둥 양식의 배분, 대칭, 비례』(1598)를 출간했다.

79 베른하르트 츠비첼, 란츠후트궁, 독일 란츠후트, 1536~43

80 푸거 예배당, 독일 아우크스부르크, 1509~12

81 장크트 미하엘 교회, 독일 뮌헨, 1583~97

82 장크트 미하엘 교회 내부

83 뮌헨궁전(레지덴츠) 유물관, 독일 뮌헨, 1568~71/ 내부 리모델링 1580~84

84 뮌헨궁전 그로텐호프, 독일 뮌헨, 1581~86

85 아우크스부르크 시청사, 독일 아우크스부르크, 1615~24

86 아우크스부르크 시청사 골든홀

87 헨트 시청사, 벨기에 헨트, 1519~39(고딕), 1595~1618(르네상스)

88 쾰른 시청사의 전면 포르티코, 독일 쾰른, 1569~73

89 이프르 모직회관, 벨기에 이프르, 1230~1304(고딕), 1619~22(르네상스)

90 안트베르펜 시청사, 벨기에 안트베르펜, 1561~64(1579 복원)

89

90

란츠후트에 건축한 란츠후트궁(1536~43) 등이 16세기 초 독일 지역에 몇 안 되는 르네상스 건축의 대표적 사례다.

1509년 바이에른공국의 수도가 되었고 가톨릭 세력의 반종교개혁의 중심지이자 르네상스 문화의 중심지이기도 했던 뮌헨에서도 몇몇 르네상스 건축 생산이 이루어졌다. 1556년 알브레히트 5세가 고전 교육을 위해 설립한 빌헬름김나지움의 부속 교회인 장크트 미하엘 교회(1583~97), 바이에른공국의 왕궁으로 사용된 뮌헨궁전의 유물관(1568~71)과 그로텐호프(1581~86)가 르네상스 양식으로 건축되었다. 그러나 유물관은 얼마 후 연회장으로 꾸며지면서 그로테스크한 장식이 더해졌다. 아우크스부르크 시청사(1615~24) 역시 입면은 르네상스 양식이지만 내부 공간은 장식으로 치장되며 남부 독일 건축의 진로를 예시했다.

플랑드르와 북부 독일 지역에서는 안트베르펜, 쾰른, 이프르, 헨트 등의 자치도시가 계속 성장하면서 상공업 계층이 번성했지만 건축 생산의 변화는 느린 편이었다. 15~16세기 초까지 화려한 후기고딕 불꽃무늬 양식이 유행하다가 16세기 후반부터 이탈리아 르네상스 건축이 수용되었다. 헨트 시청사(1519~39: 고딕, 1595~1618: 르네상스), 쾰른 시청사의 전면 포르티코(1569~73), 이프르 모직회관(1230~1304: 고딕, 1619~22: 르네상스) 등은 기존 고딕 양식 건축물의 증축 건물을 르네상스 양식으로 건축함으로써 한 건물에 두 양식이 병존하는 사례다. 온전히 르네상스 양식을 채용한 건축물로는 안트베르펜 시청사(1561~64, 1579 복원)가 있다.

7

절대주의체제와 시민 계급의 성장

(17~18세기)

유럽 절대주의 체제의 성립

절대주의는 약화된 봉건영주의 농지에 대한 권리를 국왕이 인수·탈취하거나 조세를 강화하면서 권력의 중앙 집중화를 도모한 정치체제다. 궁극적으로 영토와 국민의 범위를 명확히 갖는 근대국가 성립으로 귀결되었다. 왕권은 이를 위해 대규모 행정관료 기구와 직할하는 군사력을 필요로 했고, 이를 위한 비용은 왕의 직할 농토에서 발생하는 수입과 영주들이 왕에게 납부하는 농지세, 그리고 증가하고 있던 상공업 계층에게 부과한 세수입으로 충당되었다. 절대주의체제의 경제적 기초는 여전히 봉건적 농지에 있었지만, 차츰 상공업 계층의 세금에 의존하는 정도가 커지고 있었다. 이는 절대주의가 중세 봉건귀족 지배체제에서 상공업 계층, 즉 근대 부르주아 계급 지배체제로의 이행기에 성립한 체제라는 성격을 드러낸다. 왕은 약화한 봉건귀족 세력과 아직 성장 중인 상공업 계층 어느 쪽으로부터도 견제를 받지 않은 채 권력을 행사할 수 있었다.

15세기 중반을 지나면서 호전되기 시작한 유럽의 경제 상황은 16세기에 이르러 비약적인 상승 국면을 맞이했다. 결정적 계기는 대서양 항로의 개척이었다. 서유럽에서 가장 중요한 교역로였던 지중해 무역 항로는 15세기까지도 베네치아 등 몇몇 이탈리아 도시국가가 독점하고 있었다. 이는 팽창하는 서유럽 상업 경제로서는 더 이상 감내할 수 없는 것이었다. 더욱이 1453년 오스만제국이 비잔티움제국

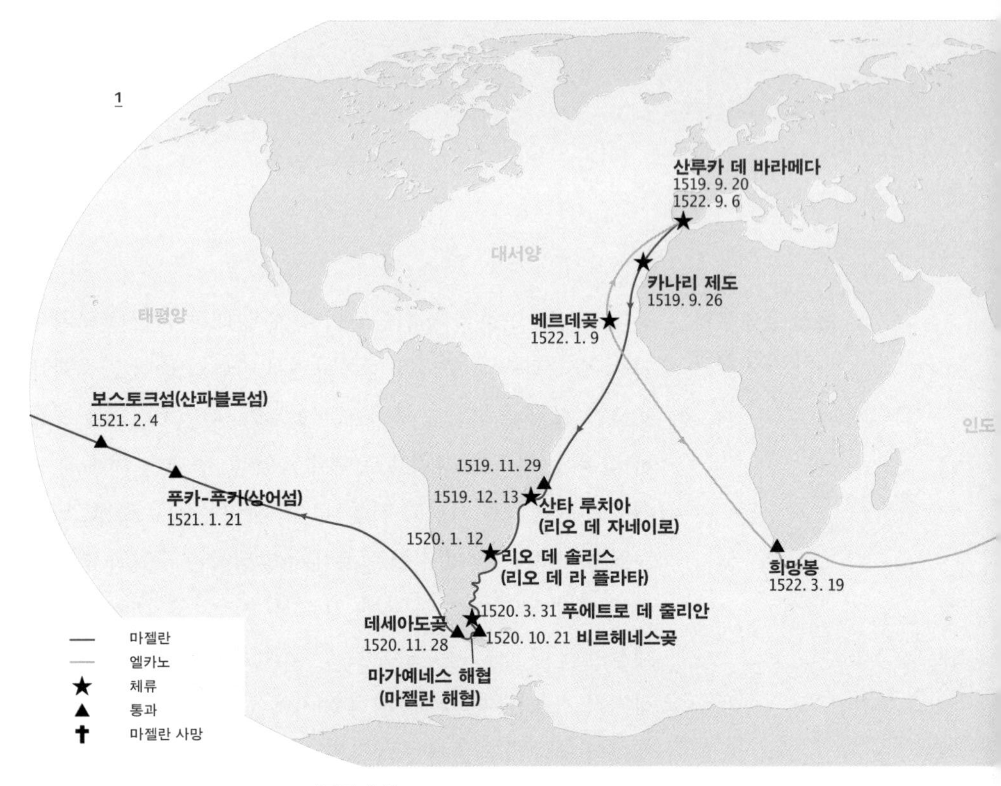

1 마젤란의 항로, 1519~22

을 점령하면서 지중해를 통한 동방 무역을 이슬람 상인들이 주도하게 되었다. 이런 가운데 일확천금을 꿈꾸는 모험적 상인 세력•과 스페인·포르투갈 왕권의 주도로 지중해 대신에 대서양을 통한 동방과의 무역 항로 개척이 시작되었다.

• 콜럼버스와 마젤란은 모험 항해의 조건으로 새로 발견되는 땅에 대한 총독 권한과 여기에서 나올 수입의 일정 비율을 자신의 몫으로 분배해줄 것을 제시하여 왕에게 승인을 받고 출항했다. 콜럼버스는 수공업자 집안 출신으로 모험적 무역 선단에 참여하며 지내던 인물이었고, 마젤란은 하급 관료 출신으로 모험 항해단과 전쟁터를 오가던 인물이었다. 바스쿠 다 가마는 기사 집안 출신의 관료 신분으로 해군 선단의 책임자였다.

1492년 콜럼버스의 대서양-중앙아메리카 항로 개척은 스페인 왕실이 지원했고, 1498년 바스쿠 다 가마의 대서양-남아프리카-인도 항로 개척은 포르투갈 왕이 지시한 것이었다. 1520년 페르난디드 마젤란의 대서양-남아메리카-태평양-필리핀 항해 역시 스페인 왕의 지원 아래 이루어졌다.

이들의 항해가 열어젖힌 '대항해시대'는 상업을 비약적으로 발전시켰다. 오스만제국이 그리스-튀르키예 지역을 중심으로 지중해의 강자로 군림했던 데 반해, 서유럽 국가들은 더 이상 '지중해에 갇힌 변방'이 아니라 세계를 활동 무대로 삼는 군사적·경제적 강자로 발돋움했다. 급격한 인구 증가, 남아메리카로부터의 귀금속 유입, 대서양 무역의 발전 등에 힘입어 유럽 각국 왕가는 큰 어려움 없이 조세를 강화할 수 있었고 군사력 증강이나 건축 사업에 지출을 늘릴 수 있었다.

아메리카·아프리카·인도·동남아시아를 무대로 한 식민지 쟁탈전이 벌어졌다. 16세기 중엽 스페인은 국가 수입의 80퍼센트를 군사비로 지출했다. 유럽에서 16세기 100년 중 군사 작전이 없었던 해는 25년뿐이었고 17세기 중 대규모 전쟁이 없던 해는 7년뿐이었다.

이러한 식민지 쟁탈전에는 강력한 중앙 권력이 제격이었다. 16세기 후반 즈음에 절대군주의 표상인 왕권신수설이 출현했고, 17세기에 들어설 즈음에는 각국에서 절대주의체제가 완성되어갔다. 유럽 대륙에서는 프랑스가 내륙 경제의 확장을 기반으로 절대주의 왕정을 확립하면서 루이 14세(재위 1643~1715) 시기에는 정치체제와 궁정문화 양면에서 유럽 왕정의 표본이 되었다. 일찌감치 봉건영주와 젠트리 계급이 상공업에 가세하면서 시민혁명(1688)을 통해 왕정과 부르주아 의회가 양립하는 정치체제를 갖춘 영국은 강력한 상공업 국가로 성장하며 세계 무역 경제와 아메리카 식민지 점령에 나섰다. 스페인은 일찌감치 절대왕정을 수립하여 펠리페 2세(재위 1556~98) 시대에 전성기를 구가했다. 그러나 이 이른 전성기는 아메리카 침략에 의한 막대한 착취에 힘입은 것으로, 중상주의적 공업 생산수단 발전과는 무관했다. 정치적 경제적 토대의 변화 없이 강력한 중앙권력을 쥔 스페인 왕권은 17세기 초반까지 신교 세력을 적대시했고 로마 교황청을 지원하는 가톨릭 세력으로 남아 있었으며, 17세기 후반에 영국, 네덜란드에 밀려 빠르게 쇠퇴하게 된다.

17세기의 가장 큰 전쟁이었던 30년전쟁(1618~48)은 유럽 각국의 절대왕정체제와 국민국가 성립을 촉진시킴과 동시에 국가 간 세력 판도에 커다란 변화를 불러왔다. 신성로마제국 안에서 가톨릭 세력인 황제 및 가톨릭 제후국들과 개신교 제후국들 사이의 분쟁으로 시작된 30년전쟁은 점차 종교보다는 각국의 이익을 다투는 정치적인 전쟁으로 비화했다. 8백만 명의 사망자를 내고 베스트팔렌 조약(1648)으로 막을 내린 이 전쟁으로 프랑스와 영국이 강자의 위치를 굳건히 했다. 또한 네덜란드는 독립을 선언(1581)한 이래 지속되던 스페인과의 분란을 끝내고 완전한 독립을 공인받으며 부르주아 공화국으로서 발전을 본격화했다. 한편, 전쟁으로 가장 큰 타격을 입은 신성로마제국은 황제의 권위와 세력이 약화하면서 황제 가문인 합스부르크 왕가는 본거지인 오스트리아를 수호하는 강국 정도로 축소되었다. 신성로마제국의 나머지 지역은 수많은 공국으로 분열된 채 일부 개신교 제후국이 세를 키워갔다. 특히 두각을 드러낸 브란덴부르크-프로이센 연합공국이 1701년 프로이센왕국이 되면서 독일 지역에서는 오스트리아와 프로이센이 대치하는 구도가 형성되었다.

대륙 전체에 걸쳐 일어난 형세 변화는 17~18세기 건축 생산에 그대로 반영되었다. 절대군주의 영향력이 강해진 프랑스·영국·오스트리아·프로이센 등에서는 궁정 등 왕가에 의한 건축 생산이 주류를 차지한 반면, 황제의 권력이 약해진 이탈리아와 남부 독일 지역에서는 여전히 공국의 군주인 봉건영주와 교회가 건축 생산활동의 중심에 있었다.

한편, 르네상스 문화를 이끌었던 이탈리아 도시들은 절대왕정으로 강력해진 알프스 이북 국가들의 속국으로 편입되어갔다. 피렌체는 프랑스와 신성로마제국 사이에서 시달리다가 1530년 신성로마제국에 평정당하고 공화국이 피렌체 공국으로 바뀌며 사실상 속국이 되었다. 밀라노는 비스콘티 가문에 이어 스포르차 가문의 통치(1450~1535)가 끝나고 신성로마제국 황제의 수중에 들어갔다가 1540년 스페인 치하로 편입되었다. 중세 봉건체제의 분권적 세력들의 틈새에서 생존해온 자치도시는 중앙집권적 영토국가를 지향하는 절대주의 국가체제에서 더 이상 존속하기 어려웠던 것이다.

절대주의 국가의 우위는 경제에서도 예외가 아니었다. 16세기 말~17세기 초에는 서유럽 국가들이 모든 면에서 동유럽과 동방 도시들을 앞서기 시작했다. 대서양 항로가 지중해 항로를 제치고, 유럽 내륙 도시들의 생산력이 이탈리아 상업도시들을 앞서면서 고급 직물과 의류의 중심지가 베네치아에서 파리로 이동했다. 지중해 무역 항로를 독점하며 융성해온 해양 도시국가였던 베네치아도 내리막을 걸었다. 비잔티움제국을 점령한 오스만제국에게 동지중해의 제해권을 잃고 내륙 도시들과의 경쟁에서도 밀렸기 때문이다. 18세기 중반까지도 베네치아는 여전히 무역과 상품 생산의 요충지였고 문화적 활동이 가장 활발한 도시 중 하나였지만 주도하는 상거래 품목은 농산물 정도로 줄어들었다.

부르주아 계급의 성장

이 시기에 주목해야 할 대목은 상공업 계층, 즉 부르주아 계급을 둘러싼 정치·경제·문화적 여건의 변화이다. 중세 자치도시의 상인 계층으로 출발해 르네상스 인문주의를 일군 부르주아 계급은 절대주의시대에 정치·경제·문화 모든 측면에서 '주류 계급'으로서의 요건을 갖추어나갔다. 영국에서는 17~18세기에, 프랑스를 비롯한 유럽 내륙에서는 18~19세기에 진행되는 시민혁명·산업혁명의 기틀이 이 시기에 갖추어졌다. 절대주의시대는 표면적으로는 절대군주와 궁정귀족이 화려하게 지배한 시대였지만 실질적인 주인공은 부르주아 계급이었다.

부르주아 계급의 정치·경제적 성장의 토대인 자본주의 초기 단계의 '본원적 축적'•이 이때 이루어졌는데, 이를 촉진한 것이 절대왕권의 중상주의 정책들이었다. 국내적으로는 영토가 확립되면서 지역 내 이권을 주장하며 교역을 방해하던 지역별 상권이 폐지되었고, 전쟁 자금 등 국가 재정에 자본을 투자하는 기회가 제공되었다. 국제적으로는 관세를 무기로 한 보호무역 정책을 실행해 국내 상업을 보호하고 전쟁으로 영토를 확대해 유리한 교역 조건을 획득하려고 노력했다. 예컨대 1651년 공포한 영국의 항해조례는 네덜란드 항

• 자본의 본원적 축적(primitive accumulation)의 요체는 생산수단과 노동력 구입이 가능한 '자본가'와 노동력을 판매하는 '임금노동자 계급'의 형성이다. 농촌을 지배하던 영주 및 도시귀족 계급이 소규모 농지들을 대토지로 합병하고 공유지를 사유화하여 농업생산의 효율화를 꾀하거나 양모 생산용 양치기 목장으로 바꾼 '인클로저 운동'이 변화의 핵심이었다. 한편으로는 소수 지배 계급의 자본 축적이 진행되었고, 다른 한편으로는 자영농의 해체로 무산 계층이 광범위하게 형성되면서 임금노동 인구가 증가했다.

해 무역을 견제하기 위한 것으로서, '어떤 나라도 자국에서 생산되지 않은 물건을 영국에 반입할 수 없다'고 규정했다.** 이 모든 것이 상공업 계층의 경제활동을 지원하기 위해서였다. 이러한 상황 속에서 봉건귀족들 역시 변화했다. 독일·러시아 지역에서는 여전히 지주이자 농업 경영자로서의 영주 세력이 유지되었지만, 영국·프랑스 지역의 봉건귀족들은 왕의 관료나 상업 자본가로 변신하는 자들이 늘어났다. 17세기 들어 주요 도시들에서 상업 규모가 커지면서 속속 생겨난 상품거래소 전용 건물은 경제활동의 구조적 변화를 상징한다. 거래소는 13세기 말부터 대외 교역 상인들이 채권·채무 증서를 거래하던 장소로서 비정기적으로 개설되었으나 17세기에 곡물 등 상품거래가 늘고 주식회사 제도가 확산되면서 상품과 증권 거래 기능을 겸하여 상시 개설되는 곳이 늘어났다. 거래소를 목적으로 전용 건물이 건축된 곳은 안트베르펜(1531)이 처음이고 런던(1571), 암스테르담(1611), 파리(1763~67) 등이 뒤를 이었다.

중상주의 정책과 더불어 부르주아 계급의 경제적 지위를 확고히 하는 법 제도도 확립되었다. 핵심은 폭력적 권력으로부터 '사유재산권'을 보장하는 것이었다. 17세기를 거치면서 영국을 비롯한 여러 나라에서 사적 소유권을 인정하고 보장하는 법률이 제정됨으로써 자유로운 자본 축적활동이 촉진되었다. 종교개혁 후 등장한 개신교의 새로운 교리와 윤리관도 부르주아 계급의 경제적 성장과 윤리적 자부심을 북돋웠다. 후에 막스 베버가 『프로테스탄트 윤리와 자본주

** 영국과 네덜란드 갈등의 산물인 항해조례는 두 국가의 전쟁(1652~54)으로 이어졌다. 여기에서 영국이 승리하면서 세계 무역권의 중심이 영국으로 넘어왔다. 항해조례는 국가 간 제한 없는 자유무역을 확산할 필요가 제기되면서 1849년 철폐되었다.

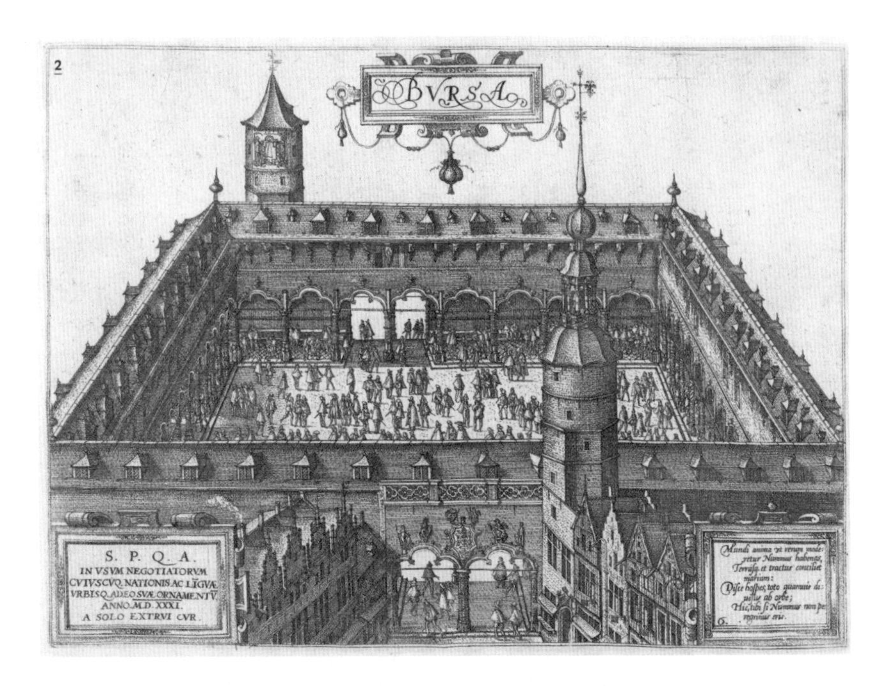

2 안트베르펜 거래소, 벨기에 안트베르펜, 1531

3 암스테르담 거래소, 네덜란드 암스테르담, 1611

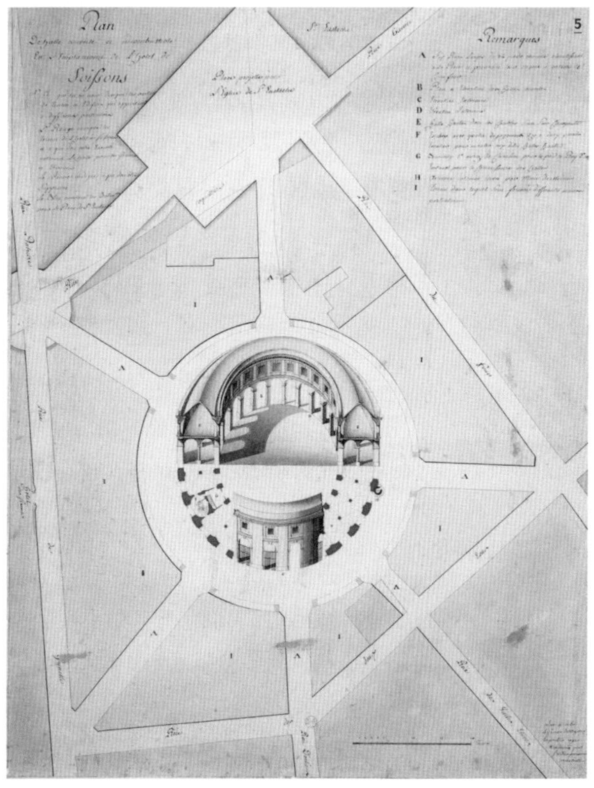

4 런던 거래소, 영국 런던, 1571

5 파리 곡물거래소 계획도, 프랑스 파리, 1762

의 정신』(1905)에서 설파했듯이 칼뱅주의가 주창한 세속적 금욕주의는 부르주아의 '열심히 일하고 돈 버는 생활'에 대한 찬양이었다.

주목해야 할 또 하나의 중요한 변화는 부르주아들이 관직에 진출하며 국가 지배 계급에 편입됨으로써 부르주아의 문화가 귀족의 문화에 동화·예속되었다는 점이다. 절대왕정이 재정을 조달하기 위해 시행한 '관직 판매'가 부르주아들이 관직에 진출하는 주된 통로였다. 세계 각지에서 벌어진 식민지 쟁탈전은 군사력을 증강하고 유지하기 위한 비용 문제를 야기했다. 비용 조달의 주된 방법은 조세 인상이었지만 관직과 작위 판매 또한 유력한 방책이었다. 영토와 경제 규모가 확대되어 행정관료 조직이 커짐에 따라 관직의 수도 늘어났는데, 당시 왕가는 이를 판매하여 재정 수입원으로 활용했던 것이다. 관직은 왕권에게 여전히 위협적인 존재인 대귀족보다는 주로 중소 귀족과 부르주아 출신에게 판매되었다. 행정관료 조직은 원래 귀족들이 국가체제에 편입되는 통로였다. 그러나 재정 조달이 시급했던 왕이 '관직 판매'를 시작하면서 경제적으로 성장한 부르주아들이 여기에 참여하게 된 것이다.

귀족 중심이던 관료 집단에 상위 부르주아가 들어가면서 부르주아가 귀족에게 문화적으로 동화되는 현상이 나타났다. 귀족 계급은 경제적으로 부르주아화(상업자본가화)된 반면 부르주아는 문화적으로 귀족을 추종하면서 두 계급이 지배 계급으로 일원화되어갔다. 예술가 중에서도 왕실 직속 예술가의 지위에 오르는 인물들은 귀족으로 신분 상승을 이루었다. 석공의 아들로 태어나 1654년 프랑스 왕실 수석 건축가 지위에 올랐던 루이 르보(1612~70)는 1665년에 귀족 신분을 얻었으며, 목수 장인 집안 출신인 쥘 아르두앙-망사르(1646~1708)는 1681년 왕실 수석건축가에 임명되며 귀족이 되었다. 18세기 이래 정치경제적으로는 새로운 비전을 추구하며 사회 변화를 주도했던 부르주아 계급이 귀족 신분에 연연하면서 문화와 예술에서도 구시대적인 귀족 계급의 취미를 추종하는, 일견 비합리적이고 모순적인 상황이었다. 이러한 모순은 19세기 말 아방가르드 예술가들이 혁신의 표적으로 삼은 지점이기도 했다.

공업 생산력의 발전

부르주아 계급이 성장한 근원이었던 상공업 경제의 진전은 무역을 핵으로 한 상업의 팽창과 공업 생산력의 발전에 기대고 있었다. 16세기 후반 영국에서 나타난 매뉴팩처(manufacture), 즉 공장제 수공업이 그 시발점이었다. 가내 수공업과 중세 길드 조직에 의한 수공업에 머물던 상품 생산 방식이 자본가가 노동자를 고용해 공장 생산에 투입하는 방식으로 바뀐 것이다. 공장제 수공업은 점차 확산되어 18세기에는 주요 유럽 도시들에서 드물지 않은 것이 되었다.

공장제 수공업은 수공업자 개인이나 팀이 처음부터 끝까지 관장하던 상품 생산 과정을 여러 단계로 나누어 단계마다 작업자를 배치하는 분업 방식으로 재편한 것이었다. 숙련 기술자인 장인이 비숙련공들을 거느리고 작업 전체 과정을 수행하던 과거의 작업에서는 장인의 노하우와 기술이 절대적으로 중요했다. 이에 비해 분업 생산에서는 비숙련공들의 단순 반복 작업의 비중이 커지고 숙련공의 역할이 점차 축소되었다.

그러나 공장제 수공업이 장인의 기술에 의존하는 기존 생산체제를 모두 바꾸고 대체할 수는 없었다. 생산량 증가 역시 급격히 증가한 무역량과 상품 수요를 충족할 만큼 충분하지 못했다. 생산 효율을 높이기 위한 노력들이 진행되었고 이는 18세기 말에 이르러 다양한 기술과 기계의 발명으로 이어진다. 공장제 수공업은 19세기 산업혁명, 즉 기계제 공장 생산으로 가는 첫걸음이었다.

과학혁명 상품 생산기술과 기계의 혁명적 발전을 가능케 한 것은 17세기 자연과학의 획기적 진전이었다. 중상주의의 기초는 합리적·계산적 사고다. 중상주의 정책은 르네상스 인문주의 이래 인간 이성에 의한 합리적 사고를 중시하는 태도를 더욱 공고히 했다. 영국 왕립학회(1660), 프랑스 과학 아카데미(1666)가 설립되는 등 국가가 과학 연구를 장려하는 분위기 속에서 자연과학은 큰 폭으로 발전했다. 니콜라우스 코페르니쿠스의 지동설 논문 배포(1536)부터, 요하네스 케플러의 제1, 제2 법칙 발표(1609~19), 윌리엄 하비의 혈액순환 원리 발표(1628), 갈릴레오 갈릴레이의 지동설과 2차 종교 재판(1633), 에반젤리스타 토리첼리의 진공 발견(1643), 블레즈 파스칼의 대기 압력 증명 실험(1648), 로버트 훅의 세포 발견(1655), 로버트 보일의 이상기체 압력-부피 관계 법칙 발표(1662), 아이작 뉴턴의 만유인력 법칙 발표(1665), 훅의 탄성 법칙 발표(1678) 등 현대 과학의 토대가 되는 이 모든 과학적 성취가 17세기에 이루어졌다.

이러한 성취는 인간의 이성 능력을 신뢰하는 강한 근거로 작용했다. 한편으로는 부르주아 계급의 경제적 기반인 상품 생산의 혁명적 발전을 가능케 한 기술 발전의 원천이었고, 다른 한편으로는 그들이 추구하는 과학적·합리적 정신이 정당함을 증명하는 것이었다. 그리고 이는 부르주아 계급의 사상적 근간인 근대 계몽철학의 탄생으로 이어졌다.

계몽주의와 시민 계급 문화의 성장

계몽주의는 '진전된 인문주의'라 할 만한 것이었다. 자연과학의 혁명적 발전으로 입증된 인간의 이성적·합리적 사고 능력에 대한 신뢰, 과학기술과 생산력의 발전, 이를 통해 사회가 진보할 것이라는 자신감은 '계몽'(enlightenment) 사상의 싹을 틔웠다. 계몽은 중세의 어둠과 미몽에 이성의 빛을 비추어 밝힌다는 뜻으로, 인간은 이성의 힘으로 우주를 이해하고 자신의 상황을 개선할 수 있다는 믿음에 기반한 사고 체계였다. 즉, 부르주아 엘리트들의 발달된 이성 능력이 대중을 계몽시켜 인류 역사가 진보해 나아가리라는 믿음이었다. 계몽주의의 핵심 교리를 담당한 것은 철학이었다. 이제까지 합리적 인식활동 모두에 통용되었던 '철학'과 '과학'이 분리되면서 각각 독자적인 학문 영역으로 자리 잡았다. 예컨대 근대철학의 개척자 중 한 사람인 프랜시스 베이컨은 저서 『학문의 진보』(1605)에서 철학이 과학의 방향을 지도해야 한다고 주장했다. 즉, 인간이 자연 질서를 관장하고 진보해 나아가는 일을 촉진하기 위해서는 과학을 영역별로 체계화하여 효율을 높여야 하는데 이러한 일을 탐구 대상으로 삼는 것이 철학과 보편학이라는 것이다. "아는 것이 힘"이라는 그의 말은 과학 지식을 실용적 기술로 연결해야 한다는 생각을 직설적으로 표현한 것이었다.

베이컨은 과학의 발전을 위해서 중세부터 의존해온 아리스토텔레스의 근거 없는 목적론적 사고에서 벗어난 새로운 인식론이 필요하다고 역설하면서, 아리스토텔레스 『논리학』(*Organon*)을 대체한다는 의도로 이름붙인 저서 『신기관』(*Novum Organum*,1620)에서 귀납법을 제시하기도 했다. 베이컨뿐 아니라 르네 데카르트의 『이성을 올바르게 이끌어, 여러 가지 학문에서 진리를 구하기 위한 방법서설』(1637), 베네딕투스 데 스피노자의 『기하학적 순서로 증명된 에티카』(1675) 등 초기 근대철학자들의 주요한 연구 주제는, 새로운 진리 발견에 무용한 기존의 논리학과 변증론을 대체할 합리적·과학적 인식 방법이었다.

계몽주의는 새로운 지배 세력으로 성장하고 있던 부르주아 계급에게 걸맞은 사상이었다. 홉스의 『리바이어던』(1651), 로크의 『통치론』(1689)과 『인간지성론』(1690), 흄의 『인간본성에 관한 논고』(1739), 루소의 『사회계약론』(1762) 등 이 시기 철학자들의 주요 저작들은 인간의 합리적 이성에 의해 경영될 세상과 이에 필요한 새로운 정치와 국가체제에 대한 해설서들이었다. 또한 볼테르의 『루이 14세의 시대』(1751), 『각국의 관습과 정신에 관한 시론』(1756) 등 절대왕정과 가톨릭교회를 비판하고 부르주아 문화를 지지하는 태도에 입각한 저술은 부르주아 계급이 추동해 나아갈 역사 진보의 행로를 설파했다. 19세기 초에 헤겔에 의해서 정점을 찍게 될, 근대 역사철학의 시작이라고 할 수 있다.

그러나 18세기 중엽까지 계몽주의는 철학·과학·문학 분야를 중심으로 전개되었을 뿐 건축·회화·조각·음악 등 예술 분야에서는 여전히 궁정과 귀족 중심의 화려한 바로크 예술이 주류를 차지하고 있었다. 한쪽에서 중상주의·합리주의·계몽주의적 가치를 지향하면서도 다른 쪽에서는 특권적이고 구습적인 성향을 추종했던 것이다. 이러한 모순된 태도는 절대왕정의 지배 계급을 구성하는 왕·귀족 관료·대부르주아 모두에게 공통된 것이었으며, 18세기 후반 신고전주의와 19세기 절충주의를 거치며 20세기 초까지 지속되었다.

귀족 관료 계급의 문화

계몽주의를 내세우면서, 다른 한편으로는 특권적 구습을 유지하고 추종하는 17~18세기 지배 세력의 '이중성'은 절대왕권 국가들의 정치·경제체제가 모순 속에 안정을 구가한 체제였다는 사실의 문화적 반영이었다.

한쪽에서는 네덜란드와 영국이 부르주아 정치체제를 진전시키고 있었다. 네덜란드는 스페인으로부터의 독립전쟁(1568~1648)을 거쳐 1648년 부르주아 국가체제인 네덜란드연합공화국으로 독립했고 영국은 1688년 명예혁명을 통해 부르주아 의회가 주도하는 정치체제로 진입했다. 그러나 유럽 다른 나라들은 여전히 전통적인 토지귀족을 중심으로 하는 봉건체제를 지속하고 있었다. 식민지 경영과 해외무역이 팽창하고 전체 경제에서 상업과 매뉴팩처(공장제 수공업)의 비중이 증대하는 가운데 부르주아 계급의 영향력이 커져갔으나 전통적인 귀족의 지위는 안정적이었다. 영지 매각을 금지하고 장자 상속을 제도화하는 등 귀족들의 토지 재산 보호를 위한 제도가 수립되면서 관료인 동시에 지주인 귀족의 경제적 여건은 흔들리지 않았다. 경제적 안정과 함께 행정적 지식과 기술을 확보한 귀족 계급은 국가 경영 능력에 대한 자신감을 키워갔고 이는 계급 정체성에 대한 재인식과 과시로 이어졌다.

귀족들은 새롭게 얻은 정체성을 확실히 하고 과시하기 위한 소프트웨어로서 문화·교양·예술에 집착했다. 지적 측면에서는 계몽주의 철학과 과학 지식에 기댔고, 예술과 교양 측면에서는 15세기 북부 이탈리아 도시들에서 파급되어 16세기경에 자리 잡은 인문주의적 르네상스 예술을 탐닉했다.

귀족 계급은 정치·경제에서뿐 아니라 예술과 교양에서도 최상류 엘리트 지위를 확고히 다졌고, 성장하던 부르주아 계급은 귀족 계급의 예술 취미를 추종하며 동화되어갔다. 왕을 필두로 귀족 및 대부르주아 출신 관료로 구성된 궁정과 관료 사회는 봉건귀족적 성격과 부르주아의 계몽주의가 혼

6 몬타노의 티볼리 베스타 신전 복원도

합되어 있었다. 이처럼 이중적·복합적 성격의 귀족 관료 문화가 프랑스 절대주의 궁정에서 완성되어 유럽 각국의 지배 계급 전체에 확산되었다.

17~18세기 유럽 사회의 정치·경제 체제가 국가별로 큰 차이가 있었던 만큼 건축 생산의 양상도 달랐다. 전반적으로는 신의 섭리와 불변적 세계라는 관념이 약화되면서 개인적 감성과 욕망 혹은 상업적 이성주의가 뒤섞인 채 차별적으로 전개되었다.

약화하는 세속적 권력의 끝자락을 붙잡고 있었던 로마 교황청이 생산한 건축물들에서는 16세기 매너리즘적 태도가 진전되면서 건축가 개인의 감성과 천재성이 분출되었다. 고전주의 건축 규범을 벗어나 '새로운' 것을 추구하려는 노력이 성행했다. 예컨대 밀라노 출신 건축가 조반니 바티스타 몬타노(1534~1621)는 고대 로마 건축 유적 중에서 고전주의 규범에서 벗어나는 건축 사례들만을 찾아 그린 도판집을 출판하여 '다른 것'을 찾던 건축가들에게 소재를 제공했다.• 흔히 이 시기 유럽 예술을 통칭하는 바로크(baroque)라는 용어는 원래 '찌그러진 진주'를 뜻하는 '바로코'(barroco)라는 포르투갈어에서 유래한 것으로서 18세기 중반부터 프

• 『여러 고대 신전 선집』(1624), 『유물함과 제단을 위한 여러 변화무쌍한 장식들』(1625), 『다양한 사원들』(1628), 『고대에서 취한 다양한 장식의 건축』(1638) 등이 있다. 그가 남긴 스케치들을 그의 사후에 제자가 정리하여 출판한 것이다. 프란체스코 보로미니, 잔 로렌초 베르니니 등 당대의 건축가들에게 영향을 미쳤다.

랑스·영국 등지의 신고전주의자들이 17세기 로마에서 득세했던 미술과 건축을 '불규칙하고 기괴하고 퇴폐적'이라고 낮춰 평하며 사용하기 시작했다.

로마 교황청과는 달리 프랑스와 영국에서는 계몽군주와 시민 계급의 합리주의적 태도가 건축 생산에도 반영되어 통치자의 권위를 이성적으로 표출하는 건축적 표현이 주류를 이루었다. 이러한 접근은 이후 신고전주의의 이성적 건축으로 진전한다. 한편 여전히 봉건적 경제체제와 분권적 권력체제가 지속된 신성로마제국 지역에서는 지배 군주의 과시욕이 과잉 장식으로 표현되는 건축이 유행했다.

로마 바로크: 교황청의 성당 건축

유럽 각지에서 절대왕권이 영토국가를 다져가던 17~18세기 이탈리아 지역은 식민지 개척과 제조업 발전 경쟁 모두에서 낙오하고 있었다. 이탈리아 지역의 경제를 선도하던 북부 도시국가들은 16세기부터 프랑스와 신성로마제국의 침략에 시달렸다. 소규모 도시국가들로서는 막강한 군사력을 보유한 절대왕정 국가들의 공격을 방어하기가 녹록지 않았고 무엇보다 경제적 측면의 열세가 심해졌다. 이들 도시국가는 배타적인 중세 길드체제에서 공장제 수공업으로 경제 구조를 전환하지 못했으며, 대서양 무역에 뛰어들지 못한 채 지중해 무역에 의존함으로써 상업활동의 경쟁력도 약해졌다. 그 결과 16세기 이후 스페인·프랑스·오스트리아 등의 지배와 개입 아래 소왕국들로 분열된 상태가 19세기까지 계속되다가 1870년에서야 통일국가가 성립한다.

로마 교황청 역시 종교개혁으로 개신교·영국 국교 등이 가톨릭교회에서 이탈하면서 재정적 어려움을 겪었다. 그러나 스페인·프랑스 등 가톨릭교도 왕가들의 지원과 스페인의 식민지 개척에 따른 가톨릭교회의 남아메리카 대륙 진출 등에 힘입어 일정한 세력을 유지할 수 있었다. 여기에 로마 교황청이 종교개혁에 대응하여 가톨릭 세력의 단결과 부흥을 내걸고 펼친 반종교개혁 운동도 교황청이 왕성하게 건축 생산을 지속할 수 있었던 요인이었다. 가톨릭교회의 권위를 회복하려는 교황의 노력은 교회 정화와 수도회 설립, 교회당 건축 사업에 집중되었다. 1503년부터 150년 이상 지속된 산 피에트로 성당 건축은 이 시기 교황청의 재력과 자신감의 표출이었다. 이러한 자신감에 르네상스 정신인 '고대 로마 영광의 부활'이 결합했다. 그러나 이는 예정된 쇠락을 앞두고 불태웠던 마지막 불꽃이었다. 17세기 중반부터 교황청의 재정 능력이 약해지면서 건축 생산활동도 쇠퇴했다. 일거리를 찾아 다른 절대주의 국가들로 이주한 로마 건축가들은 '로마 바로크'를 여기저기에 전파했다.

로마 바로크 혹은 이탈리아 바로크는 반종교개혁의 기치를 내걸고 가톨릭교회의 자신감을 고취하려는 교황청의 정치적 야심의 산물이었다. 교황청이 개정한 신앙과 포교의 태도는 정신보다는 감각에, 이성보다는 감정에 직접 소구하는 것이었다. 이성과 합리성을 중시하는 인문주의가 장악하고 있는 사회에서 종교는 다른 차원의 진리를 설파하고자 했다. 당시 주요한 건축 생산의 주역이었던 교황과 고위 성직자 사회를 구성하는 인물 대부분이, 한때 도시를 지배하며 성가를 높였으나 이제는 쇠락한 도시 상인귀족 출신이었다는 점도• 영향을 미쳤다. 회화·조각·건축 모두에서 강렬한 감동을 강요하는 듯한 극적 표현이 추구되었다. 르네상스 건축의 질서 규범은 아직 지속되었지만 엄격한 고전주의는 사라지고 소위 '변화와 운동성'의 표현이라고 해석되는 곡선과 조소적인 형태가 득세했다.

잔 로렌초 베르니니(1598~1680)와 프란체스코 보로미니(1599~1667)가 로마 바로크 건축의 대표적 건축가다. 베르니니의 산 피에트로 성당 열주 광장(1656~67), 산탄드레아 알 퀴리날레 교회(1658~71)나 보로미니의 산 카를로 알레 콰트로 폰타네 교회(1638~41)는 로마 바로크 건축의 정점이다. 곡선, 구불구불한 정면, 요철면의 교차, 빛과 그림자 효과 등은 당대 로마 건축가들이 몰두했던 이탈리아 바로크 건축의 형태적 특성이었다.•• 보로미니가 로마 팔라초 스파다(1540~48) 중정에 만든 열주 통로(1635)는 공간의 조작적 효과에 탐닉하던 당시 풍조를 잘 보여준다. 길이 8미터에 지나지 않는 열주 통로는 바닥과 천장의 높이와 폭이 점차 낮아지고 좁아지면서 훨씬 길어 보이도록 설계되었다. 통로 양쪽에 늘어선 열주들 하나하나가 상하좌우로 좁아지는 공간 크기에 맞추어 역투시도법에 의해 계산된 수치로 설계·시공되었다.

• 피렌체 메디치가 출신 교황 레오 10세(재위 1513~21) 이래 상당수 교황이 상인 계층이거나 귀족 신분을 획득한 상인 가문 출신이었다. 하드리아노 6세(재위 1522~23)는 위트레흐트의 목수 아들이었고, 클레멘스 7세(재위 1523~34)와 레오 11세(재위 1605)는 피렌체 메디치가, 비오 4세(재위 1559~65)는 밀라노의 메디치가 방계 가문 출신이었다. 바오로 5세(재위 1605~21)는 시에나 양모 상인 가문, 우르바노 8세(재위 1623~44)는 피렌체의 곡물·양모 상인 가문, 알렉산데르 7세(재위 1655~67)는 시에나의 은행업자 가문, 클레멘스 9세(재위 1667~69)는 피스토이아 양모 산업 가문 출신이었다. 1635년 보로미니가 증축한 팔라초 스파다의 주인인 베르나르디노 스파다는 상인의 아들로 주교와 추기경에 오른 인물이었다.

•• 17세기 로마의 이러한 감성적 건축을 '바로크'라고 칭하며 비난한 프랑스·영국의 신고전주의자들은 18세기 안정된 귀족 관료체제에서 계몽주의적 교양으로 자신만만하게 무장한 자들이었다. 그들이 보기에 로마 바로크 양식은 교황청과 동유럽 국가들에서 성행하는 '이성적이지 못한' 양식이었다. 영국과 프랑스에도 17세기경에 이탈리아 건축가들에 의해 바로크 양식이 일부 유입되었던 전력은 무시되었다. 17~18세기는 인문주의와 계몽주의를 기반으로 하는 세력과 전통적인 보수 세력이 갈등하던 시기였다. 개인의 능력을 통해 '성공'을 욕망하는 인간들과 이를 비난하는 인간들이 공존했다.

7 베르니니, 산 피에트로 성당 열주 광장, 이탈리아 로마(바티칸), 1656~67

8 베르니니, 산탄드레아 알 퀴리날레 교회, 이탈리아 로마, 1658~71

9 산탄드레아 알 퀴리날레 교회 내부

10 산탄드레아 알 퀴리날레 교회 평면도

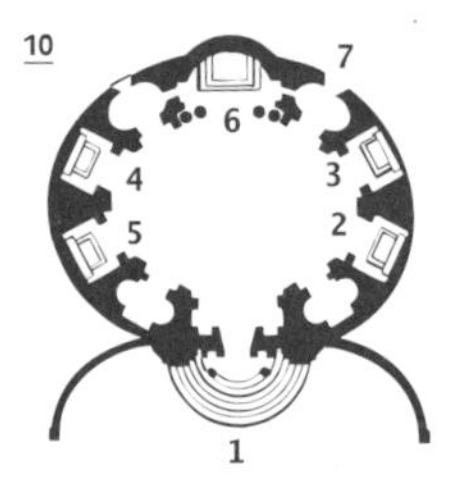

1 주 현관
2~5 예배실
6 제단
7 수련원 통로

베르니니는 조각가의 아들로 태어나서 카를로 마데르노(1556~1629)에 이어 1629년 산 피에트로 성당 주임건축가에 지명된 인물이었다. 조각가로서 건축 실무 경험이 적었던 베르니니는 현장에서 늘 보조 건축가의 지원을 받으며 작업했지만 로마에서 가장 뛰어난 천재 예술가이자 건축가로 꼽혔다. 조각·회화·건축 모두에서 특출난 능력을 발휘했던 그는 소위 '종합적이고 완전한 예술가'로 인정받았다. '훌륭한 예술가라면 당연히 건축에서도 뛰어나다'는 당시의 통념에 따른 인정이었다.

이에 비해 보로미니는 석공의 아들로 태어나 건축 현장에서 훈련받으며 성장한 건축가였다. 교황청 주임건축가였던 마데르노의 조카라는 연유로 로마 교황청 공방에 소속된 보로미니는 마데르노의 조수로 일했고 1629~33년에는 베르니니의 보조 건축가로 일했다. 베르니니의 스케치를 시공이 가능한 수준의 건축도면으로 제작하는 일은 대부분 보로미니가 담당했다. 보로미니 역시 천재성을 인정받는 건축가였지만 항상 베르니니에 밀렸다. 산 피에트로 성당 주임건축가였던 마데르노가 1629년 사망하자 교황은 보조 건축가였던 보로미니를 제치고 베르니니를 후임으로 지명했다. 로마의 귀족 바르베리니 가문의 저택인 팔라초 바르베리니(1625~33) 역시 당초 마데르노와 보로미니가 작업했는데, 마데르노가 사망하자 바르베리니는 후임으로 보로미니가 아니라 베르니니를 지명했다.•

• 바르베리니 가문은 15세기 말~16세기 초 피렌체에서 곡물·양모·직물 사업으로 성공한 상인 집안이다. 피렌체가 신성로마제국의 영향력 아래 들어가고 그 하수 세력이 된 메디치 가문이 권력을 잡자 1537년 피렌체를 떠나 로마로 이주한 후 사업을 불리고 관직과 성직을 사들이며 귀족 계층에 진입했다. 팔라초 바르베리니를 건축한 이는 바르베리니 가문 출신의 교황 우르바노 8세다.

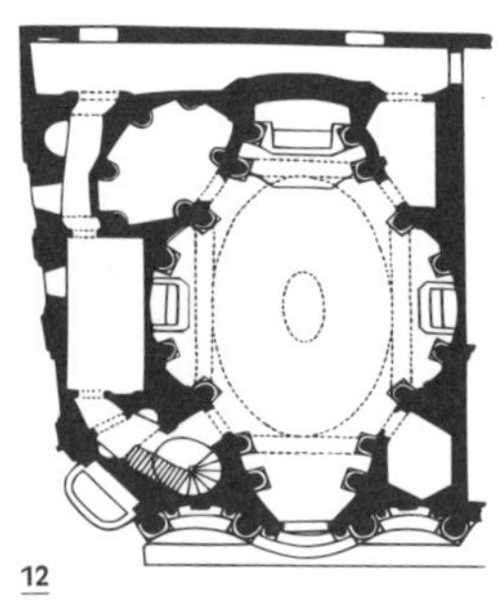

11 보로미니, 산 카를로 알레 콰트로 폰타네 교회, 이탈리아 로마, 1638~41

12 산 카를로 알레 콰트로 폰타네 교회 평면도

13 산 카를로 알레 콰트로 폰타네 교회 돔

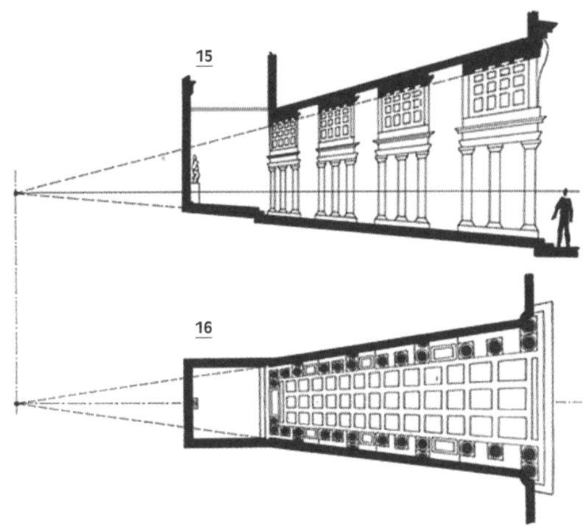

14 보로미니, 팔라초 스파다 중정 열주 통로, 이탈리아 로마, 1635

15 팔라초 스파다 중정 열주 통로 단면도

16 팔라초 스파다 중정 열주 통로 평면도

보로미니가 독립하고 베르니니와 함께 로마의 양대 건축가로 평가되면서 둘 사이의 경쟁과 대립은 점점 심해졌다. 그러나 승자는 항상 베르니니였다. 이는 당시 건축주였던 로마 교회와 귀족 계층의 건축가에 대한 인식을 보여준다. 산 피에트로 성당 종탑 건축을 둘러싼 일화는 특히 그렇다. 베르니니는 1636년 산 피에트로 성당 입면 양쪽에 종탑을 건축하는 작업을 시작했는데 공사 중 기초가 불안정하여 공사가 중단되었고 1644년 기초에서 균열이 발생하여 붕괴 위험이 있다는 조사 결과가 보고되었다. 교황이 소집한 건축 위원회에서 보로미니가 가장 격렬하게 문제를 지적했고 결국 철거가 결정되었다. 이 사건으로 베르니니의 위상에 크게 금이 갔지만 교황청의 주임건축가 자리가 보로미니에게 돌아가는 일은 없었다. 베르니니가 자리를 지켰을 뿐 아니라 1656년 성당 전면의 열주 광장을 조성하는 일 역시 베르니니의 몫이었다. 실무 기술과 지식보다는 예술가로서의 재능이 중요한 덕목으로 인정받는 시대였다.

17세기 중엽 이후 로마 교황청과 이탈리아 지역 귀족 계층의 경제력 약화로 대규모 건축 생산활동이 줄어들었다. 정치·경제는 물론 문화의 중심 역시 이탈리아에서 프랑스와 영국 등 중북부 유럽으로 바뀌고 있었다. 이러한 와중에 이탈리아 서북부 지역에서 강성해지고 있던 사보이아공국의 수도 토리노가 건축 생산의 중심지로 부상했다.• 사보이아 공국의 군주는 토리노를 새로운 모습으로 바꾸기 위한 건축 사업들을 전개했다. 모데나 출신으로 토리노를 중심으로 활동한 카밀로 과리노 과리니(1624~83)의 교회당 건축은 로마 바로크에 장식적 경향을 더한 후기 바로크 경향을 잘 보여준다. 사보이아 군주가 수호 성자에게 봉헌하며 과리니의 설계로 건축한 산 로렌초 성당(1668~80)은 원과 원호로 구성한

17 마데르노·보로미니·베르니니, 팔라초 바르베리니, 이탈리아 로마, 1625~33

18 팔라초 바르베리니 타원형 계단

• 신성로마제국의 공작령인 사보이아공국(1416~1860)은 16세기에 프랑스에 점령당했다가 자치권을 회복하며 1563년 수도를 토리노로 옮겼다. 17세기 전반에 흑사병과 내전에 시달리다가 17세기 후반부터 안정을 찾아 발전하기 시작했다. 공국의 군주 카를로 에마누엘레 2세(재위 1638~75)는 프랑스 루이 14세 통치를 모방한 각종 개혁 정책을 추진했다. 경제와 문화가 발전하면서 팽창하는 수도 토리노를 새로운 양식으로 탈바꿈시키려는 각종 건축 사업이 진행되었다. 사보이아공국은 1720년 사르데냐왕국이 되었고 나폴레옹의 이탈리아 점령 시에도 왕국을 유지했다. 이후 이탈리아 통일 세력의 중심이 되어 1861년 남부 이탈리아의 양시칠리아왕국을 통합하며 이탈리아왕국을 건설했다.

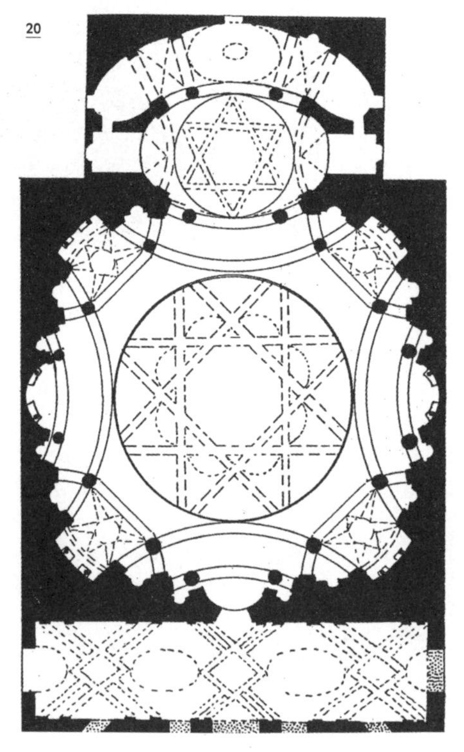

19 과리노 과리니, 산 로렌초 성당 돔, 이탈리아 토리노, 1668~80

20 산 로렌초 성당 평면도

21 과리노 과리니, 사크라 신도네 예배당, 이탈리아 토리노, 1668~94

22 사크라 신도네 예배당 돔

23 필리포 유바라, 수페르가 성당, 이탈리아 토리노, 1717~31

24 필리포 유바라, 산 필리포 네리 성당, 이탈리아 토리노, 1715~30

25 필리포 유베라, 스투피니기궁, 이탈리아 스투피니기, 1729~30

26 비토네, 발리노토 성소 천장, 이탈리아 카리냐노, 1738~39

27 비토네, 산타 키아라 성당, 이탈리아 브라, 1742~86

28 산타 키아라 성당 돔

평면과 이에 따른 오목하고 볼록한 벽면, 고전주의 규범을 변주한 기둥과 엔타블러처, 펜덴티브 돔을 변형한 중첩 리브 돔 등을 구사한 후기바로크 건축의 대표작이다. 역시 과리니 설계로 예수의 성의(聖衣)를 보관하기 위해 토리노 성당에 부속하여 건축한 사크라 신도네 예배당(1668~94)은 마치 부채볼트를 돔에 적용하려 한 듯한 복잡한 중첩 리브 돔이 구사되었다. 또한 코린트식 기둥에 도리스식 주두를 덧붙이고 펜덴티브 아치를 지지하도록 한 변칙, 과잉 장식이라 할 만한 네이브 천장 등 탈규범과 장식이 넘치는 형태로 이후 동유럽 지역에서 성행한 후기 바로크 건축의 전형을 보여주었다.

18세기에 들어서도 사보이아공국의 군주는 사르데냐 섬을 영토로 확장하여 사르데냐 왕의 지위를 획득하는 등 세력을 더해갔고 토리노에서의 대규모 건축 생산활동을 계속했다. 필리포 유바라(1678~1736)와 그의 제자 베르나르도 안토니오 비토네(1702~70) 등이 왕가와 귀족들, 그리고 수도자 단체의 주문에 따라 후기 바로크 양식의 건축물들을 건축했다.

프랑스 바로크: 절대왕정의 건축과 고전주의

유럽 최강의 왕권국가로 부상한 프랑스에서는 궁정 건축 등 왕가의 건축이 건축 생산의 중심이었다. 앙리 4세로 시작된 부르봉왕조(1589~1792) 수립 이후에는 절대왕정과 관료제가 완성되어가면서 건축에서도 고전주의적 색채가 점차 강해졌다.

프랑스에서 군사시설 성격이 혼합된 궁성이 아닌 교회나 궁전 등의 대규모 건축물 생산이 재개된 것은 루이 13세(재위 1610~43)시기에 이르러서다. 여전히 고딕식 건축이 주류였지만, 절대군주가 이탈리아 고전주의 건축을 의식적으로 수입하기 시작하면서 오더의 규범적 사용이 보편화되었다. 파리에 왕실 궁전으로 건축된 뤽상부르궁(1615~45), 루브르궁 서익 중앙부(1624~1654), 고위 관료에 의해 대학 정비 사업의 일환으로 건축된 소르본 예배당(1635~42), 부르주아 가문의 저택 메종성(1630~51) 등이 이 시기에 지어진 주요 건축물이다.

절대왕권의 절정이었던 루이 14세(재위 1643~1715, 1661년 친정 시작) 시기에는 왕의 권력이 프랑스 문명을 마음대로 형성할 정도에 이르렀다. 예술 생산도 국가기구가 관리했다. 이전까지 프랑스의 예술가들은 '파리 장인 화가·조각가 공동체'• 등의 예술가 길드에 소속되어 활동했다. 그러나 길드가 소속 예술가들에 대한 관리권을 행사하며 왕실 예술활동에 개입하자 루이 14세는 왕실이 직접 운영하는 예술가 조직인 회화·조각 아카데미(1648)를 설치했다. 이어 무용 아카데미(1661), 저술 아카데미(1663), 과학 아카데미(1666), 오페라 아카데미(1669), 건축 아카데미(1671)••가 설치되었다.

아카데미의 설치는 예술과 과학까지도 왕의 지배 아래 두는 절대권력이 행사되었다는 사실을 넘어서는 중요한 의미와 결과를 낳았다. 이제까지 예술활동은 길드에 의해, 과학활동은 몇몇 후원자나 지적 명망가를 중심으로 모인 단체들에 의해 이루어졌다. 상업적 동기와 개인의 창발 능력이

• 1391년 결성된 파리의 회화·조각·동판화·조명 장인들의 길드 조직이다. 왕령으로 모든 길드 조직이 해체되었던 1776년까지 활동했다. 소속 장인의 수는 1627년 275명이었고, 1697년 552명, 1764년에는 1140명까지 늘어났다.

•• 아카데미에서는 건축의 이론만 강의하고 설계 실습 교육은 건축가나 후원자가 운영하는 교육시설인 아틀리에들에 맡겨졌다. 시공에 대한 학습은 장인들의 작업장과 건축 현장에서 이루어졌다.

29 살로몽 드 브로스, 뤽상부르궁, 프랑스 파리, 1615~45

30 자크 르메르시에, 루브르궁 서익 중앙부(시계관), 프랑스 파리, 1624~1654

31 자크 르메르시에, 소르본 예배당, 프랑스 파리, 1635~42

29

30

31

32 프랑수아 망사르, 메종성, 프랑스 메종 라피트, 1630~51

활동의 중심이었다. 그러나 예술과 과학 활동이 국가기구에 의해 관장되자 설득력 있는 담론이나 이론을 제시하는 능력이 예술가나 과학자의 명망을 좌우하는 요소가 되기 시작했다. 진전된 미적 원리나 과학적 지식을 찾으려는 노력 속에 합리적인 사고방식과 논리가 중요해졌다. 아카데미에서는 강의와 이론서 저술도 활발히 진행되었다. 예컨대 건축 아카데미 초대 교장이었던 자크 프랑수아 블롱델(1618~86)은 강의 내용을 『건축 강의』(1675)로 출판했다. 그 내용의 핵심은 이탈리아 르네상스 고전주의 건축의 선례들을 바탕으로 다섯 개 오더를 비롯한 건축 요소별 규범을 제시하는 것이었다. 예술과 과학을 왕과 국가의 위대함을 선전하는 수단으로 삼고자 했던 왕실 아카데미 정책이 '절대 미'와 '절대 지식'을 추구하는 고전주의적이고 계몽주의적인 태도를 발전시키는 지적 토대를 낳은 것이다.

33 베르니니, 루브르궁 동측 익랑 입면 최초 설계안, 1664

34 베르니니, 루브르궁 동측 익랑 입면 세 번째 설계안, 1664

35 클로드 페로 외, 루브르궁 동측 익랑 입면, 프랑스 파리, 1667~74

이후 프랑스 절대왕권은 전통적 귀족주의에 계몽주의적 합리주의가 결합된 성격을 갖게 되었으며, 프랑스의 예술과 건축은 합리적이고 규범적인 원리를 중시하는 정통 고전주의를 추구하는 방향으로 나아갔다. 프랑스 바로크 건축이 로마 바로크 건축과 사뭇 다른 모습으로 전개된 데에는, 비단 중세 고딕 전통의 영향만이 아니라 규범과 원리를 지향하는 아카데미즘이라는 중요한 요인이 있었다. 계몽주의적인 절대왕권의 문화예술 장려 정책에 의해 이지적인 고전주의 성격이 강한 양식이 성립되었다. 이는 프랑스 궁정문화를 추종하던 유럽 전역의 상류 사회로 확산된다.

프랑스 궁정의 문화적 자신감은 루브르궁 동측 익랑 입면(1667~74) 설계 과정에서 잘 드러난다. 1664년 프랑스 건축 총감직을 맡은 장-바티스트 콜베르(1619~83)•는 신축 중이던 루브르궁 동쪽 익랑의 공사를 중단시키고 입면 설계 변경을 위해 여러 건축가에게 설계안 제출을 요청했다. 특히 로마를 대표하는 건축가였던 베르니니를 파리로 초청하여 설계를 의뢰했다. 베르니니가 네 차례에 걸쳐 로마 바로크적 설계안들을 제시했으나 루이 14세와 콜베르는 이를 받아들이지 않았다. 1667년 콜베르는 클로드 페로(1613~88)를 포함한 프랑스 건축가 팀을 구성하여 다른 설계안 작성을 지시했고, 결국 이들의 고전주의적 쌍주(雙柱) 열주랑 설계안이 채택되어 건축되었다.

비록 베르니니의 안이 이미 완성된 부분의 철거를 필요로 했고 비용도 과도하게 많이 드는 설계였다지만, 당시 로

• 콜베르는 루이 14세가 신뢰했던 중상주의 정치가이자 관료로서 1665년부터 사망할 때까지 재무장관직을 맡아 프랑스 경제를 지휘했다. 문화예술 장려 정책에 적극적이었고 주요 공공건축 사업을 총괄했으며 1671년 건축 아카데미 설립을 주도했다.

36 루이 르 보와 쥘 아르두앙-망사르, 베르사유궁, 1661~1715

37 베르사유궁 전면 조경

38 베르사유궁 거울의 방

39 리베랄 브뤼앙과 쥘 아르두앙-망사르, 앵발리드, 프랑스 파리, 1671~1706

40 쥘 아르두앙-망사르, 왕의 예배당(앵발리드 돔), 프랑스 파리, 1681~1708

41 쥘 아르두앙-망사르, 생 루이 데 앵발리드 성당(노병들의 예배당), 프랑스 파리, 1676~79

마의 건축과 베르니니의 명성을 물리치고 프랑스 건축가의 안을 채택했다는 사실은 프랑스 궁정이 가졌던 문화적 자신감을 빼고는 설명할 수 없다. 당시 프랑스 지배층은 로마의 바로크보다는 자신들의 고전주의를 가치 있는 지향점으로 내세운 것이다.

프랑스의 고전주의 건축은 베르사유궁(1661~1715), 앵발리드(1671~1706) 등에서 지속되었다. 루이 14세가 새로운 궁정으로 조성한 베르사유궁은 전면 길이 400미터가 넘는 궁전 건물 자체의 규모나 화려함도 그렇지만, 궁전 일대의 정원과 숲 조경이 절대왕정의 세계관을 극적으로 드러낸다. 궁전 전면에서 시야에 들어오는 공간은 정원과 숲뿐이고 이 모든 풍경은 정돈되어 있다. 세상이 궁전을 향해 질서 있게 도열하고 있는 이 장대한 공간은 '인간을 향해 정돈된 자연'을 직설적으로 표현한 것이자 17~18세기 유럽인이 품었던 자연과 세계에 대한 자신감을 표상하는 것이었다.

루이 14세가 상이군인의 보호시설로 건축한 앵발리드는 절대왕권의 또 다른 표상이었다. 16세기 말 절대왕정 체제가 성립되면서 봉건영주들이 양성하던 사병이 폐지되고 모든 군대는 중앙에 소속되었다. 생계 능력이 없어 걸인 처지가 되는 경우가 많았던 상이군인이나 노병에 대한 관리도 왕이 책임져야 했다. 걸인과 상이군인을 수용하는 구빈원과 병원은 16세기 말부터 교회 부속시설로 지어져왔다. 그러나 상이군인과 빈민의 수가 증가하는 17세기에는 대규모 수용시설을 따로 짓기 시작했다.• 루이 14세의 명령

• 루이 13세는 1634년 파리 근교에 비세트르 병원을 건축하였고 루이 14세는 1656년 자선단체들이 운영하는 파리종합병원을 건축했다. 루이 14세는 1656년 이와 함께 파리에 구빈원을 설치하라는 칙령을 내렸는데, 미셸 푸코가 『광기의 역사』(1961)에서 말하는 대감호(大監護)의 시작이다.

으로 1671년 착공해 1674년 문을 연 앵발리드가 대표적이다. 루이 14세는 요양시설에 더하여 노병들을 위한 생 루이데 앵발리드 성당(1676~79)과 왕실을 위한 예배당인 앵발리드 돔(1681~1708)도 건축토록 했다. 쥘 아르두앙-망사르(1646~1708)가 건축한 이들 시설은 왕권을 위해 헌신한 군인들이 걸인으로 떠돌지 않고 품위 있게 여생을 지내도록 해주겠다는 절대 권력자의 선의를 보여주려는 것이었다.

계몽주의의 자신감과 고전주의 규범의 절대성 약화

1674년 완공된 루브르궁 동측 익랑 열주랑은 베르니니의 설계안을 거절하고 프랑스 건축가들의 설계를 채택한 것 말고도 설계를 두고 벌어진 고전주의 건축 규범에 대한 논란으로도 유명하다. 논란 과정에서 설계자의 한 사람인 클로드 페로는 고전주의 건축 규범 전통에 대해서 이의를 제기했다. 이 역시 당시 프랑스 지배 계층의 문화적 자긍감을 보여주는 일화다.

페로 등의 설계는 프랑스 절대왕권의 위엄을 강조하기 위해 높은 쌍주와 장스팬 열주랑을 채용했다. 문제는 이것이 비트루비우스 이래 전통적인 고전주의 오더의 유형에는 포함되지 않은 방식이라는 점이었다. 비트루비우스는 『건축십서』에서 기둥 간격을 다섯 개 유형으로 제시했고 르네상스 이래 고전주의자들은 이를 준수해왔다. 건축 아카데미 교장인 블롱델이 쌍주 장스팬 열주랑을 비례 규범을 벗어난 불안정한 형태라고 비판했다. 페로는 자신이 번역한 『건축십서』 프랑스어판(1673)에 루브르궁 쌍주 열주랑에 관한 내용을 덧붙이면서 이것이 “프랑스 고딕 건축 전통에 기초하여 장스팬에 맞추어 새롭게 고안해낸 여섯 번째 유형”이라고 주장했다. 페로는 자신의 생각을 저서 『고대의 방법에 따른 다섯 종류 기둥의 구성 규범』(1683)에서 구체적으로 서술하면

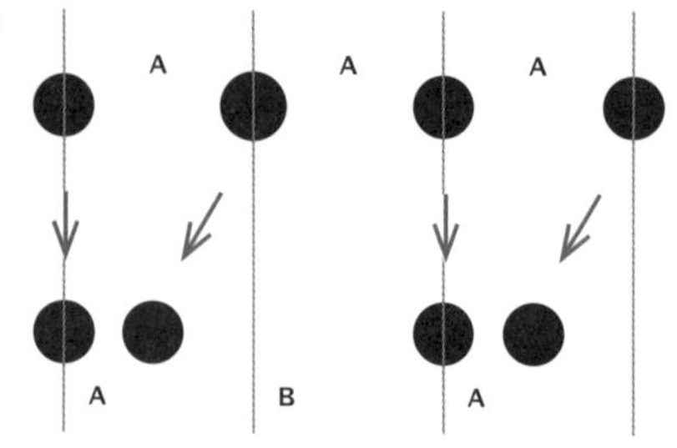

42 페로가 『건축십서』 프랑스어판(1673)에서 설명한 여섯 번째 새로운 기둥규범을 설명하는 그림

서, "사람의 얼굴은 동일한 비례를 가지면서도 추할 수도 아름다울 수도 있다. 마찬가지로 건축물의 아름다움은 불변의 비례나 부분들 사이의 정확한 치수 관계보다는 당대의 필요와 창조력에 의해 고안되는 우아한 형태에 달려 있다"고 주장했다. 고전주의 규범 역시 고대인들의 필요와 창조력에 의해 임의로 정해진 것일 뿐이라는 얘기다.

프랑스와 영국에서는 '당대의 문학이 고대인의 문학을 능가할 수 있는가'라는 질문을 놓고 신구논쟁이 막 시작되고 있었다. 이때 '당대 문학'의 편에 선 주요 인물인 샤를 페로가 건축가 클로드 페로의 동생이었다. 신구논쟁은 17세기 들어 자연과학의 혁명적 발전을 목도한 유럽인들이 이제까지 고대 그리스·로마를 범접할 수 없는 최고의 문명이라고 여겨왔던 관념에 이의를 제기하며 벌어졌다. 과학이 고대의 수준을 넘어선 것이 확실한 만큼 예술도 고대를 능가할 수 있으리라는 자신감의 발로였다. 단순히 고대의 선례를 정리하고 따르는 것을 넘어서 우리 시대에 걸맞은 새로운 개념을 제시함으로써 진보해야 한다는 계몽주의적 신념이 바탕에 깔려 있었다. 이런 시각에서 본다면 쌍주 장스팬 열주랑이 고대인의 규범을 따르지 않았지만 또 다른 정당한 형식이라는 페로의 주장은 '당대 건축'과 '고전 건축' 사이의 신구논쟁에서 '당대 건축' 편에 선 주장이라 할 수 있었다. 문학에서건 건축에서건 논쟁은 흐지부지 끝났지만 논쟁이 이뤄졌다는 사실 자체를 통해 고전주의가 더 이상 절대적인 것이 아니라는 생각이 확산되었다.

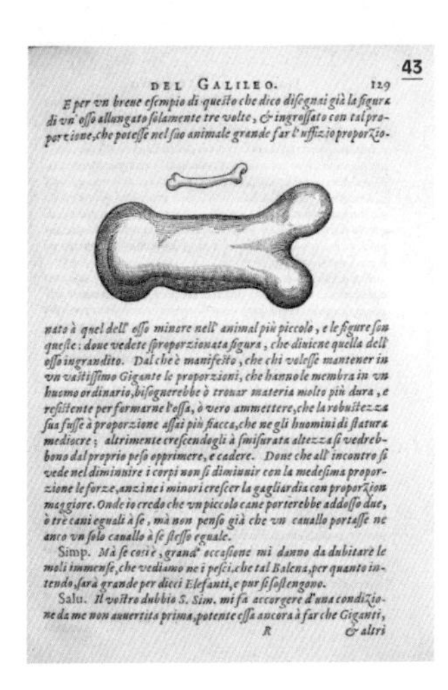

43

DEL GALILEO. 129

E per vn breue esempio di questo che dico disegnai già la figura di vn' osso allungato solamente tre volte, & ingrossato con tal proporzione, che potesse nel suo animale grande far l'uffizio proporzionato à quel dell' osso minore nell' animal più piccolo, e le figure son queste: doue vedete sproporzionata figura, che diuiene quella dell' osso ingrandito. Dal che è manifesto, che chi volesse mantener in vn vastissimo Gigante le proporzioni, che hanno le membra in vn huomo ordinario, bisognerebbe ò trouar materia molto più dura, e resistente per formarne l'ossa, ò vero ammettere, che la robustezza sua fusse à proporzione assai più fiacca, che ne gli huomini di statura mediocre; altrimente crescendogli à smisurata altezza si vedrebbono dal proprio peso opprimere, e cadere. Doue che all' incontro si vede nel diminuire i corpi non si diminuir con la medesima proporzione le forze, anzi ne i minori crescer la gagliardia con proporzion maggiore. Onde io credo che vn piccolo cane porterebbe addosso due, ò tre cani eguali à se, mà non penso già che vn cauallo portasse ne anco vn solo cauallo à se stesso eguale.

Simp. Mà se così è, grand' occasione mi danno da dubitare le moli immense, che vediamo ne i pesci, che tal Balena, per quanto intendo, sarà grande per dieci Elefanti, e pur si sostengono.

Salu. Il vostro dubbio S. Sim. mi fa accorgere d'una condizione da me non auertita prima, potente essa ancora à far che Giganti,

R & altri

43 갈릴레오가 『새로운 두 과학』에서 큰 동물과 작은 동물의 뼈는 비례가 달라야 함을 설명한 삽화

루브르궁 동측 열주랑이 안고 있었던 또 하나의 논란거리는 쌍주 장스팬을 시공하기 위해 많은 보강 철물이 사용되었다는 점이다. 기둥이 높았던 데다가 쌍주 방식을 채용한 탓에 비례를 유지하기 위해서는 기둥 간격을 매우 멀게 해야 했고 이를 보강 철물 없이 석재만으로 건축해서는 구조적 안정성을 확보할 수 없었기 때문이다. 페로가 당대의 과학적 지식에 따른 구조 원리를 이해하고 있었음을 보여줌과 동시에 고전주의의 한계를 드러내는 것이었다. 고전주의 비례 체계는 시각적 아름다움뿐 아니라 편의성과 안정성까지를 모두 포함하는 '완전성'을 보장한다고 여겨져왔다. 구조적 안정성을 위해 보강 철물을 사용했다는 것은 고전주의 비례 규범이 불완전하다고 인정한 셈이다. 바꾸어 말한다면, 과학적이지 않은 고전주의를 지키기 위해 보강 철물이라는 과학기술을 동원하는 모순을 저지른 셈이다.

그러나 페로나 당시 프랑스 건축계는 이를 쟁점으로 삼지 않았다. 이 시기에 이미 시각적 아름다움과 구조적 안정성이 별개의 문제라는 인식이 자리 잡고 있었기 때문이다. 어떤 사물이 크기가 커지면서 구조적 안정성을 유지하려면 비례가 달라져야 한다는 역학적 지식은 이미 갈릴레오가 1638년에 쓴 『새로운 두 과학』에서 밝힌 바 있다. 즉 '비례를 지키면 구조적 안정성도 보장된다'는 고전주의적 관념은 이미 와해되고 있었다.

그렇다고 해서 고전주의 비례 체계가 구조적 안전성과는 결별하고 형식적 규범으로서만 작동했다고는 할 수 없다. '완전성' 관념이 과학적으로는 와해되고 있었지만 예술

분야에서는 어정쩡한 태도로 이를 지속하는 모순적이고 불철저한 상황이었다. 고전주의 비례 규범이 구조기술-형태의 불합치라는 원천적 문제를 미봉한 채 19세기 철 구조물 건축이 등장할 때까지 지켜진 것은 이러한 모순적 상황 아래에서였다.•

프랑스 후기바로크

루이 14세의 프랑스 절대왕정은 계몽주의 이성과 강력한 왕권을 바탕으로 장대한 궁정 양식을 꽃피웠다. 경제적으로 넉넉하고 문화적 우월감에 젖은 프랑스 지배 계층에서는 화려하고 우아한 장식적 건축에 대한 개개인의 욕망이 커져갔다. 이러한 욕망은 최강의 전제군주 루이 14세가 죽은(1715) 이후 여기저기서 분출되기 시작했다. 막강한 왕의 권력 아래 고위 귀족 관료 대다수가 베르사유궁 안이나 인근에 거주했고, 왕과 궁정이 그들 생활의 중심이었다. 자연히 귀족들의 개인적 욕망은 표출되지 못한 채 잠재되어 있었다. 실제로 루이 14세 치하에서 각 지방 귀족들의 성채 건축은 거의 중단되었다.

루이 14세 사망 후 왕과 궁정에 속박된 생활에서 벗어난 귀족 관료들은 궁정에서 경험했던 우아한 장식으로 그들의 저택에 사교실을 만들고 꾸몄다. 프랑스에서 17세기부터 유행한 살롱 문화••가 여기에 한몫했다. 지방에 짓다 만 성채

• 고전주의 비례를 지키려는 미봉책은 철 건축이 등장하고 구조역학이 발전하는 19세기에야 폐기된다. 이때야 비로소 고전주의 비례 규범은 석재 재료 조건에서 성립한 것일 뿐이라는 사실이 이론의 여지없이 받아들여졌다.

•• 살롱(salon)은 저택의 커다란 응접실을 가리키는 이탈리아어 살라(sala)에서 유래된 용어다. 프랑스 파리를 중심으로 17세기 초부터 상류층의 문학적 사교 모임을 위한 공간으로 역할을 했으며 17세기 말쯤에 그 수가 폭발적으로 증가했다. 다른 뜻도 있다. 루이 14세 당시 회화·조각 아카데미 회원들의 작품을 정기적으로 선보인 전시회도 '살롱'이라 불렀다.

44 오텔 수비즈 살롱의 로카이유 장식, 프랑스 파리, 1735~40

는 별장으로 용도를 바꿔 건축이 재개되었으며 화려하게 장식되었다.

장식에 대한 욕망은 18세기 초 로카이유(rocaille) 장식이 채용되며 로코코 양식(rococo)으로 발전했다.••• 로코코 양식은 바로크 양식과 달리 장대함과 규칙에 따른 엄격한 고전주의적 법칙을 무시하는 경향이 강했다. 소규모이면서 우

••• 로카이유는 '거친 돌' 또는 '자갈'을 뜻한다. 원래 후기 르네상스 시대 정원에 있는 작은 인공동굴에 구멍을 뚫어 만든 조가비 세공을 가리키는 말이었다. 로코코는 '무거운' 바로크에 비유되어 '가볍고 우아하다'는 뜻으로 쓰였다. 보통 실내 장식의 한 양식으로 보지만, 건축물 외관의 장식 요소를 지칭한다.

아함과 섬세함, 개인의 유락을 추구했다. 신분적 안정에 재력을 더해간 귀족과 대부르주아 계급의 과시적 욕망과 감성의 표현이었다. 고전주의 건축 규범의 절대적 권위가 흔들리고 있었던 것도 주관적인 로코코 양식이 유행하는 요인으로 작용했다.

프랑스 귀족 계급을 중심으로 퍼져나간 화려한 가구와 실내 장식은 유럽 각국 왕가와 귀족들에게 확산되었다. 특히 봉건 귀족-농노체제가 온존한 채 왕권 강화가 진행된 독일 및 동유럽 지역의 궁전·교회·저택 등에서 장식의 과잉이 두드러졌다. 영국은 일찍부터 고전주의가 득세했고 프랑스에서도 18세기 중엽부터는 신고전주의로 건축 생산의 방향이 바뀌었지만, 독일 및 동유럽 지역에서는 18세기 내내 장식 취향이 대세를 이루었다. 특히 로코코 실내 장식과 가구의 유행은 대다수 유럽 국가에서 프랑스혁명 전까지 계속되었다. 장식미술사 분야에서는 다시 몇 가지 양식으로 구분할 정도로 이 시기는 장식 취향의 황금기였다. 이 시대의 프랑스산 가구와 인테리어는 온 유럽의 취향을 말 그대로 지배했다.

영국의 시민혁명과 고전주의

영국은 이미 17세기에 시민혁명을 거치며 부르주아 계급이 주도하는 국가체제를 갖추기 시작한 만큼 건축 생산 역시 유럽 대륙의 바로크 건축과는 다른 양상을 보이며 전개되었다.

영국에서 유럽 대륙보다 한 세기 이상 앞서 시민혁명을 완수하고 일찌감치 부르주아 계급이 성장하게 된 배경은 중세 봉건체제에서부터 찾을 수 있다. 11세기 노르만족이 정복하며 시작된 영국의 봉건제는 유럽 대륙에 비해 중앙집권적 성격이 강했다. 중앙의 왕권이 지역별 봉신으로 책봉한 노르만 귀족들을 정점으로 그 하위에 전통적인 영주 세력들이 젠트리 계급, 즉 중소 지주 귀족을 형성하고 있었다. 도시들 역시 유럽 대륙의 자치도시와는 달리 정치적 자율성이 없었고 도시 내에서 활동하는 상공업자들에게만 상업적 특권이 주어졌다.

독립적 군사력이 약했던 영국 귀족 계급은 16세기 이후 군사적 역할로부터 점차 멀어지면서 도시의 상업활동에 가세했고, 이는 영국 사회에서 상공업을 토대로 하는 부르주아의 세력이 빠르게 성장하는 요인으로 작용했다. 16세기에 왕권이 더욱 강화되며 엘리자베스 1세(재위 1558~1603) 시기에는 절대왕정이라 할 만한 정치체제가 성립되었다. 절대왕정의 식민지 개척 및 중상주의 정책 속에 모직 산업을 중심으로 상공업 발전이 가속되며 부르주아 세력 역시 정치·경제적 영향력이 강화되었다.

부르주아 세력이 스튜어트왕조(1603~1714)의 전제 정치와 충돌하면서 의회파와 왕당파 사이에 전쟁이 벌어졌다. 전쟁을 치러 의회파가 승리한 청교도혁명(1642~51), 의회파의 분열•과 왕정복고(1660), 전쟁 직전까지 갔다가 왕의 투항으로 다시 의회파의 승리로 끝난 명예혁명(1688)을 거치며 의회파, 즉 부르주아 계급이 확실한 승리를 굳히면서 입헌군주제가 시작되었다. 급기야 1714년에는 왕이 의회에 전권을 위임하면서 내각책임제가 수립되었다. 드디어 영국은 부르주아 계급이 정치·경제 모두를 지배하는 국가가 된 것이다. 부르주아로 구성되고 부르주아 계급의 이익을 대변하는 의회는 식민지 쟁탈전과 중상주의를 국가 정책의 근간으

• 화평파와 독립파로 분열된 의회 세력은 이후 1678년 토리당과 휘그당으로 공식화했다.

로 삼고 추진했다.

영국의 정치·경제 상황은 건축 생산에 그대로 반영되었다. 14세기 말부터 16세기 말까지는 부채볼트 장식으로 유명한 영국식 후기고딕이 성행했다. 이는 자치도시가 발전한 적도 없고 절대왕정의 고유한 궁정문화도 싹트지 못한 상황에서 상대적으로 강했던 중앙 권력의 기호가 건축에 덧칠된 결과였다.

영국에 인문주의가 유입된 때는 15세기 말이었지만, 본격 확산된 것은 부르주아 계급이 득세하기 시작한 엘리자베스 1세 시대부터였다. 영국이 1534년 로마 가톨릭과 절교하고 신교인 영국 국교회로 전환한 사건도 인문주의가 널리 퍼지는 데 기여했다. 당대 최고의 희곡 작가인 윌리엄 셰익스피어(1564~1616)와 경험론 철학자 프랜시스 베이컨이 이 시대에 활동했다. 보일, 뉴턴 등 17세기 과학혁명의 주역 대부분도 청교도혁명과 명예혁명 시기 영국 지식인 사회의 일원이었다. 건축 분야에서도 비로소 인문주의 건축가들이 등장하면서 이성적 규범을 강조하는 엄격한 고전주의 건축이 출현했다. 왕권의 위엄을 과시하려는 욕망과 계몽주의적 통치가 뒤섞인 스튜어트왕조의 필요에도 부합하는 움직임이었다.

한편, 예술 생산을 국가기구로 편제한 프랑스와는 달리 영국에서는 국가가 직접 예술 생산을 주도하고 관장하는 기관은 설립되지 않았다. 철학자와 과학자 모임을 왕이 승인하고 보호자 역할을 한 왕립학회(1660)는 있었지만 건축을 포함한 예술활동은 개인의 몫이고 그 교육과 전수 역시 사설 교육기관이나 개인적 학습에 맡겨졌다. 1768년에야 왕실 예술 아카데미가 설립되었다. 이 때문에 영국에는 건축 이론이나 현장 실무 지식을 체계적으로 교육받고 훈련받으며 성장한 전문 건축가가 별로 없었다. 다른 일을 병행하는 겸업 건축가, 혹은 부르주아 계급의 신사로서 교양 차원의 관심을 가지고 건축 작업을 하는 경우가 많았다.

영국 부르주아 계급의 건축: 바로크와 고전주의

이 시기 영국을 대표하는 건축가는 이니고 존스(1573~1652)와 크리스토퍼 렌(1632~1723)이었다. 영국의 주목할 만한 최초의 근세 건축가로 꼽히는 이니고 존스는 런던의 직물 제조업자 집안에서 태어나 이탈리아에서 화가 교육을 받았다. 가면극과 무대 디자인 실력자로 인정받아 왕실과 귀족들을 고객 삼아 활동했다. 그는 뒤늦게 팔라디오, 세를리오 등 이탈리아 고전주의 건축과 이론서들을 연구했고, 프랑스의 자생적 고전주의 건축에 영향을 받았다. 고전주의 건축에 정통한 최고의 건축가로 꼽히면서 1615년부터 왕실 건축가로 활동했다. 그가 왕궁인 화이트홀궁•에 건축한 연회장(1619~22)은 팔라디오 건축을 따른 것으로 고딕 전통이 강한 영국에서 고전주의 양식으로 건축된 최초의 사례다. 이밖에도 영국 왕비의 거처인 퀸스 하우스(1616~35), 런던 최초의 도시 광장이자 고급 집합주거 건축인 코벤트가든 광장(1630)과 이에 면한 세인트 폴 교회(1631~33) 등을 건축했다. 이니고 존스가 건축가로서 이름을 올린 건축물은 천여 개에 이르는데, 대부분 그가 직접 설계하고 건축한 것이 아니라 건축 감독관으로서 자문한 것으로 알려져 있다. 이는 17세기까지도 영국에서는 개인 예술가이자 전문가로서 건축가의 직능과 저작권에 대한 관념이 자리 잡지 못한 채 장

• 화이트홀궁은 13~15세기에 걸쳐 런던에 건축된 궁전으로, 요크 대주교의 궁전으로 사용되었으며 1530~1698년에 영국 왕들의 주요 거주지였다. 유럽에서 가장 규모가 컸던 궁으로 1500개가 넘는 방이 있었다. 1698년 화재로 소실되어 현재는 이니고 존스가 건축한 연회장만 남아 있다.

45

46

45 이니고 존스, 화이트홀궁 연회장, 영국 런던, 1619~22

46 화이트홀궁 연회장 내부

47 이니고 존스, 코벤트가든 광장, 영국 런던, 1630

48 이니고 존스, 코벤트가든 세인트 폴 교회, 영국 런던, 1631~33

49 이니고 존스, 퀸스 하우스, 영국 런던, 1616~35

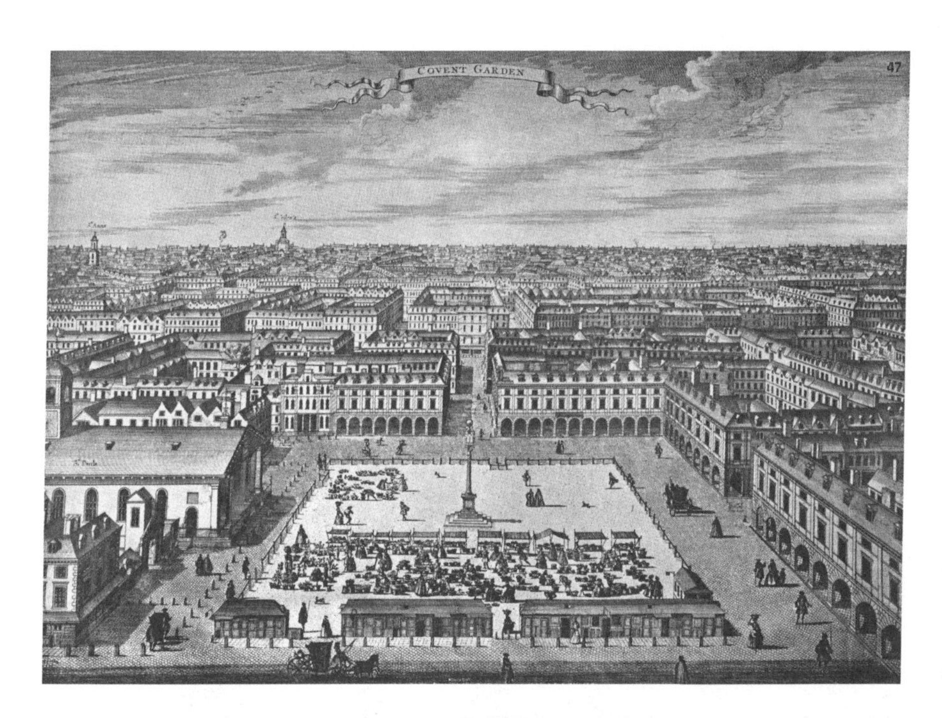

50 크리스토퍼 렌, 세인트 폴 대성당, 영국 런던, 1675~1710

51 세인트 폴 대성당 내부

52 세인트 폴 대성당 평면도

53 세인트 폴 대성당 단면도

51

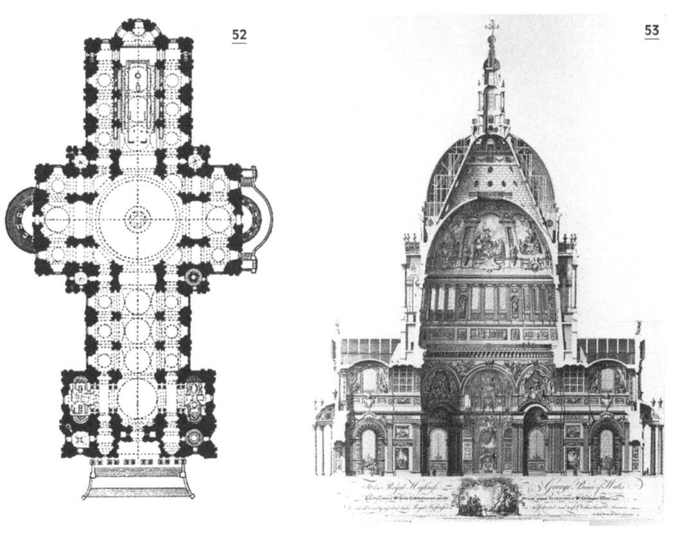
52
53

인을 중심으로 한 생산 전통이 지속되었음을 보여준다.

영국 역사상 최고의 건축가로 꼽히는 크리스토퍼 렌은 할아버지가 런던의 직물 상인이고 아버지가 윈저성 주임목사인 집에서 태어났다. 어려서부터 인문 교육을 받으며 성장했고, 영국 왕립학회 창립 멤버이면서 총재직을 맡기도 했던 인물이다. 수학·천문학에 열심이었던 고전주의자로서 왕립학회를 중심으로 보일·뉴턴·훅 등과 함께 활동한 과학자이기도 했다. 그는 공식적인 건축 교육을 받은 일이 없이 독학으로 건축을 익혔다. 과학자로 활동하면서 소소하게 건축 작업을 맡으며 일을 시작했으나 점차 작업량이 늘어나면서 최고 건축가 반열에 올라섰다. 렌의 작업을 보조하며 교육을 받은 제자들이 영국 건축계에서 활약하면서 렌의 건축이 영국을 대표하는 건축 양식으로 통용되었다.*

유럽 전역에 확산되고 있던 프랑스 바로크 건축이 이즈음 영국에도 소개되었다. 1666년 도시의 3분의 2를 태워버린 런던 대화재**로 도시 복구를 위한 건축 생산이 크게 늘어났는데 이 흐름을 타고 프랑스 바로크풍 건축이 퍼져나갔다. 대화재 이후 런던에만 교회 51개를 건축한 렌 역시 팔라디오의 고전주의에 프랑스 바로크가 가미된 경향을 보여주었다.

런던 대화재로 소실된 고딕 성당을 크리스토퍼 렌이 재건한 세인트 폴 대성당(1675~1710) 건축을 둘러싼 일화를 통해 당시 영국 건축 생산의 경향을 읽을 수 있다. 렌의 초기

* 영국에서는 19세기 말에 그의 이름을 딴 르네상스(Wrenaissance)라는 이름으로 17세기 렌의 건축 양식에 대한 부흥 운동이 일어나기도 했다.

** 1666년 9월 2일 새벽에 발화하여 며칠 동안 계속된 이 화재로 1만 3200채의 주택과 교회 87개가 소실되었다. 87개의 교회 중 51개를 새로 건축하면서 대규모 건축 붐이 일었다.

54 크리스토퍼 렌의 세인트 폴 대성당 초기 계획안: 그리스 십자형

55 세인트 폴 대성당 네이브 단면도: 난간벽으로 숨긴 플라잉버트레스

56 세인트 폴 대성당, 난간벽으로 숨긴 플라잉버트레스의 실제 모습

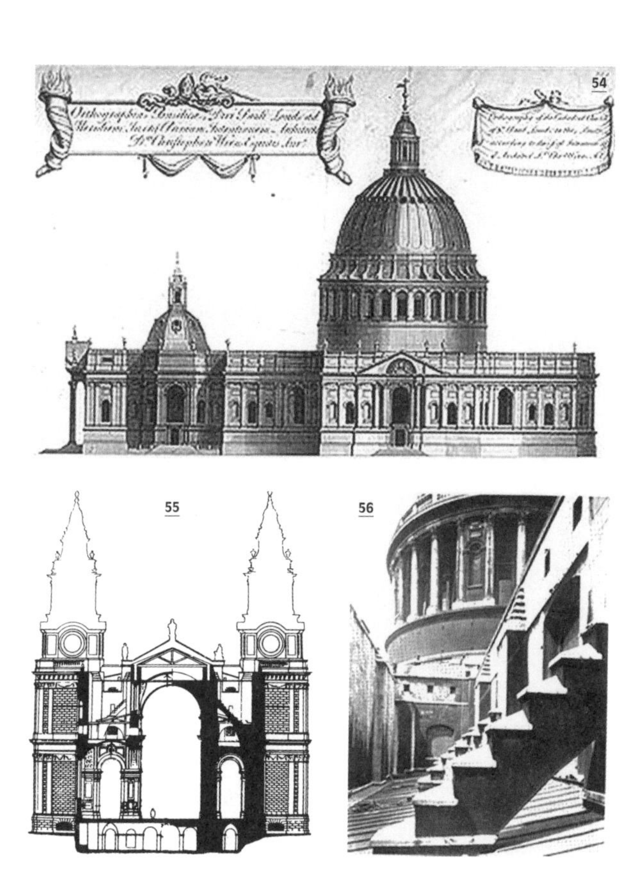

안은 간명한 그리스 십자형으로 고전주의적 설계였으나 더 웅장한 설계를 원했던 왕의 요청으로 라틴 십자형에 높이를 높인 수정안이 작성되었다. 그러나 이번에는 성직자들이 새로운 성당은 '성당답게' 고딕식 플라잉버트레스로 지지되는 돔 형태여야 한다고 강하게 주장했다. 이에 렌은 다시 고전주의와 고딕이 혼합된 절충안을 냈다. 플라잉버트레스를 채용했으나 외벽을 연장하여 난간벽(parpet)처럼 높여서 외부에서는 플라잉버트레스와 천측창이 보이지 않도록 했다. 높아진 외벽에는 가짜 창문을 설치하여 마치 2층 건물 위에 돔이 얹힌 형태가 되도록 설계했다. 고딕 구조를 감추고 고전주의적 건축물로 보이도록 가짜 외벽을 만든 것이다.

최근의 검토 결과, 돔을 받치고 있는 벽기둥 여덟 개만으로 돔의 횡압 지지가 가능하므로 플라잉버트레스는 없어도 무방한 것으로 밝혀졌다. 렌이 돔의 횡압을 줄이기 위해 내부 조적 돔과 외부 목제 돔 사이에 원뿔 형태의 중간 돔을 두어 이것으로 외부 목제 돔과 상부 랜턴을 지지하도록 했기 때문이다. 중간 돔은 조적 돔이었지만 원뿔 형태라서 횡압 발생이 크지 않았다. 이는 렌이 동시대 프랑스 건축가 페로와 마찬가지로 구조에 대한 과학적 지식을 갖고 있었고 돔의 형상과 횡압의 관계에 대해 알고 있었음을 방증한다. 어쨌든 지지해야 할 횡압은 반구형 내부 조적 돔의 횡압뿐이었고 이는 벽기둥만으로 가능했다. 아마도 렌은 플라잉버트레스가 횡압을 일부 지지한다고 생각해서 성직자들의 의견을 수용했을 가능성이 높다. 그러나 렌이 플라잉버트레스가 가져다 줄 구조적 효용보다는 고전주의적 외관을 드러내는 데에 주안점을 두었음은 확실하다.

세인트 폴 대성당을 비롯한 교회 건축 외에 런던의 햄프턴코트궁(1689~1700), 왕립 그리니치 해군병원(1696~

1742) 등이 렌이 건축한 대표적 건축물이다. 햄프턴코트궁은 1515~25년에 고딕 양식과 이탈리아 르네상스 양식의 혼성적 형태로 건축되었던 건물로 헨리 8세가 매우 좋아했던 궁전이었으나, 17세기에 이탈리아 고전주의와 프랑스 바로크가 영국에 들어오면서 '구식' 취급을 받고 있었다. 프랑스 루이 14세가 1682년 공식 거처를 베르사유궁으로 옮기자 영국도 이에 겨룰 만한 궁전을 건축해야 한다는 목소리가 나왔다. 영국의 왕 윌리엄 3세는 1690년 렌을 건축가로 지명하며 기존 궁전의 상당 부분을 철거하고 새로 지을 것을 명했고, 렌은 고전주의적인 프랑스 바로크 양식의 햄프턴코트궁을 건축했다. 그리니치 해군병원은 메리 2세의 명으로 부상 해군들을 위해 지은 것으로, 렌은 여기서 이탈리아와 프랑스의 고전주의적 바로크 건축을 충실히 재현했다.

렌 이외에 영국 바로크 건축을 대표할 만한 건축가는 존 밴브러(1664~1726)와 니컬러스 혹스무어(1661?~1736)가 있다. 밴브러는 직물상의 아들로 태어나 코미디 희곡 작가로 활동하던 인물로 렌과 마찬가지로 공식적인 교육을 받지 않고 스스로 건축을 익힌 건축가였다. 혹스무어는 농부의 아들로 태어나 렌의 사무실에서 건축을 배웠으며 렌의 거의 모든 건축 작업에 조역으로 참여했다. 아마추어 건축가로서 실무에 약했지만 정치적 수완이 뛰어났던 밴브러와 현장 실무에 능했던 혹스무어는 공동으로 여러 건축물을 설계하며 영국 바로크 건축의 주역으로 활동했다. 이들의 공동 작업으로는 귀족 관료의 거대한 저택들인 블레넘궁(1705~22)과 하워드성(1701~1811)이 대표적이다.

그러나 영국 바로크 건축은 이들 몇몇 건축가의 활동이 전부라 할 만큼 양이 많지 않았다. 명예혁명 이후 부르주아 계급이 정치적 주도권을 장악하면서 18세기부터는 귀족

57 크리스토퍼 렌, 왕립 그리니치 해군병원 (가운데 멀리 있는 건물은 이니고 존스의 퀸스 하우스), 영국 런던, 1696~1742

58 크리스토퍼 렌, 햄프턴코트궁, 영국 런던, 1689~1700

59 밴브러와 혹스무어, 하워드성, 영국 요크, 1701~1811

60 밴브러와 혹스무어, 블레넘궁, 영국 우드스톡, 1705~22

61 콜런 캠벨, 벌링턴 하우스 리모델링, 영국 런던, 1718~19
(2층을 3층으로 증축한 것은 1873년)

62 리처드 보일, 치즈윅 하우스, 영국 런던, 1726~29

61

62

취향의 장식적 바로크 양식이 거세게 비판받았고 이에 대한 대안으로 팔라디오나 이니고 존스 등의 더 엄격한 고전주의가 다시 부각되기 시작했다.• 렌이 건축활동에서 물러난 1718년쯤부터는 다시 팔라디오를 규범으로 한 고전주의가 주류를 이루었고 이는 18세기 후반 신고전주의 건축으로 연결되었다. 벌링턴 백작이자 건축가였던 보일이 자신의 저택 벌링턴 하우스(1664~67)의 리모델링(1718~19)을 제임스 깁스(1682~1754)에게 맡겼다가 그가 바로크 양식으로 일을 진행하자 고전주의 건축가 콜런 캠벨로 교체하는 일이 있었다. 나아가 보일 자신이 직접 팔라디오의 빌라 카프라를 모방하여 또 다른 저택 치즈윅 하우스(1726~29)를 설계하고 건축한 일화는 당시 영국의 팔라디오 고전주의 열풍을 대변한다. 보일에게 거부당했던 깁스는 이후 자신의 정치적 색채를 토리당에서 새로 집권한 휘그당 쪽으로 바꾸었고 건축 경향 역시 이들 부르주아 정치 세력이 지지하는 팔라디오 고전주의로, 그리고 다시 신고전주의로 바꾸었다. 영국 정부가 재정을 투입해 런던 트래펄가 광장 북동쪽 모퉁이에 건축한 청교도 교회인 세인트 마틴인더필즈 교회(1722~26), 옥스퍼드대학의 래드클리프 도서관(1737~48) 등이 그의 고전주의적 경향의 대표작들이다.

영국에서는 17~18세기 내내 건축 생산의 경향이 바로크보다는 고전주의로 기울었다. 부르주아 계급이 정치·경제를 주도했던 만큼 건축 부문에서도 이들의 취향이 강하게 묻

• 영국에서는 1715년 팔라디오의 『건축사서』 완역본이 출간되었고, 이를 이어 캠벨이 1715~25년에 걸쳐 영국 고전주의 건축가들의 건축 사례를 도판과 함께 세 권으로 엮은 『비트루비우스 브리태니커스』가 발간되었다. 이 밖에 문학과 미술 분야에서도 바로크 양식을 비판하고 고전주의를 지향하는 저술들이 속속 발간되었다.

63 제임스 깁스, 세인트 마틴인더필즈 교회, 영국 런던, 1722~26

64 제임스 깁스, 래드클리프 도서관, 영국 옥스퍼드, 1737~48

65 아고스티노 바렐리와 엔리코 주칼리, 테아티노 교회, 독일 뮌헨, 1663~90

63

64

65

어났다. 과도한 장식보다는 합리적이고 이성적인 엄숙함을 좇았던 이러한 취향은 18세기 후반에 이성적 엄숙함과 장대함을 갖춘 신고전주의로 이전한다.

기타 지역의 바로크: 파리·로마의 영향

프로이센·바이에른·오스트리아·보헤미아 등 신성로마제국에 속하는 동유럽 지역에는 17세기 이후에도 봉건적 농노 경제를 토대로 황제로부터 독자적 통치권을 이양받은 300여 개의 제후령이 영방국가(territorial states)로서 존립했다.• 신성로마제국 황제 지위를 독점했던 합스부르크 왕가는 30년전쟁 이후 세력이 축소되었지만 본거지인 오스트리아에서 프랑스에 필적하는 강력한 절대왕정을 구축하고 있었다. 17세기 후반에는 오스만제국의 공격으로부터 빈을 지켜내고(1683) 대(大)튀르크 전쟁을 승리로 이끌어 카를로비츠 조약(1699)을 체결하는 등 여전한 강국의 면모를 보여주었다. 나머지 제후령들은 황제와의 결속을 통해 프랑스·영국 등 주변 강국과 대치하면서 자신들의 영토에서 절대 권력을 누렸다.

동유럽 지역에서는 서유럽과는 달리 농노 경제가 유지되면서 계몽과 이성의 가치를 높이 사는 상공업 계층의 발전이 미미했다. 대신에 계몽주의적 이상을 갖는 절대군주가 위로부터의 개혁을 시도했다.•• 그러나 이는 봉건적 체제 안에서 진행된, 지배 권력 상층부에 국한된 개혁이었다. 다른 왕과 제후 대부분은 계몽주의적 이상이 철저하지도 않았다. 이

• 서프랑크, 즉 프랑스왕국이 중앙 집권 국가로 진전한 것과 달리, 신성로마제국은 황제로부터 관할 지역 통치권을 인정받은 지방 제후들이 통치하는 수백 개의 왕국·공국·자유도시 등의 영방국가로 이루어진 선거 군주국으로 발전했다. 황제의 권력은 제한적이었고, 명목상 황제의 신하인 제후들은 자신의 영토 안에서는 사실상 독립적 지위를 누렸다.

66 야코프 프란트타우어, 멜크 수도원, 오스트리아 멜크, 1702~36

67 멜크 수도원 내부

러한 사회체제의 성격은 건축 생산에도 투영되었다. 건재함을 과시하려는 듯한 과잉 장식된 교회당과 궁전들이 바이에른·작센·프로이센·오스트리아·보헤미아 등에서 군주와 봉건 귀족, 교회에 의해 활발하게 지어졌다.

17세기까지는 프랑스의 바로크 건축을 모델로 하는 경향을 보였다. 바이에른 군주가 봉헌한 테아티노 교회(1663~90), 보헤미아 봉건영주의 저택인 트로이스키궁(1679~91), 중세 수도원을 수도원장이 개축한 멜크 수도원(1702~36)과 브르제브노프스키 수도원(1708~40) 등은 장식 요소가 매우 많았지만 외부 입면 및 내부 벽면 구성 등에서 오더의 흔적을 유지하고 있다. 특히 왕권을 강화하고 있던 프로이센왕국 프리드리히 1세(재위 1701~13)의 지시로 건축된 호엔촐레른왕가의 궁전인 베를린왕궁(1689~1713)은 16세기에 지어진 고딕풍이 섞인 르네상스 양식 궁전을 대대적으로 개축한 것으로서, 당대의 고전주의적 바로크 성격이 뚜렷하다.••• 오스트리아 황제들의 주문으로 요한 베른하트 피셔 폰 에를라흐(1656~1723)가 빈에 건축한 쇤브룬궁(1696~1701/ 니콜라우스 파카시 설계로 개축 1743~49), 카를 교회(1716~37), 요한 루카스 폰 힐데브란트(1668~1745)

•• 프로이센의 프리드리히 2세(재위 1740~86), 신성로마제국 황제 요제프 2세(재위 1765~90)가 대표적인 계몽군주였다. 이들은 관료제 구축을 위해 인재를 등용하고 봉건적 악습을 폐지했다. 예컨대 프리드리히 2세는 고문과 언론 검열을 금지했고 보통교육제도를 시행했다. 요제프 2세는 농노제를 폐지하고 언론 및 종교의 자유를 보장하며 개신교를 허용했다.

••• 베를린왕궁은 1845년에 돔이 건축되는 등 이후 계속 증·개축되었다. 제2차 세계대전 때 크게 파손되었는데, 1950년 동독 정부가 제국주의의 상징이라는 이유로 철거하고 그 자리에 공화국궁 등을 세웠다. 독일 통일 이후 복원을 추진하여 2006~8년에 공화국궁은 철거되었고, 2013년 복원 공사가 시작되어 2020년 돔의 랜턴까지 복원을 완료했다.

68 베를린왕궁, 1845년 돔 증축 이후의 모습, 1900년경

69 피셔 폰 에를라흐, 쇤브룬궁, 오스트리아 빈, 1696~1701/
니콜라우스 파카시 설계로 개축 1743~49

70 쇤브룬궁 내부

71 루카스 폰 힐데브란트, 벨베데레궁, 오스트리아 빈, 1712~33

69

70

71

72 피셔 폰 에를라흐, 카를 교회, 오스트리아 빈, 1716~37

73 카를 교회 내부

가 건축한 벨베데레궁(1712~33)은 모두 이탈리아 매너리즘과 프랑스 바로크에 기초한 것들이었다.

18세기 초가 지나면서부터는 로코코의 성향이 강해지면서 환상적인 장식을 극대화한 건축이 유행했는데, 특히 독일 남부에 위치한 바이에른 지역에서 그러했다. 장식이 많아지면서 기둥 주두와 엔타블러처는 형체가 불분명해지고 벽면과 뒤섞였고, 모든 벽면과 천장 역시 장식으로 가득 찼다. 건축가 아잠 형제가 자신들의 사설 교회당으로 건축한 장크트 요한 네포무크(1733~46)를 비롯해 요한 미하엘 피셔(1692~1766)의 오토보이렌 수도원 성당(1737~66), 요한 발타자르 노이만(1687~1753)의 피어첸하일리겐 교회(1743~72)와 장크트 파울린 성당(1734~53) 등이 화려함의 극치를 보여주는 대표적인 종교 건축물이다. 마찬가지로 노이만이 장대한 바로크 외관으로 설계한 성직제후•의 궁전인 뷔르츠부르크 레지덴츠(1720~44)에서도 로코코 장식으로 뒤덮인 실내공간을 볼 수 있다.

74 아잠 형제, 장크트 요한 네포무크, 독일 뮌헨, 1733~46

한편, 네덜란드와 북부 독일에서는 부르주아 계급이 흥기했다. 네덜란드는 1609년 스페인의 지배로부터 실질적으로 독립하면서 유럽 최초로 부르주아 계급이 주도하는 공화국을 수립했고, 이후 광범위한 식민지를 획득하며 상업 강국으로 번영을 구가했다.•• 또한 북부 독일의 브레멘·함부르크·뤼베크 등은 중세 자유도시의 지위를 유지하면서 부르주아 계급이 사회를 이끌었다. 이들 지역에서 풍경화·풍속화·정물화 등 새로운 회화 장르가 발달한 것도 집을 장식하

• 교구 전체 혹은 일부 지역에 대해 세속 군주와 동일한 통치권을 갖는 주교다. 신성로마제국에는 중세부터 성직제후가 통치하는 도시가 많았으며, 잉글랜드 등 다른 지역에도 일부 사례가 있었다.

•• 네덜란드는 공화국(1581~1795) 시대 이후 1795년 프랑스혁명군의 영향 아래 프랑스 위성국가인 바타비아공화국(1795~1806), 나폴레옹의 괴뢰국인 홀란드왕국(1806~10)을 거쳐 나폴레옹이 몰락한 1815년 빈 회의에 따라 입헌군주제 네덜란드왕국이 되었다. 이 과정에서 네덜란드의 해외 식민지들은 영국이 차지했고 빈 회의 결과 그 일부를 돌려받았다. 1831년 반란으로 남부 네덜란드가 벨기에로 독립하여 현재에 이르고 있다.

75 발타자르 노이만, 피어첸하일리겐 교회, 독일 밤베르크, 1743~72

76 피어첸하일리겐 교회 내부

77 발타자르 노이만, 뷔르츠부르크 레지덴츠, 독일 뷔르츠부르크, 1720~44

78 뷔르츠부르크 레지덴츠 내부

79 야코프 판 캄펜, 마우리츠하위스, 네덜란드 헤이그, 1636~41/ 1708~18

80 야코프 판 캄펜, 암스테르담 시청사, 네덜란드 암스테르담, 1648~65

81 브뤼셀 그랑플라스에 면해 건축된 길드하우스들

82 루카스 파이드헤르베, 베긴수녀회 생장바티스트 교회, 벨기에 브뤼셀, 1657~76

는데 어울리는 회화 작품을 경쟁적으로 구입한 부르주아들 덕분이었다. 주요 건축주 역시 부르주아 계급이었다. 16세기 초까지 성행하던 후기 고딕의 특징인 불꽃무늬 양식에 르네상스와 프랑스 바로크가 결합되면서 혼종 양식의 건축이 전개되었다.

네덜란드공화국(1581~1795)의 수도였던 헤이그에 귀족의 저택으로 건축된 마우리츠하위스(1636~41/ 1708~18), 19세기에 왕궁으로 바뀐 암스테르담 시청사(1648~65)는 모두 르네상스풍 고전주의로 건축되었다. 또한 브뤼셀의 그랑플라스에 면해서 건축된 길드하우스들은 대부분 불꽃무늬 양식의 흔적이 오더와 뒤섞여있다. 한편 동시대에 인근에 건축된 베긴수녀회 생장바티스트 교회(1657~76)는 이탈리아 바로크의 영향이 강하게 나타난다.

러시아는 표트르 대제(재위 1682~1721, 1696년 친정 시작) 이전까지는 비잔틴 건축의 영향권에서 성립한 건축적 전통을 지속했다. 대표적인 건축물은 모스크바의 성 바실리 성당(1555~61)이다. 그러나 계몽군주였던 표트르 대제가 프랑스 절대왕정을 본보기 삼아 유럽화 정책을 추진하면서 프랑스 고전주의적 바로크 양식이 건축 생산의 전범이 되었다. 특히 18세기 초 새로운 수도 상트페테르부르크가 건설되면서 겨울궁전(1732~35, 재축 1754~62), 해군성(1806~23) 등 규모 면에서 프랑스 궁정을 능가하는 장대한 바로크 건축물들이 지어졌다. 표트르 대제의 딸 옐리자베타 여제(재위 1741~62)가 어머니 예카테리나 여왕이 상트페테르부르크 교외에 건축했던 여름궁전(1717~24)을 부수고 새로운 궁전으로 건축한 예카테리닌스키궁전(1743~56)은 장대한 규모와 화려한 로코코 장식을 보여준다.

83 성 바실리 성당, 러시아 모스크바, 1555~61

84 바르톨로메오 라스트렐리, 겨울궁전, 러시아 상트페테르부르크, 재축 1754~62(첫 건설은 1732~35)

85 안드레이안 자카로프, 해군성, 러시아 상트페테르부르크, 1806~23

86 바르톨로메오 라스트렐리, 예카테리닌스키궁전, 러시아, 상트페테르부르크, 1743~56

87 예카테리닌스키궁전 내부

86

87

중세 고딕 전통의 지속

영국, 프랑스, 독일 등 알프스 너머 중북부 유럽에서는 르네상스 양식이 파급되는 16세기, 바로크가 유행하던 17~18세기까지도 중세 내내 깊게 뿌리를 내린 고딕 건축 전통이 지속되었다. 이러한 고딕 전통의 지속성은 오랫동안 경시되다가 일부 역사가들에 의해 주목받으며, 19세기 고딕 리바이벌에 빗대어 '고딕 서바이벌'(Gothic Survival)이라는 용어로 불리고 있다. 영국에서는 런던의 링컨즈 인 예배당(1620~23), 런던데리의 세인트 컬럼 성당(1628~33), 레스터셔의 스탠턴 해럴드 교회(1653), 플리머스의 찰스 교회(1641~65) 등이 고딕 양식으로 건축되었다. 1666년 런던 대화재 이후 렌을 중심으로 고전주의 건축 생산의 비중이 커졌다. 그럼에도 기존 고딕 교회를 보수하거나 고딕을 섞은 절충적 양식의 교회를 새로 짓는 등 18세기까지도 고딕의 양식이 면면히 이어졌다. 특히 농촌 소도시에서는 고딕 전통이 강하게 지속되었다. 서머셋의 로햄 교회(1690), 콘도버의 세인트 앤드루 앤드 세인트 메리 교회(1664~78), 셔스턴의 성십자 교회(13~15세기/ 중앙 타워 1733) 등에서 그 영향력을 감지할 수 있다.

파리에 신축된 생 퇴스타슈 성당(1532~1633)을 필두로 프랑스에서도 오슈 생 마리 대성당(1489~1680), 블루아 생루이 성당(1544~1700), 몽펠리에 생 피에르 성당(1629), 오를레앙 성 십자가 주교좌 성당(1601~1829), 낭트 생 피에르 생 폴 성당(1434~1891) 등 여러 지역에서 고딕 양식 교회당이 계속 지어졌다. 이 흐름 속에서 석공 장인을 비롯한 고딕 건축 생산조직이 유지될 수 있었다. 19세기에 고딕 리바이벌이 본격화하며 대규모 고딕 건축 생산이 가능했던 것은 이러한 생산조직 기반이 있었기 때문이다. 이 밖에 독일·폴란드-리투아니아공국·스페인 등의 농촌 지역에서도 교회당을

88

89

90

91

88 링컨즈 인 예배당, 영국 런던, 1620~23

89 세인트 컬럼 성당, 북아일랜드 런던데리, 1628~33

90 로햄 교회, 영국 서머셋, 1690

91 셔스턴 성 십자 교회, 영국 셔스턴, 13~15세기/ 중앙 타워 1733

92 생 퇴스타슈 성당, 프랑스 파리, 1532~1633

93 블루아 생 루이 성당, 프랑스 블루아, 1544~1700

94 몽펠리에 생 피에르 성당, 프랑스 몽펠리에, 1629

95 오를레앙 성 십자가 주교좌 성당, 프랑스 오를레앙, 1601~1829

96 급한 경사 지붕: 스트라스부르 얼음공장, 19세기 말

97 급한 경사 지붕: 프랑스 바흐 가로변 건물

98 톱니 형상 박공 지붕: 독일 프리드리히슈타트 건물

99 런던 템스강변 주택의 총안 난간벽

100 클레이포츠성의 탑상주택, 스코틀랜드 던디, 16세기

101 세비야 시청사 입면 부분(스페인 플래터레스크 양식), 1527~99

102

103

104

102 배티 랭글리의 『복원되고 개선된 고대 건축』에 수록된 삽화들

103 호러스 월폴, 스트로베리 힐 하우스, 영국 런던, 1749~53

104 스트로베리 힐 하우스 내부

건축할 때 고딕 건축의 기술과 형태가 꾸준히 채용되었다. 고전주의 요소는 부분적으로 가미되는 수준이었다. 뿌리 깊은 고딕 전통은 지역마다 다른 형태로 살아남았다. 프랑스에서는 급한 경사지붕으로, 북부 독일에서는 톱니 형상 박공으로, 영국에서는 총안 난간벽으로, 스코틀랜드에서는 요새화된 탑상주택으로 표출되었다. 스페인에서는 고전주의와 결합해 화려한 플래터레스크(plateresque) 양식이 된 열광적이고 섬세한 장식 건축으로 이어졌다.

고딕 건축은 유럽에서 고대 그리스·로마 건축 전통이 단절된 수백 년 동안, 각지의 여건에 따라 다르게 발달한 '로마네스크'로 불리는 건축 방식을 거쳐 자생한 건축 양식이다. 고딕의 탄생과 생존은 고전주의 건축 규범이 필연적이지 않으며, 사회의 내외적 조건에 따라 전혀 다른 예술 및 건축 규범이 생겨날 수 있다는 사실을 단적으로 보여주는 중요한 사건이다.

유럽의 거의 전 지역에서 고딕 건축 양식을 따랐다. 이처럼 널리 공통 규범이 확산된 것은 고대 로마제국 이후 유일했다. 하지만 12~14세기 고딕의 시대 이후에는 교회의 장악력이 약화되고 지역마다 서로 다른 정치·경제체제를 갖추면서 건축 생산의 양상 또한 차별적으로 나타났다. 서양 건축의 형태 양식이 다시 통합되는 것은 부르주아 지배체제가 완성되고 건축 생산이 자본에 포섭되는 20세기 모더니즘 건축에 이르러서였다.

요컨대, 적어도 19세기까지 서양 건축 역사는 지역 자생적 풀뿌리 전통인 로마네스크-고딕 건축 생산 전통과 엘리트 계층의 자의적 건축 양식인 고전주의 건축 생산 전통이 양립하며 갈등하고 절충해온 과정이었다. 고전주의 건축 전통은 그리스·로마 건축을 원류로 15세기 이후 엘리트 계층이 분명한 의도를 가지고 '성립시킨' 양식이었다. 그리고 17세기에 설립된 왕립 아카데미의 학자-예술가들에 의해 권위 있는 '국가적 규범'으로 제시되기 시작했다. 이에 비해 로마네스크-고딕 건축 전통은 5세기부터 14세기까지 천 년 동안 지역의 사회·경제적 조건과 상호작용해 발전된 것이다. 그런 만큼 기술과 조직부터 문화적 규범에까지 깊숙하고 폭넓게 자리 잡았다. 고딕 건축의 특징으로 꼽히는 기술-형태 합일성은, 풀뿌리 기술들이 대체로 그렇듯이, 크고 작은 건축 생산기술과 지혜가 오랜 기간 축적되면서 얻은 '자연스러운 성취'라 할 수 있다.

당연한 듯이 이어져오던 고딕 건축 전통은 고전주의 건축이 권위를 의심받기 시작한 18세기 중엽, 비로소 엘리트 지배 세력과 건축가들의 '의식적인' 관심의 대상이 되었다. 고딕 전통이 '새삼스레' 부상한 데에는 무엇보다도 당시 민족-국가체제를 정립하려 했던 지배 세력의 정치적 필요가 작용했다. 특히 영국은, 강력한 라이벌 국가인 프랑스가 주도하는 고전주의 건축에 대응할 영국만의 민족적-국가적 건축 양식이 절실했다. 그런 영국에서 수백 년 동안 지속되어 온 고딕 건축 전통이야말로 민족-국가 양식으로 내세우기에 가장 적절한 것이었다.

18세기에 들어 유적 발굴사업이 활발해지면서 고딕 건축 유적 발굴 역시 증가했고 건축가와 연구자 들은 고딕 건축을 기록하고 각종 조사·연구서를 출판했다. 이들은 기술과 형태가 일치하는 고딕 건축의 합리성에 새삼 주목하면서 이를 고전주의 건축에 견줄 만한 혹은 더 우월한 건축 형식으로 보려 했다. 예컨대 영국 조경건축가였던 배티 랭글리(1696~1751)는 1734~35년 잡지 기고문을 통해 당시 성행하던 '수입된' 팔라디오 고전주의 양식을 비판하면서 대신에 영국에서 지속되어온 고딕 건축 요소들을 '색슨식'(Saxon Mode)이라 부르며 칭송했다. 그는 1742년 『복원되고 개선된 고대 건축』을 출판했다.• 고딕(색슨식) 건축에 고전주의 비례 규범과 장식 요소들을 적용하여 건축물의 구축 방식을 고전주의 건축 규범처럼 원리적으로 확립하려는 시도였다. 상류 계층의 주류적 건축 생산에서 고딕 양식을 사용하는 사례도 증가했다. 계몽주의 정치가이자 고고학자이며 고딕 소설을 저술한 문필가이기도 했던 호러스 월폴이 런던 교외에 자택으로 건축한 스트로베리 힐 하우스(1749~53)가 대표적이다. 고딕 건축에 대한 관심은 19세기에 들어 산업사회 모순에 대한 비판과 그 대안으로 모색된 중세주의와 연결되며 '고딕 리바이벌'이라는 일종의 문화 운동으로 확대된다.

도시 발전과 주거 건축 생산의 증가

16세기 대항해 무역을 중심으로 본격적으로 팽창하기 시작한 상공업 활동의 거점은 각국의 주요 도시들이었다. 도시 인구가 증가하자 이들의 거주 및 경제활동을 위한 건축 생산 역시 빠르게 증가했다. 18세기쯤에는 주요 도시들의 중심부에는 좁은 가로에 4~6층 건물들로 채워진 고밀도 도시블록들이 형성되었고, 주요 가로변 건물들 1층에는 상점이나 공방이 자리잡았다. 12~13세기부터 형성된 중세도시가 경계를 확장하면서 중심부가 고층·고밀화한 것이다. 1739년 파리 상인감독관이었던 투르고의 지시로 제작된 파리 조감 지도인 투르고(Turgot) 지도는 당시 대도시의 모습을 잘 보여준다.

도시의 경제적 중요성이 커지면서 상류 계급의 주거 건축 수요도 늘어났다. 도시에서 사업장을 경영하며 부를 키우

• 그는 이 책을 1747년에 『규범과 비례에 의해 향상된 고딕』으로 재출간했다.

105

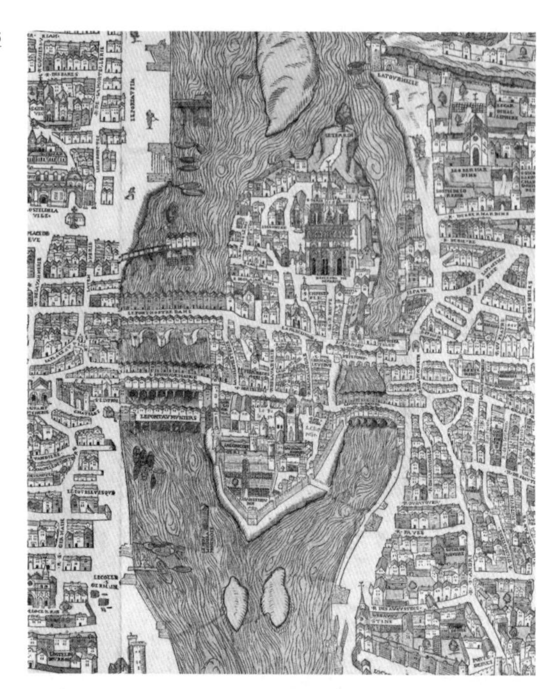

106

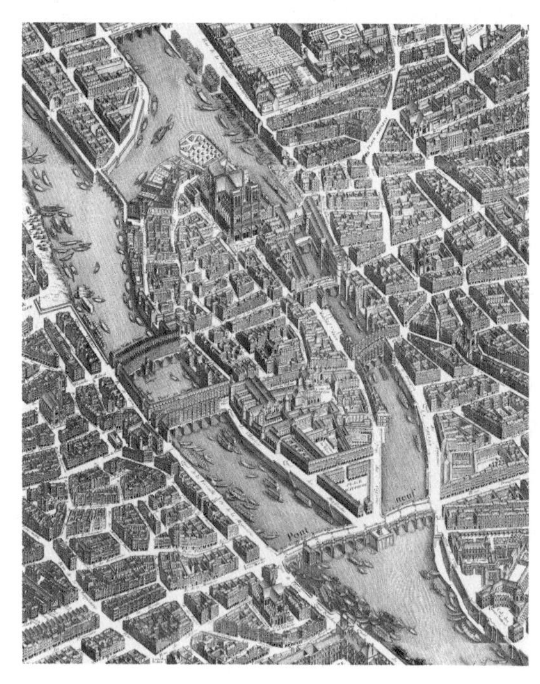

105 2~3층 건물들로 채워진 도시블록, 프랑스 파리, 1550

106 4~6층 건물들로 고밀화한 도시블록, 프랑스 파리, 1739(투르고 지도)

고 관직 매입으로 귀족 대열에 합류한 부르주아들은 물론이고, 대대로 교외 궁성과 저택에 거주하던 귀족들도 도시 안에 거처를 마련해야 할 필요성이 커졌다. 최상위 계층은, 고대부터 중세까지 이어져온 방식대로, 넓은 정원을 갖춘 호화로운 저택을 건축했다. 파리에 드물지 않게 남아 있는 대규모 독립 오텔(Hôtel particulier)들이 그것이다.

이 저택들 역시 대부분 프랑스 고전주의 양식으로 건축되었다. 파리 도심의 비정형 대지에서 대칭 형태의 고전주의적 공간을 구성하려는 건축가들의 노력이 두드러진다. 금융업자의 저택인 오텔 쉴리(1624~30), 오텔 랑베르(1640~44)가 파리에 건축된 대표적 사례이다. 귀족과 고위관료의 저택인 오텔 보베(1654~60), 오텔 마티뇽(1722~25) 등도 언급할 만하다.

더 주목할 만한 현상은 이들 상류 계급 주택 건축 수요에 대응하기 위해 등장한 상업적 부동산 개발사업인 정원 광장형 타운하우스의 등장이다. 넓은 정원 광장(garden square)을 조성하고 그 주변에 고급 저택들을 연립 타운하우스 형식으로 건축하여 판매하거나, 정원 광장만 조성하고 그 주변 건축 용지를 판매하여 귀족들이 각자 자신의 저택을 건축하도록 하는 방식이었다. 이러한 개발사업은 프랑스에서 절대왕권의 주도로 시작되었다. 앙리 4세가 왕가 소유 토지에 건축한 파리 보주광장(1605~12)이 정원광장형 연립 타운하우스의 최초 사례다. 광장을 둘러싼 타운하우스의 입면은 한 건축가가 동일한 형태로 설계하도록 하고, 이 입면에 딸린 필지를 귀족들에게 임대하여 미리 설계된 전면에 맞추어 각자 자신의 저택을 건축하도록 했다. 개별적인 주거 건축 수요를 집단화하여 단일한 대형 건축사업과 같은 위용 있는 풍경을 연출하려한 것이다.

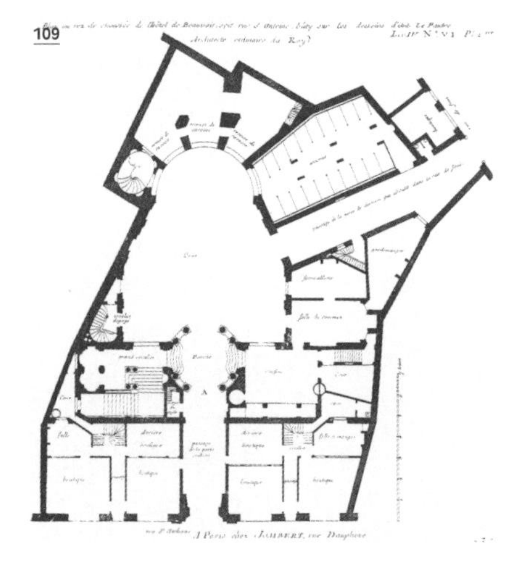

107 장 앙드루에 뒤 세르소, 오텔 쉴리, 프랑스 파리, 1624~30

108 루이 르 보, 오텔 랑베르, 프랑스 파리, 1640~44

109 오텔 보베 평면도

110 앙투안 르 포트르, 오텔 보베, 프랑스 파리, 1654~60

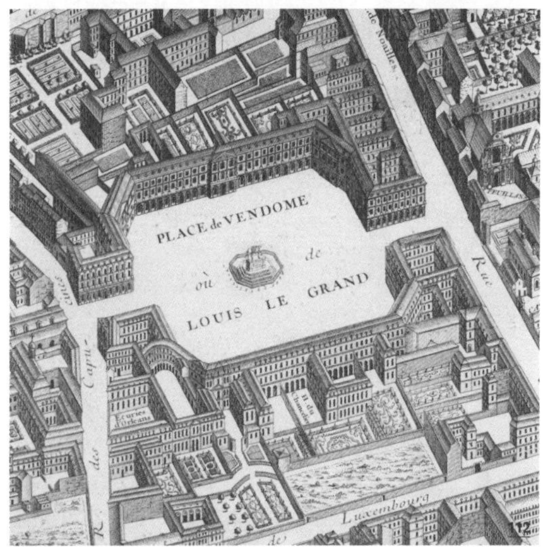

111 보주광장, 프랑스 파리, 1605~12

112 투르고 지도에 표현된 방돔광장

113 방돔광장, 프랑스 파리, 1698~1720

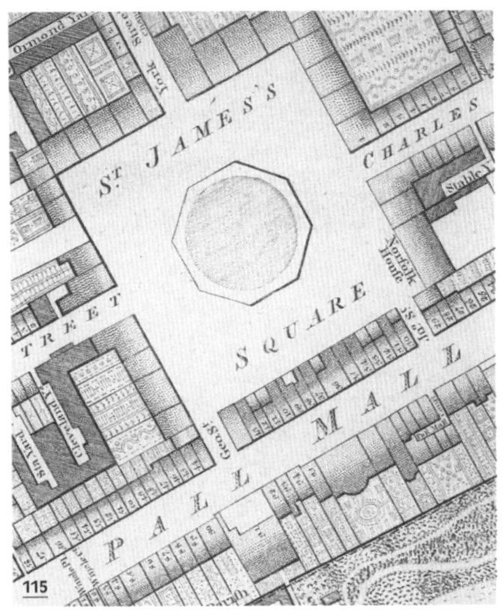

114 레스터 저택과 레스터 스퀘어(1670년대) 1750년 모습

115 제임스 스퀘어(1720년대) 1799년 지도

116 베드퍼드 스퀘어(1775~83) 북쪽면 타운하우스

이러한 방식은 도핀광장(1607~16)과 방돔광장(1698~1720)으로 이어졌다. 방돔광장은 귀족 소유였던 토지를 건축가 망사르와 귀족관료 등이 매입하여 개발사업을 기획하다가 포기한 곳이었다. 루이 14세가 이 토지를 매입하여 정원광장으로 조성했다. 루이 14세는 망사르에게 광장을 둘러싼 타운하우스 입면 설계를 맡겼고 토지를 구입한 귀족들은 이 입면에 맞추어 저택을 지어야 했다. 절대왕정의 과시용 건축과 부동산 개발사업을 결합한 것이었다. 그러나 18세기 이후 파리에서 크게 늘어난 중류 계급의 주거 수요에 대응하는 건축 유형은 가로에 직접 면하는 5~6층 아파트였다. 호사스러운 정원광장형 타운하우스 개발은 일부 상류계층에게 한정되었을 뿐 크게 확산되지는 않았다.

정원광장형 타운하우스 건축은 영국에서 더 활발하게 전개되었다. 런던 최초의 사례인 코벤트가든 광장(1630)은 토지 소유자인 베드퍼드 백작이 건축가 이니고 존스에게 의뢰하여, 정원광장과 귀족들을 위한 연립 테라스하우스(타운하우스) 건물 세 개 동을 건축한 것이다. 파리 보주광장이 선례였다. 17세기 후반부터 이런 방식의 상류 계층용 주택 개발사업이 늘어났다. 블룸즈버리 스퀘어(1660년대 초), 레스터 스퀘어(1670년대)는 귀족이 자신의 저택 부지에 연속하여 정원광장형 연립 테라스하우스를 건축하여 판매하거나 임대한 사례이며, 제임스 스퀘어(1720년대), 그로브너 스퀘어(1725~31), 베드퍼드 스퀘어(1775~83)는 정원광장을 조성한 뒤 이를 둘러싼 필지를 분할 판매하여 중상류층용 테라스하우스가 건축된 사례다.

런던에서 활발히 전개된 정원광장형 주택개발사업은 18세기부터는 바스, 에든버러, 브리스톨, 리즈 등 다른 도시들에도 확산되었다. 수요도 점차 중류 계급으로 확산되면서

19세기까지 런던에만 수백 개에 이르는 정원광장들이 건축되었다. 이들은 당초 거주자들의 출입만 허용되는 사적 정원으로 조성되는 사례가 많았으나 나중에는 상당수가 비거주자에게 개방되면서 광장이나 공원으로 기능하게 된다.

8

시민 계급의 팽창과 신고전주의 건축

(18세기 후반)

절대주의체제와 생산력 발전

18세기 후반 국가별로 차이가 있었으나 유럽에서는 대체로 절대왕정체제 아래 중상주의 정책이 전개되었다. 해외 무역과 식민지 확보 경쟁이 한층 거세지면서 상업과 공장제 수공업을 경영하는 자본이 전체 경제에서 차지하는 비중이 급속히 커졌다. 자연히 상공업 계층, 즉 부르주아 계급의 정치·경제적 영향력이 커져갔다. 특히, 17세기에 이미 부르주아 정치혁명이 일어난 네덜란드와 영국에서 뚜렷했다. 의회제도를 통해 정치권력을 장악한 부르주아 계급의 대표들이 국가 정책을 결정했다. 구습에서 벗어나려는 자유로운 사회 분위기가 형성되었다. 1628년에 르네 데카르트가 교회의 압박을 피해 학문의 자유가 보장된 암스테르담으로 이주하여 활동했고, 이단적 사상가 스피노자를 키운 곳 역시 암스테르담이었다는 사실이 네덜란드의 당시 분위기를 단적으로 말해준다.

영국에서는 비약적인 공업 생산의 발전으로 나중에 산업혁명으로 불릴 현상이 시작되고 있었다. 18세기에 들어 직물 수요가 폭발하자 방직공업에서 생산 효율을 높이는 기술이 개발되고 기계가 발명되었다. 1733년 '플라잉 북'(flying shuttle) 발명을 시작으로 다축방적기, 수력방적기에 이어 1779년 뮬 방적기가 발명되고 1785년 동력을 이용한 역직기가 발명되면서 영국의 면 생산량은 기하급수적으로 증가했다. 18세기 초부터 용광로 송풍 작업에 증기기관

1 1800년경 유럽

을 사용하며 조금씩 증가해온 철 생산량은 제임스 와트가 개량해 1769년 특허를 받은 증기기관을 동력으로 활용하게 되면서 급증했다.• 이는 각종 기계류의 발명과 생산을 촉진했다. 18세기 말부터 공장제 수공업 생산은 기계제 공장 생산으로 빠르게 대체되었다. 공업의 발전은 상품 생산의 속도와 규모를 한 차원 높이며 상품 소비와 거래를 자극했다. 상공업에 종사하는 부르주아 계급이 사회 전체의 부와 경제 발전 방향을 좌우하는 세력으로 성장했다. 유럽 최강국이던 프랑

• 영국의 원면 수입량은 1760년 250만 파운드였는데, 1787년에는 소비량이 2200만 파운드로 뛰었고 다시 1850년에 5500만 파운드까지 늘었다. 철강(cast iron)의 생산량은 1750년 2만 7000톤, 1788년 6만 8000톤, 1806년 25만 1280톤으로 증가했다.

스는 영국을 주축으로 한 주변국들의 견제를 받으면서 18세기 중반에 들어서 세력이 다소 약해졌고 왕과 귀족 등 통치 세력은 보수화했다. 그러나 프랑스 역시 이미 경제의 주도권은 부르주아 계급에게 넘어가고 있었다.

그러나 아직 농촌의 비중이 더 컸다. 도시 인구가 증가했지만 농촌 인구가 절대 다수였고, 경제 총량에서도 아직 농업이 우위에 있었다. 상공업의 비중이 농업을 앞지르는 '산업혁명'은 19세기에 가서야 벌어질 일이었다.

국가체제 역시 중세 봉건체제의 틀이 여전했다. 여전히 토지 재산과 혈통적 신분을 보유한 왕과 귀족이 지배권력의 정점에 있었고 전보다는 힘이 빠졌으나 교회 세력도 한 축을 차지하고 있었다. 중소규모 상공업자들이 증가하고 있었지만, 해외 무역과 식민지 경영 등 이익이 큰 사업은 왕과 귀족, 그리고 이들과 손을 잡은 몇몇 대부르주아가 차지했다.

경제활동의 중심도 이동했다. 규모가 커진 물류(상업)와 공장제 수공업 사업장이 대도시로 집중되었고, 농촌에 근거지를 두고 토지와 수공업에서 수입을 올리던 지방 귀족과 상공업자 들이 더 나은 사업 기회를 찾아 인근 대도시로 이주했다. 토지 소유자에게 소작농이 지불하는 임대료, 즉 소작료는 현물납에서 금납으로 바뀌는 추세였으므로 토지 소유자는 자기 땅과 멀리 떨어진 곳에서도 수입을 관리할 수 있었다.

지방도시들은 점점 쇠퇴했다. 특히 중세부터 번영했던 자유도시와 도시국가가 몰락하면서 지역별·도시별로 전개되던 문화활동도 위축되었다. 지방도시의 상공업자들은 지역 시장 상권을 지키는 일에 급급했고, 대도시 상인들과 진보주의자들은 이를 세상 이치를 이해 못 하는 비합리적인 행태라고 비난했다. 지방문화는 '시대에 뒤처진' 것으로 비하되었다.

그러나 이 모든 현상은 영국·네덜란드·프랑스 등 서유럽 중심 국가들의 상황이었고 다른 지역의 사정은 꽤 달랐다. 신성로마제국을 비롯한 동유럽과 러시아에서는 봉건 농노제를 토대로 한 왕·귀족 계급의 지배체제가 굳건했다. 베를린을 중심으로 발전한 프로이센왕국만이 예외였다. 북독일의 제후령이었던 브란덴부르크와 프로이센이 1701년 프로이센왕국으로 격상되면서 절대왕권 체제가 본격화되었다. 프로이센은 개신교도인 절대군주의 통치 아래 군사력과 경제력을 쌓았고 계몽군주 프리드리히 2세(재위 1740~86) 시기에 유럽의 강자로 두각을 드러냈다. 이 과정에서 상공업 계층도 급속히 성장했다.

부르주아 계급의 양적 증가, 계몽주의에서 자유주의로

18세기 프랑스로 대표되는 절대주의 국가체제는 구체제의 혈통적 신분제와 인간 이성의 존중이라는 양립하기 곤란한 두 개의 가치가 동거했던 체제였다. 부르주아 계급이 정치권력을 잡은 영국도 이 점에서는 크게 다르지 않았다. 왕이나 귀족은 중세부터 지속된 신분제를 유지하려 했지만 새로운 인문주의 지식의 수용과 배포에도 적극적이었다. 중세 장원과는 비교할 수 없는 규모로 커진 국가를 운영하고 새로운 수입원인 상공업 경영을 위해서는 새로운 지적 능력이 필수였기 때문이다. 한편 새로운 지배 세력으로 성장하고 있던 부르주아 계급은 대체로 개인의 능력을 중시하는 인문주의자들이었다. 왕·귀족 계급이든 부르주아 계급이든 인간의 이성적 능력을 중시하는 분위기가 지배층 전반에 팽배해 있었다.

자연히 과학 지식의 발전에 대한 관심이 커졌다. 17세기부터 절대왕권의 장려책 속에 혁명적인 발전을 거듭한 자연

과학은 18세기에도 다니엘 베르누이의 유체역학 정리, 레온하르트 오일러의 미적분학 및 수학적 원리, 에드워드 제너의 종두법 등 눈부신 성과를 쏟아내고 있었다.

자연과학을 중시하는 태도의 밑바닥에는 인간 이성능력에 대한 믿음, 더 나은 미래로의 진보가 필연적이라는 믿음이 있었다. 계몽사상이라 불린 이러한 믿음과 사고는 당초 그 근거가 다소 막연했던 르네상스 인문주의에서 시작되었다. 자연과학의 성과는 이를 과학적 인본주의로 진전시켰고 이는 다시 개인이 이성능력을 자유롭게 발휘하도록 허용하고 보장하는 사회를 요구하는 자유주의로 이어졌다.

지배체제의 정점에 있었던 '왕·귀족·대부르주아 계급' 아래에는 상공업자, 금융업자, 행정가, 법률가 등 교육받은 중소 부르주아 계급과 경제질서의 변화를 감지한 계몽된 지주 계급이 있었다. 상공업 경제가 양적으로 팽창하면서 부르주아 계급에 속하는 사람들의 수는 빠르게 증가했다. 문자 해독능력은 물론 구매력까지 갖춘 이들은 소위 '부르주아 문화'라고 할 만한 문화 현상을 추동했다. 18세기에 영국에서 발간된 신문·잡지가 800종에 달했으며 『로빈슨 크루소』(1719, 대니얼 디포), 『걸리버 여행기』(1726, 조너선 스위프트) 등이 큰 인기를 모으며 소설책 출판이 성행했다.

부르주아 계급의 정치적 태도는 "인류 사회의 진보를 위해 개인 이성능력의 자유로운 발휘가 필요하다"로 요약되었다. 삼권분립을 주장한 몽테스키외(1689~1755)의 『법의 정신』(1748), 자유로운 개인의 권리 담보체로서의 국가체제를 논한 장-자크 루소(1712~78)의 『사회계약론』(1762), 자유롭고 평등한 개인들의 이익 경쟁이 생산력 발전과 사회적 부의 원천임을 주장한 애덤 스미스(1723~90)의 『국부론』(1776), 사회의 도덕과 입법은 더 많은 사람의 쾌락을 증진하고 고통을 축소·예방하는 것(최대 다수의 최대 행복)이어야 한다고 주장한 제러미 벤담(1748~1832)의 『도덕과 입법의 원칙에 대한 서론』(1789) 등은 계몽된 자유로운 개인들의 이성적 활동이 이끌어갈 사회와 국가의 원리를 다룬 연구서들이었다. 이마누엘 칸트(1724~1804)의 『순수이성비판』(1781), 『실천이성비판』(1788), 『판단력비판』(1790) 역시 계몽된 자유로운 인간이 갖는 이성능력이, 경험 불가능한 물자체에 대한 인식에는 미치지 못하지만, 적어도 경험적 현상세계에서는 모순 없이 작동한다는 것을 확증하고, 그 능력으로 평화롭고 아름다운 이상적 세상을 만들어갈 수 있음을 설득하려 한 철학적 시도였다. '계몽된 자유로운 인간'이란 물론 부르주아를 가리켰다.

아메리카 대륙에서 새로운 국가체제로의 독립전쟁이 발발한 사건도 유럽의 자유주의를 자극했다. 17세기 이래 영국의 식민지였던 미국에서 부르주아들이 영국과 대립하면서 독립전쟁(1775~83) 끝에 공화국으로 독립했다. '계몽된 자유로운 개인들'에 의해 경영되는 국가체제 수립을 목표로 한 이 전쟁은 기존의 왕·귀족 지배체제에 불만을 품고 있던 유럽 부르주아 계급의 정치의식을 고조시켰다. 바야흐로 프랑스 시민혁명(1789)으로 표상되는 유럽의 부르주아 정치혁명 시대가 다가오고 있었다.

합리적 건축을 향하여: 프랑스의 새로운 고전주의

일찌감치 부르주아 계급이 주도한 사회였던 영국에서는 바로크 건축이 제대로 발붙이지 못한 채 17세기부터 엄격한 팔라디오풍 고전주의가 득세했다. 하지만 프랑스·이탈리아·독일 등 유럽 대륙 국가들에서는 18세기 초부터 후기 바로크 양식의 화려한 실내 장식과 건축물이 대세를 이루고 있었다. 왕립 아카데미 주도로 고전주의적 바로크 건축을 전개해왔던 프랑스에서도 루이 14세 사후(1715)에는 장식 취향이 확산되었다. 절제력을 잃었다 할 만큼 과도한 장식과 감성에 치우친 형태 표현은 구체제 지배 계급인 왕·귀족에게나 어울릴 만한 것으로, 이성과 합리성에 입각한 새로운 사회체제를 지향하던 부르주아 계급에게는 걸맞지 않은 것이었다.

장식을 강조하는 예술과 건축에 대한 비판은 왕립 아카데미의 엘리트 예술가와 건축가 들을 중심으로 전개되었다. 그들에게는 이성적이고 합리적인 근거와 원칙을 갖는 규범을 확립하는 일이야말로 당대 예술과 건축이 수행해야 할 과제였다. 이미 고전주의 규범의 권위는 흔들리고 있었다. 예전에는 고대의 선례들에 절대적 권위를 부여하며 이를 반복하거나 기껏해야 보완하는 수준에 그치는 것이 용인되었지만, 이제 고대에 대한 맹목적인 신뢰를 넘어서는 근거가 확실한 규범이 요구되었다. 그 핵심은 고전주의 건축 규범을 '구조기술적 필요'와 '형태'가 합치하도록 재편하는 것이었다. 말하자면 클로드 페로가 루브르궁 동쪽 익랑 열주랑에서 보여주었던 기술과 형태 규범 사이의 어정쩡한 절충을 극복해야 했다. 새로운 규범은 합리적 기술과 아름다운 형태가 일체화된 '완전한 것'이어야 했고, 건축 형태의 아름다움은 사용된 기술의 합리성 때문에 필연적으로 빚어진 결과여야 했다.

기술과 형태의 합리성이라는 면에서 빠뜨릴 수 없는 프랑스 고딕 전통도 소환되었다. 비록 고딕 건축은 고전주의 건축에 비해 미적으로 승화되지 못한 것으로 폄하되었지만 그 속에서 구조적 합리성을 갖는 요소들을 고전주의 규범과 통합하려는 시도들이 진행되었다. 예컨대 벽체가 아닌 독립 기둥으로 아치나 볼트를 지지하는 고딕 구법과, 역시 독립 기둥들이 단순보를 지지하는 그리스 열주랑을 동일한 원리

2 쥘 아르두앙-망사르, 앵발리드 왕의 예배당 내부, 프랑스 파리, 1681~1708

3 쥘 아르두앙-망사르, 베르사유궁 예배당, 프랑스 베르사유, 1699~1710

4 조반니 세르반도니, 생 쉴피스 성당, 프랑스 파리, 1733~54

5 자크-제르맹 수플로, 생트 주느비에브 성당, 프랑스 파리, 1758~90

로 통합하려 했다.• 일찍이 클로드 페로 등이 루브르궁 동쪽 익랑에서 선보였던 독립기둥-단순보 결합은 아르두앙-망사르가 설계한 앵발리드 왕의 예배당과 베르사유궁 예배당(1699~1710), 조반니 니콜로 세르반도니(1695~1766)가 설계한 생 쉴피스 성당 서측 입면(1733~1870) 등에서 지속적으로 사용되었다. 자크-제르맹 수플로(1713~80)가 생트 주느비에브 교회(1758~90)에서 온갖 철물로 보강하면서 돔을 벽체가 아닌 독립기둥으로 지지하려고 한 것도 이러한 노력의 연장이었다.

프랑스 건축가들의 이러한 작업은 "고대인이 그랬듯이 우리는 우리의 능력으로 우리의 규범을 정립한다"는 태도에서 비롯되었다. 그리고 17세기 후반 신구논쟁에서 이미 드러냈듯이 '계몽된 이성'의 능력에 대한 자신감이 바탕에 깔려 있었다. 지금의 눈으로 보면 그들의 작업은 여전히 고전주의 규범의 틀 안에 있었지만, 당시에는 르네상스 고전주의와 '다른' 것을 찾는 '탈주'라 할 만했다. 석재 조적조 건축 생산과, 그 경험에 입각한 고전주의 규범의 틀을 벗어날 수 없었던 시대적 조건을 고려한다면 말이다.

그러나 석조 건축물의 형태 규범인 고전주의의 틀 안에서 철물 보강 같은 진전된 건축기술과 합치하는 형태 법칙을 찾으려는 그들의 노력은 해결 불가능한, 목적지에 도달할 수 없는 노정이었다. 그 종착지는 기술과 분리된 관념적 형식일 수밖에 없었다.

• 프랑스 건축 역사가 장-루이 드 코르드모아(1655~1714)는 저서 『모든 건축에 관한 새로운 이론서』(1706)에서 산 피에트로 성당 등에서 사용된 벽기둥과 아치를 비판하며 독립기둥과 보를 사용해야 함을 주장했다. 그는 고딕건축의 구조적 명료함을 데가주망(Dégagement, 전체를 구성하는 구성요소들 각각이 독립적인 존재감을 갖는 것)으로 설명했는데 독립기둥이 이에 부합한다는 것이다.

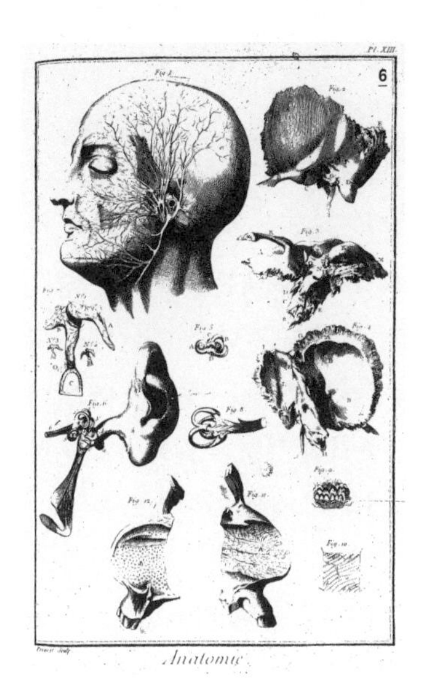

6 『백과전서』(1751~) 도판집(1762) 1권 중 '해부' 항목의 한 부분

7 『백과전서, 혹은 예술 과학 대사전』(1728) 1권 중 '건축' 항목에 실린 도판

고대의 재발견과 그리스주의

과학적 지식을 중시하는 계몽주의의 태도는 '지식만이 인간을 구제한다'는 신조로 연결되었고, 유럽의 지적 세계는 모든 인간적인(신적인 것이 아닌) 것에 대한 끊임없는 지적 욕망으로 넘쳐났다. 그것의 대표적인 성과물이 백과사전과 박물관이었다. 1728년 런던에서 출간된 『백과전서, 혹은 예술 과학 대사전』과 1751년부터 프랑스에서 출판되기 시작한 『백과전서』는 말하자면 '인간의 모든 합리적 지식을 한데 모아' 성경을 대신하여 자연과 인간을 설명하려는 시도였으며,•• 1753년 설립된 영국의 대영박물관은 '인간의 지적 활

•• 『백과전서』는 1751년 제1권 출판을 시작으로, 1772년 본책 17권과 도판 11권을 완간했다. 볼테르, 몽테스키외, 루소, 케네 등 130여 명의 계몽사상가들이 참여했으며 디드로와 달랑베르가 편집 책임을 맡았다. 건축 분야는 자크 프랑수아 블롱델이 집필했다.

동의 모든 성과물, 즉 모든 역사 유물과 예술품을 한데 모으려는' 시도였다.

지식에 대한 욕망은 '옛 인류문명에 대한 관심', 즉 고고학 분야에서도 예외가 아니었다. "우리는 이론이 아니라 사실에 근거해 말한다." 영국 고고학의 토대를 쌓았다는 평을 받는 리처드 콜트 호어가 과거 역사를 관념적 이론이 아니라 유물이나 유적을 근거로 탐구해야 한다는 뜻에서 한 말이다. 17세기부터 실증적 지식을 중시한 경험론 철학이 득세한 영국에서 고고학이 발전하기 시작한 것은 자연스러운 일이었다.

고고학 발전에 힘입어 고대 로마 건축과 그리스 건축에 대한 탐구도 진전되었다. 1660년쯤부터는 상류층 귀족 자제들이 프랑스와 이탈리아 주요 도시들을 돌아보는 여행인 그랜드 투어(Grand Tour)•가 유행하면서 프랑스와 고대 로마의 고전주의에 대한 지식이 상류층의 교양이 되다시피 했다. 고대 로마와 그리스에 대한 관심과 연구가 본격화한 것은 18세기 초 유럽인들의 폭발적 관심 속에 시작된 이탈리아 헤르쿨라네움과 폼페이 발굴 과정에서였다. 특히 이들 유적에 대한 본격적 발굴이 진행되던 1750년 무렵 인근 페스

• 그랜드 투어는 1660년쯤부터 영국을 중심으로 유럽 각국 상류층 귀족 자제들 사이에서 유행했다. 이전까지 유럽의 자녀 교육은 좁은 지리적 범위 안에서만 이루어졌다. 예컨대 영국에서 귀족 자제들은 옥스퍼드대학과 케임브리지대학에서 2~3년을 공부한 후 고향으로 돌아와 부친을 도와 재산을 관리하는 것이 일반적 패턴이었으며, 국내 도시 여행 이상의 여행 기회는 극히 제한적이었다. 17세기 후반 국가 간 종교 갈등이 완화되고 경제력이 향상되면서 여행 반경이 넓어졌다. 영국·프랑스·독일·덴마크·네덜란드·폴란드 등 유럽 국가의 귀족은 자녀들을 프랑스·이탈리아로 짧게는 6~7개월, 길게는 1~2년 장기 여행을 보내기 시작했다. 18세기 중엽에는 상류층의 필수 교육과정으로 여겨질 정도로 보편화했다. 그랜드 투어는 19세기 철도 발달로 여행이 쉬워지고 대중적이 될 때까지, 그리고 신고전주의 유행이 시들해질 때까지 계속되었다.

8 이탈리아 페스툼에서 발견된 고대 그리스 신전

툼에 방치되어 있던 고대 신전 유적 세 개가 그리스시대 신전으로 밝혀지며 새롭게 주목을 끌면서 유럽 전체에 그리스 건축에 대한 관심과 논의가 촉발되었다.

그랜드 투어와 고고학적 발견 등에 의해 고대 그리스 건축과 로마 건축에 관해서 이제까지 알려진 것보다 훨씬 다양한 사례들에 대한 새로운 지식이 추가되었다. 그리스 건축에 대한 지식이 특히 그러했다. 18세기 중엽까지 그리스에 관한 지식은 대부분 중세부터 전래되어온 문헌에 기초한 것으로 직접 관찰을 통한 지식은 부족한 상태였다. 15세기 이래 오스만제국이 지배하고 있는 그리스를 직접 답사하고 발굴하는 것은 적잖이 위험한 일이었기 때문이다. 열풍처럼 유행했던 그랜드 투어 역시 이탈리아 고대·중세 도시 지역은 포함되었지만 대부분 나폴리가 한계선이었고 그리스를 여행한 경우는 극히 드물었다.

그리스에 대한 직접적인 조사가 활발히 추진된 때는 18세기 중반부터다. 여전히 오스만제국 치하에 있었지만 그리스 지역 상인 세력이 발전하면서 이 지역과 서유럽의 경제적·문화적 교류가 늘어난 덕이었다. 1751년 영국의 딜레탕트협회의 지원으로 건축가 제임스 스튜어트와 니컬러스 레벳이 3년간 아테네를 탐험하고 그들의 발견을 세밀한 도판들과 설명으로 기록한 『아테네의 유물들』(1762)을 출간했다.• 또한 그사이에 프랑스 건축가 쥘리앵-다비드 르 루아가 그리스 건축에 관한 기록서를 가장 먼저 출간할 욕심에 1755년 서둘러서 아테네를 탐사하고 『그리스의 가장 아름다운 기념물들의 흔적들』(1758)을 발간하기도 했다.

그리스에 대한 관심은 르네상스 이래 고대 로마를 표본으로 삼아온 고전주의 예술에 대한 새로운 접근으로도 표출되었다. 정치나 철학 같은 분야에서는 플라톤과 아리스토텔레스를 중심으로 한 그리스 철학이 최고로 인정되고 있었다. 그리스 문헌들은 로마시대와 중세를 거치며 꾸준히 읽히고 연구되었고, 그 문헌들을 당대의 시각으로 논구하는 것이 일종의 전통이었다. 그러나 건축 등 조형예술은 그리스의 것이 로마시대에 와서 완성된 것으로 인식되었다. 문헌 연구와는 달리 건축 연구는 건축물을 직접 관찰하는 일이 필요했지만 이제껏 그리스 지역은 가볼 수 없었기에 이러한 인식이 더욱 굳어졌다. 어차피 로마 건축이 그리스 건축을 이어받은

• 레벳은 1762~64년에 다시 딜레탕트협회 지원으로 고고학자(리처드 챈들러), 화가(윌리엄 파스)와 팀을 이루어 그리스와 이오니아 지역을 여행했다. 이들은 그 성과물로 『이오니아의 유물들』(1769)을 저술했다.

것이고 당연히 로마 건축이 더욱 진전된 단계일 테니 이를 연구하고 참조하면 될 일로 치부해버린 것이다.

그러나 고대 그리스 유물에 대한 직접적 조사·연구가 진행되고 고대 로마에 대한 연구 역시 더 진전되면서 고대 문화가 단일하지 않다는 이해가 확산되었다. 고대는 이제까지 알고 있던 것보다 훨씬 다양하다는 것, 15세기 르네상스 이래 이제까지 규범으로 따르던 '고대'는 고대 문화 전체가 아니라 일부라는 것, 우리 시대가 그런 것처럼 고대인들도 자신들의 시대와 사회 여건 속에서 그들의 규범을 성립시켰다는 것, 그리고 그리스 건축이 로마 건축으로 완성된 것이 아니라 이 둘은 전혀 다르다는 것 등의 인식이 보편화되었다. 뿐만 아니라 고전 규범인 '질서 있는 우주의 재현'이라는 점에서 로마보다 그리스가 우월하다는 주장이 힘을 얻었다. 프로이센의 역사가이자 고고학자인 요한 요하임 빙켈만(1717~68)의 『그리스 미술 모방론』(1755)은 이러한 인식과 주장을 정초한 대표적 저작이었다. 그는, 그리스를 맹목적으로 찬양하며•• 그리스 조각을 "고귀한 순전성과 고요한 장엄함"(edle Einfalt und stille Grösse)으로 찬미했다. 이는 그리스 건축에도 그대로 적용되었다. 빙켈만은 1764년 그의 대표 저작인 『고대미술사』에서도 이집트·에트루리아·로마

•• 낯 뜨거울 정도의 공손한 헌정문과 함께 작센의 군주 프리드리히 아우구스트 2세에게 헌정된 빙켈만의 책은 시작부터 끝까지 그리스인의 육체와 그들의 모든 작업을 '완전한 것'으로 찬양하는 내용으로 가득 차 있다. 예컨대 "그리스인들은 아름다움을 심하게 손상시키거나 고상한 체격을 망가뜨리는 질병을 앓지 않았다. … 성병과 구루병도 그리스인의 천성적인 아름다운 자연에는 위협을 가하지 못했다"라는 식이다. 이러한 편집증적인 그리스 찬양이 독일 엘리트 사회에서 호평을 받았다는 사실은, 당시 독자적인 국가체제를 지향하면서 문화적으로도 프랑스의 영향에서 벗어나려 했던 독일 지배층의 분위기가 반영된 결과라 할 수 있다. 그는 유럽 사회를 선도한 로마와 프랑스의 바로크 미술을 그리스 미술보다 못한 것으로 깎아내렸다.

등 다른 고대 예술에 비해 그리스 예술이 우월하다고 주장했다.

그리스 건축과 예술에 대한 칭송은 당시 부르주아 계급의 이성적 감수성과 정치적 지향이 반영된 것이었다. 개인의 이성 능력을 발휘할 자유가 보장되고 합리성이 지배하는 새로운 사회를 지향하던 부르주아들에게는 당시 유럽 대륙에서 횡행하던 절제력 없이 과시적이고 감성적인 로코코 예술보다는 '순전'하고 '엄정'한 그리스 예술과 건축이 훨씬 시대에 부합하는 것이었다.

부르주아 계급은 17세기까지는 구체제 지배 세력에 편입하는 데에 급급했기에 예술문화 역시 왕과 귀족 계급의 취향을 무작정 좇았다. 그러나 상황이 달라졌다. 부르주아 계급이 매진해온 상공업과 국제 무역업은 이제 국가에서 가장 중요한 정치경제적 활동이 되었다. 이에 따라 부르주아들의 계층적 정체성과 자긍심도 한껏 높아졌다. 게다가 계몽주의 철학자들에 의하면 부르주아 계급의 '이성적이고 합리적인' 경제활동이야말로 인류의 진보를 이끄는 역사적 당위성마저 갖는 것이었다. 더 이상 구체제의 비이성적인 예술을 추종할 이유가 없었다. 그것들은 오히려 비판하고 거부해야 할 반동적 구체제의 일부였다. 이 퇴락한 예술을 낳은 이탈리아 르네상스-바로크가 원천으로 삼았던 고대 로마보다는 개인의 자유로운 정치·경제활동을 기초로 민주정을 구가했던 그리스인들의 예술이야말로 자신들의 정체성을 확인하고 고양하기에 적절한 것이었다. 보라. '고귀한 순전성과 고요한 장엄함'을 떠받치고 있는 이성의 힘을!

고전주의 건축 규범의 딜레마

프랑스에서의 새로운 고전주의나 그리스 건축에 대한 천착은 당시 주류 예술이었던 로코코에 대한 비판과 반발이 직접적 동기였다. 그러나 근본적으로는, 17세기 신구논쟁이 보여주었듯이 '이성적 능력이 이끄는 역사 발전'에 대한 계몽주의적 믿음이 뿌리내린 결과였다. 이성적 능력을 활용한다면 '고대 선례에 대한 맹종'을 넘어서 '합리적 논리에 기반해 현 시대의 상황과 필요에 적합한 새로운 규범의 정립이 가능하다'는 태도가 확산되었다.

과학의 발전과 고고학적 발견이 이러한 경향을 강화했다. 구조역학 지식이 발전하면서 고전주의 건축 규범은 권위를 잃어갔다. 갈릴레오는 이미 17세기에 사물이 구조적 안정성을 유지하려면 크기에 따라 비례와 재료 강도가 달라져야 한다는 사실을 논했다. '사물의 비례는 완벽한 형태나 신성한 관념이 아니라 물체의 크기와 재료의 물성에 달려 있다'는 그의 주장은 고전주의 비례 규범의 전제를 전면적으로 뒤엎는 것이었다. 게다가 부르주아 계급이 그토록 받들었던 이성 능력의 표상인 자연과학이 밝혀낸, 거부하거나 반박할 수 없는 '진리'였다.

고전주의 패러다임에 따르면, 비례 규범에 따른 건축 요소들의 치수는 형식의 아름다움뿐 아니라 구조적 견고함과 실용성도 보장했다. 그것은 '질서 있는 사물의 구성은 완전성을 보장한다'는 사고를 전제했다. 그러나 구조역학(과학)에 따른다면 전혀 근거가 없는 것이었다. 그 비례는 석재라는 재료의 물성과 일정한 크기 아래에서만 성립하는 것임이 명백해졌다. 앞 장에서 살펴본 대로 이는 클로드 페로의 루브르궁 동쪽 익랑에서부터 잠재했던 문제였다.

고고학의 발전으로 로마 건축물에 대한 실측이 이루어지는 등 엄밀한 분석·연구가 이루어진 것도 고전주의 규범의 신비감과 권위를 감소시켰다. 실측 결과, 로마의 기념비적 건물들의 비례가 서로 다르다는 것이 확인되었다.• 이런 실측 결과를 바탕으로 클로드 페로는, 고전주의 비례 규범은 자연에서 유래한 신성한 것이 아니라 당대 건축가들이 온갖 형태를 시도한 끝에 합의를 통해 만들어진 것이라고 주장할 수 있었다.

고전주의의 권위가 약해졌음에도 불구하고 프랑스 아카데미의 새로운 고전주의자들이나 그리스주의자들이 찾는 '새로운' 법칙은 여전히 '이상적 형태 규범'이었다. 그리고 그들이 근거로 삼은 것은 여전히 석조 건축물의 형태 규범인 15세기 르네상스 고전주의였다. 새로이 주목한 그리스 건축 역시 석조이긴 마찬가지였다. 그들은 석조 건축물의 경험적 틀을 벗어나지 못한 채 이미 석조 구법을 넘어서 발전하고 있던 건축기술과 합치하는 형태 규범을 찾고 있었던 것이다. 이것은 당연히 불가능했다. 고전주의를 버리든지 '기술-형태의 합치'라는 이상을 포기하는 수밖에는 없었다.

그러나 당시의 계몽주의자들은 기술-형태의 합치라는 합리적 이상을 포기할 수 없었다. 그리고 아직 철물 보강 수준이었던 기술적 한계 속에서 석조 건축의 규범을 완전히 벗어날 수도 없었다. 한쪽에서는 주관적이고 비합리적인 장식주의가 넘실대고, 다른 한쪽에서는 과학적 지식이 고전주의의 권위를 허무는 가운데 고전주의의 원리를 지키지도 버리지도 못하는 상황이 계속되었다. 이성과 과학적 합리성을 신봉하는 계몽주의자 입장에서는 참을 수 없는 상황이었다. 어떻게든 건축의 원리를 재정리하고 권위를 회복해야 했다. 자

• 앙투안 데고데(1653~1728)가 프랑스 왕의 명령으로 로마 건축물을 조사해 1682년 출간한 『정확히 측정해 작도한 고대 로마 건축물』이 대표적이다.

연과학적 명제에도 부응하고 전통적 고전 규범에도 부응하는 새로운 건축 원리가 필요했다. 18세기 후반의 건축가들은 이 문제를 안고 고민했다.

합리적 규범의 재건

새롭고 합리적인 건축 규범을 재정립하려는 18세기 후반 계몽주의 건축가들이 도출한 논리는 '구축적 합리성'(architectonic)이었다. 고전 건축의 아름다움은 '구축적 합리성이 시각적으로 표현된 필연적 결과'라는 것이었다. 이러한 주장은 그리스 열풍과 결합하면서 그리스 건축을 '구축적 합리성'이 구현된 건축이자 새로운 규범의 원천으로 부각시켰다. '기술-형태의 합치'라는 고전주의 형태 미학의 대명제를 다분히 관념적이고 추상적인 개념인 '구축적 합리성'이 대신했다. 이때 '합리성'은 '자연의 원리'에 근거하는 것이었다.

그리스 건축의 구축적 합리성을 주장한 대표적 담론은 프랑스의 예수회 사제이자 건축이론가인 마르크-앙투안 로지에(1713~69)가 『건축소론』(1753)에서 개진한 '원초적 오두막'(primitive hut)이다. 그는 원초적 오두막을 "모든 불필요한 장식이 제거된 본질적 구조 요소"를 드러내는 "자연 상태에서 최초의 건축"이라고 정의하고, 고전 건축(그리스 건축)의 근본적 요소들은 원초적 오두막과 일치하며, 따라서 고전 건축의 규범은 자연에 뿌리를 둔 절대적인 것이라고 주장했다. 이러한 주장은 오더의 사용 규범에 대한 주장으로 이어졌다. 예컨대 벽체와 연결된 기둥이나 각기둥(pilaster)을 써서는 안 되고 반드시 독립된 원기둥을 사용해 그 자연적 본성을 표현해야 한다거나, 원초적 원두막이 그랬듯이 기둥은 주초 위에 올리지 말고 바닥 포장석 위에 직접 세워야 한다는 등의 주장이었다. 그는 기둥 사용 방식뿐 아니라 비례와 엔타시스의 부적절성 등을 이유로 르네상스와 바로크가 그리스 건축의 자연 본성적 요소들의 순전성을 왜곡했다고 비판했다.

그리스인이 신전 기둥을 자연의 산물인 나무로 간주하며 건축했다는 '그리스 기둥의 수목기원설' 또한 그리스 건축이 자연(본성)의 원리에 따른 것임을 강변하는 것이었다. 예컨대, 영국 건축가 윌리엄 체임버스(1723~96)는 『시민의 건축에 관한 논문』(1759)에서 그리스 신전의 기둥이 자연 상태의 나무에서 유래했음을 보여주는 스케치들과 함께 그 발전 과정을 상세하게 기술했다.

로지에나 체임버스의 작업은 이제까지 근거나 원리에 대한 합리적 설명이 없었던 고전 건축을 자연에 기반한 경험적·이성적 법칙으로 재구성하려는 시도였다. 또한 몇십 년 전부터 클로드 페로 등이 제기한 "고전주의 규범은 임의로 정해진 것일 뿐"이라는 주장으로 심하게 훼손된 고전주의의 권위을 강고한 '자연 본성적 원리'로서 재건하려는 시도이기도 했다. 순수한 자연 상태에서 건축된 원초적 오두막과 마찬가지로 독립기둥과 수평 보로 선명하게 구축된 그리스 건축이야말로 자연 원리에 합치하는 합리적이고 이성적인, 그래서 필연적으로 아름다운 건축이라는 것이다.

구축의 합리성 면이라면 고딕 건축이 빠질 수 없다. 사실 17세기 말부터 비례의 합리성에 의문을 제기하며 새로운 건축 규범의 실마리를 '구축적 합리성'에서 찾던 건축 이론가들은 구조기술과 형태 표현이 합치하는 건축으로서 고딕에 주목했다. 그러나 엘리트 건축 담론 세계에서 고딕 건축은 그리스 건축과는 다른 평가를 받았다. 구조의 합리성이 아름다움으로 승화되지 못한 '구조물'일 뿐이라는 것이다. 구조적 합리성은 필요조건일 뿐 진정한 아름다움을 위해서

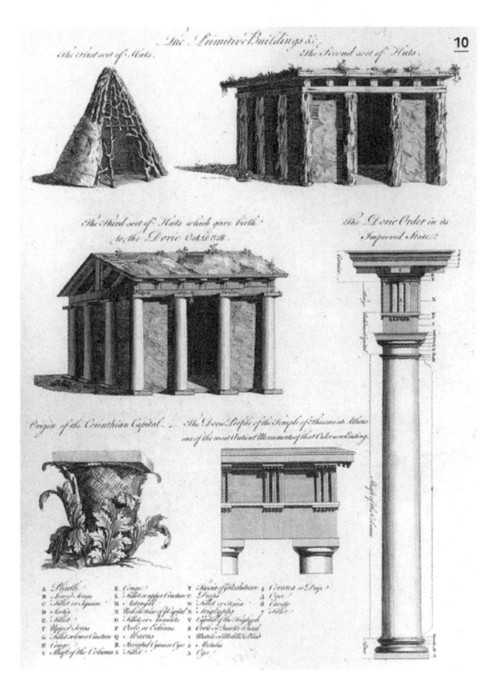

9 로지에의 『건축소론』(1753)에 삽입된 원초적 오두막 삽화

10 윌리엄 체임스의 『시민의 건축에 관한 논문』(1759)에 삽입된 수목기원설을 보여주는 수목형 기둥

는 비례 규범까지를 만족시키는 '구축의 완전성'을 갖추어야 한다는 태도였다. 18세기 말부터 19세기에 철 건축에 대해 '미적으로 불완전한 구조물'이라고 비판했던 것 역시 동일한 맥락에서 벌어진 일이다. 고딕 건축과 철 건축의 구조적 합리성은 19세기 중반에야 중요한 건축 원리로 주목받게 된다.

로지에의 '구축적 합리성' 역시 기술 발전과 석조 건축의 형태 규범 사이의 딜레마에 빠져 있기는 마찬가지였다. 그 또한 르네상스 이래로 지속해온 고전주의 전통을 지속해야 한다는 전제하에 만들어낸 주장일 뿐이다. 그리고 여기에는 고딕의 중세보다는 그리스 민주정 사회를 동경하고 지향하던 당시 부르주아 계급의 정치사상적 편향도 작용했다.

수플로의 생트 주느비에브 성당 설계를 두고 벌어진 논쟁은 당대 건축가들이 겪은 딜레마를 잘 보여준다. 당시 로지에가 제창한 '이상적이고 순수한 건축 형태'로서의 '수평보-독립기둥' 이론을 지지하던 수플로는 치밀한 구조 계산과 철물 보강 등 온갖 수단을 동원하여 이 교회의 모든 구조를 '수평 보 형태의 평아치를 독립 원기둥이 지지하는 형태'로 설계했다. 평아치(위가 편평한 아치)의 하중 부담을 줄이기 위해 평아치 상부에 아치 구조를 숨기기도 했다. 독립기둥으로만 지지하는 중앙 돔의 설계를 두고 건축가 피에르 파트(1723~1814)는 기둥 두께가 너무 얇아서 구조적으로 불안정하다고 비판했다. 논쟁의 시발점이었다. 파트의 비판은 고전주의의 시각적 형태를 논거로, 이를 무시한 수플레의 형태는 구조적으로 불안정할 수밖에 없다는 주장이었다.•

이 논쟁은 구조적 합리주의와 관행적 형태 규범에 대한 당시 건축가들의 이중적 관념을 보여준다. 수플로가 과학적 계산에 의해 구현하려 했던 것은 수평 보와 독립기둥으로 구성된 '이상적 형태'였다. 파트는 자신의 경험적 엔지니어링 지식을 바탕으로 수플로를 비판했지만 그가 지적한 '불안정성'의 정체 역시 "고전주의 형태 규범으로부터의 이탈"이었다. 둘 다 이성적·합리적 지식을 동원했지만 동시에 '본질적 아름다움을 갖는 이상적 형태 관념'을 추구했다. 합리적 지

• 논쟁은 쉽게 결론을 못 내다가, 수플로의 사후에 그의 설계를 도왔던 제자 장-바티스트 롱들레(1743~1829)가 미분법 계산으로 수플로 설계가 실현 가능하다는 것을 증명하면서 끝났다. 그러나 롱들레는 돔의 모서리마다 세 개씩 묶음으로 배치된 독립기둥들을 벽체에 연결함으로써, 수플레가 못마땅해했을 벽기둥으로 설계를 변경해 보강을 꾀했다.

11 자크-제르맹 수플로, 생트 주느비에브 성당, 프랑스 파리, 1758~90

12 생트 주느비에브 성당 내부

13

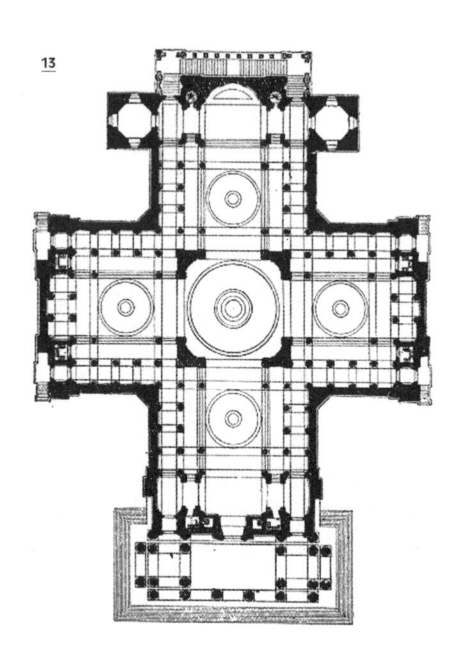

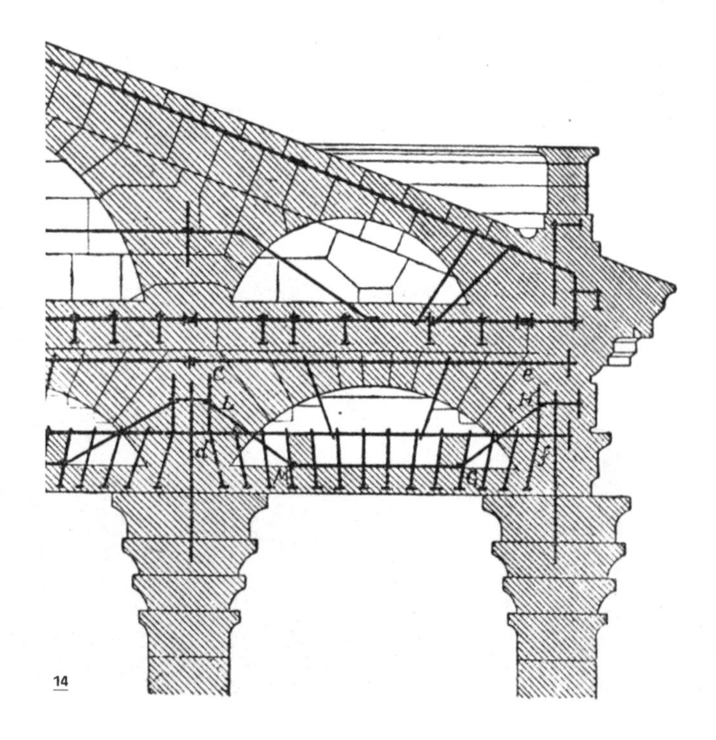

14

13 생트 주느비에브 성당 평면도

14 생트 주느비에브 성당 보강 철근 배근도

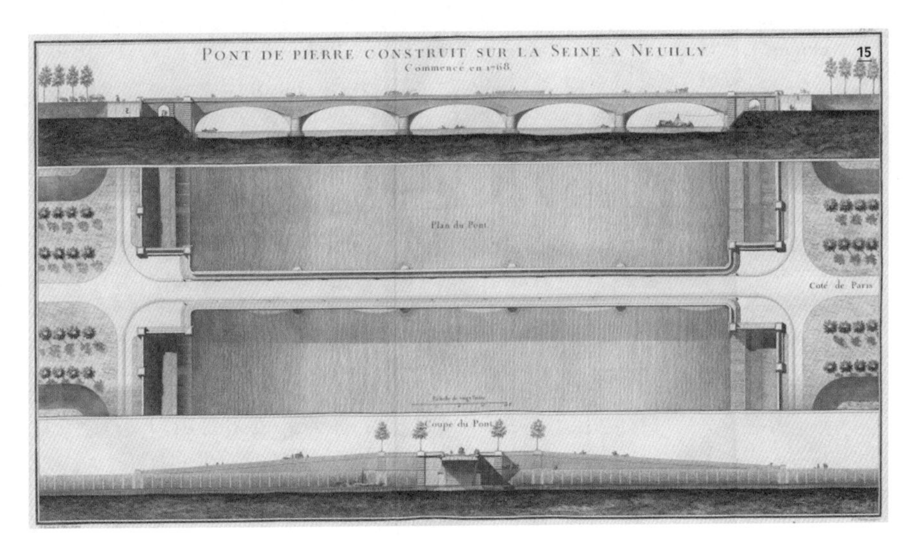

15 장-로돌프 페로네, 파리 누이이교, 1768~72

식은 이상적 형태를 구현하기 위한 수단인 셈이었으니 사실상 이 논쟁의 핵심은 '구조적 불안정 여부'보다는 '이상적 형태 규범에 대한 입장 차이'였다.

결국 이들이 지키려 했던 것은 석조 건축 구법에 기초한 관념적인 체계였고, 그것은 건축 생산기술의 진전에 따라 무너져버릴 수밖에 없는 것이었다. 예컨대 공학기술자 장-로돌프 페로네는 파리 누이이교(1768~72)에서, 길이 219미터를 장스팬 다섯 개 아치로 구성하면서, 기둥 직경과 스팬의 비례를 전통적인 교량 비례인 1:5의 절반인 1:10으로 구현했다. 공학기술자들은 이미 고전주의 비례의 틀을 벗어난 구조물을 생산하고 있었던 것이다. 그러나 18세기까지는 기술적 합리성에 어긋나는 고전주의 비례 규범이 어영부영 통용되었다. 이에 대한 본격적 비판은 건축 생산 조건이 석조에서 철로 변화하는 19세기에 가서야 이루어진다.

신고전주의의 확산

과거의 건축 규범을 미봉책으로 다듬어가는 가운데 18세기 후반부터 프랑스와 그리스의 고전주의를 원형으로 한 건축이 속속 등장했다. 이후 이 모든 것에 '신고전주의'라는 이름이 붙었다. 고딕 전통이 강했던 프랑스와 영국에서 고딕 건축을 '합리적 건축'으로서 참조하려는 움직임이 있었지만 대세는 고전주의였다. 18세기 후반, 계몽 이성을 앞세운 지배 계급은 건축에서도 엄정한 고전주의를 여전히 요구했다.

이전 시대에 비해 뚜렷이 달라진 점은 건축물의 종류였다. 부르주아의 경제활동이 급속히 증가하면서 주요 도시마다 은행과 거래소 등 상업활동을 위한 건축물이 속속 건축되었다. 파리에는 직경 20미터에 이르는 원형 중정을 목제 돔으로 덮은 원형 건축물인 곡물거래소(1763~67, 목제 돔 1782~83)가 니콜라 르 카뮈 드 메지에르의 설계로(목제 돔은 자크-기욤 르그랑과 자크 몰리노스 설계) 신고전주의 양식으로 지어졌다. 자유주의자였던 오를레앙 공작 필리프 2세가 자신의 궁정 건물을 개축하여 상점·미술관·오페라극장 등의 시설로 대중에게 개방한 파리왕궁(1633~39, 개축 1781~93)의 새로 부가된 아케이드들도 장엄한 신고전주의 양식이었다.

부르주아 대중의 문화예술 취미에 대응하는 극장·도서관·박물관·대학 등의 공공건축 성행도 시대의 변화를 실감케 하는 것이었다. 1759년 개관한 초기 대영박물관은 17세기 영주 저택을 리모델링한 것이었지만• 이후 신설된 공공건축물들은 점차 신고전주의 양식으로 지어졌다. 극장의 수요와 인기가 커지면서 프랑스 왕실이 직접 건축한 파리의

• 지금의 신고전주의 양식 대영박물관은 1825년에 로버트 스머크의 설계로 건축된 것이다.

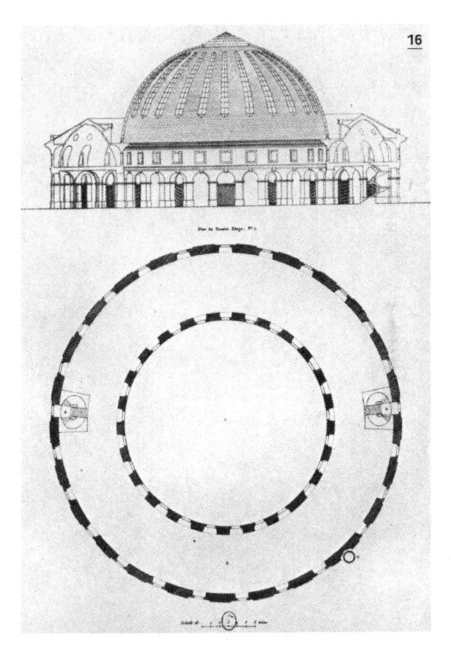

16 니콜라 르 카뮈 드 메지에르, 파리 곡물거래소 단면도와 평면도, 프랑스 파리, 1763~67, 목제 돔은 자크-기욤 르그랑/자크 몰리노스, 1782~83

오데옹 극장(1779~82), 낭트 극장(1783~88/재축 1811~13), 보르도 대극장(1773~80), 브장송 오페라극장(1778~84) 등이 그랬고, 외과 수술을 의학의 전문 분야로 공인하며 건축된 파리 외과대학(1769~74) 또한 엄숙한 신고전주의를 따랐다.

교회는 이제 세속적 정치권력에서 멀어졌지만, 종교의 권위에 기대려는 필요에서, 혹은 신실한 신앙심에서 권력층에게 교회당 건축은 여전히 중요한 주제였다. 수플로의 생트 주느비에브 성당을 비롯하여 생 필리프 뒤 룰 교회(1774~84) 등 여러 교회가 신고전주의 양식으로 건축되었다.

국가 경영을 위한 공공청사의 수요도 늘어났다. 새로운 계몽주의 국가를 상징하는 공공청사야말로 신고전주의 양식이 안성맞춤이었다. 파리의 조폐국(1771~75), 런던의 여러 공공기관을 수용한 대규모 청사 서머셋 하우스(1776~1801) 등이 대표적 사례이다. 미국에서는 백악관(1792~1800)을 필두로 여러 공공청사들이 신고전주의의 옷을 입었다.

지배 계급의 거처, 즉 왕의 궁전과 귀족·부르주아 계급의 저택 역시 신고전주의 양식으로 지어졌다. 예컨대 프랑스 왕 루이 15세가 자신의 정부(情婦) 퐁파두르 부인을 위해 베르사유에 지어준 궁전인 프티 트리아농(1762~68)은 18세기 후반 귀족들의 호사 취미가 로코코 양식에서 엄숙한 신

17 빅토르 루이, 파리왕궁 살레 리슐리외 극장 1층 아케이드, 프랑스 파리, 1786~90

18 빅토르 루이, 파리왕궁 중정 아케이드, 1781~84
(중정에 놓인 줄무늬 원기둥들은 전시 중인 미술작품이다)

19 마리-조제프 페이허와 샤를 드 베이, 오데옹 극장, 프랑스 파리, 1779~82/ 재축 1819

20 마튀랭 크뤼시, 낭트 극장, 프랑스 낭트, 1783~88/ 재축 1811~13

21 빅토르 루이, 보르도 대극장, 1773~80

17

18

19

20

21

22 클로드-니콜라 르두, 브장송 오페라극장, 프랑스 브장송, 1778~84

23 자크 공두앵, 파리 외과대학, 프랑스 파리, 1769~74

24 장 샬그랭, 생 필리프 뒤 룰 교회, 프랑스 파리, 1774~84

25 생 필리프 뒤 룰 교회 내부

26 자크 드니 앙투안, 조폐국, 프랑스 파리, 1771~75

27 윌리엄 체임버스, 서머셋 하우스, 영국 런던, 1776~1801

28 제임스 호번, 백악관의 북쪽 입면과 남쪽 입면, 미국 워싱턴 D.C., 1792~1800

26

27

28

29 앙주-자크 가브리엘, 프티 트리아농, 프랑스 베르사유, 1762~68

30 로버트 애덤, 켄우드 하우스, 영국 런던, 1764~79

31 존 우드 1세, 더 서커스, 영국 바스, 1754~68

32 존 우드 2세, 로열 크레센트, 영국 바스, 1767~74

33 로열 크레센트 후면부

29

30

31

32

33

고전주의 양식으로 전환했음을 알린 대표적인 사례로 꼽힌다. 영국에서는 켄우드 하우스(1764~79)를 비롯한 부르주아들의 컨트리하우스들이 고전주의 양식으로 건축되었다. 바스에서 존 우드 부자가 투자 목적의 사업으로 도시개발계획을 세우고 이에 따라 건축한 판매용 타운하우스들인 더 서커스(1754~68)와 로열 크레센트(1767~74)는 이오니아 오더가 정연하게 배치된 입면으로 도시공간을 둘러싸며 도시에 기념비적인 구심점을 부여하려 한 작업이었다. 이에 이어 인근에 존 파머 설계로 건축된 랜스다운 크레센트(1789~93) 역시 동일한 방식의 개발사업이었다.•

절대왕권도 굳건하고 부르주아 계급의 세력도 융성했던 프랑스와 영국을 중심으로 전개된 신고전주의 건축은 18세기 말쯤 유럽 각국으로 확산되었다. 그러나 이들 지역에서 신고전주의는 개인적이고 산발적으로 수용되었다. 여전히 후기바로크 건축이 지속되기도 했고 군주의 성향에 따라 달라지기도 했다. 1716년 아라곤왕국과 완전한 통일을 이룬 후 다시 강대국으로 발돋움하던 스페인왕국에서는 계몽군주 카를로스 3세(재위 1759~88)에 의해 신고전주의가 채택되었다. 마드리드에 신고전주의 양식으로 건축된 프라도 미술관(1785~1819)은 카를로스 3세가 지향한 계몽적 개혁 정치의 표상이었다. 보수적인 남부 독일 바이에른공국과 합스부르크제국 통치 지역(오스트리아-헝가리-북부 이탈

• 이들 크레센트는 전면 도로에 면해 신고전주의 양식으로 설계된 건축물 입면을 길이 단위로 판매했다. 이를 매입한 사람이 각자 건축가에게 의뢰해 입면에 맞추어 주택을 설계하고 건축했다. 따라서 동일한 주택이 연속하는 듯한 입면과는 달리 각 집의 평면과 재료는 각양각색이다. 개별적인 건축 수요를 집단화하여 기념비적인 풍경을 연출하려는 이러한 방식은 절대왕권이 주도한 파리의 보주광장과 방돔광장에서 구현된 바 있다. 바스의 크레센트들은 이보다 작은 규모의 부르주아 주택을 대상으로 이러한 방식을 적용한 것이다.

34 후안 데 빌라누에바, 프라도 미술관, 스페인 마드리드, 1785~1819

35 프랑수아 드 퀴비예, 뮌헨 레지덴츠 극장, 독일 뮌헨, 1751~53

36 주세페 피에르마리니, 스칼라 극장, 이탈리아 밀라노, 1776~78

37 조반니 바티스타 피라네시의 로마 풍경 동판화, 1756

리아)에서는 여전히 후기바로크가 주류였다. 뮌헨 레지덴츠 극장(1751~53)과 밀라노의 스칼라 극장(1776~78)은 바로크 양식으로 건축되었다.•

세력이 현저히 약해진 교황청의 로마에서는 건축활동이 저조한 가운데 고대 로마 유물과 르네상스·바로크 건축물을 견학하려는 유럽 각지에서 온 여행자들로 붐볐다. 한때 유럽 건축의 중심이었다가 보전과 관찰의 대상으로 퇴보한 도시 로마는 과거에 대한 동경을 낳았는데, 이를 조반니 바티스타 피라네시(1720~78)가 낭만적이고 음울한 스케치로

• 당시 밀라노는 합스부르크제국 치하에 있었다. 스칼라 극장을 설계한 주세페 피에르마리니(1734~1808)가 처음 제시한 설계안은 신고전주의 양식이었다. 그러나 당시 롬바르디아 통치자였던 피르미안 공작의 거부로 바로크 양식이 짙은 현재의 안이 합스부르크제국의 여제 마리아 테레지아의 승인을 받아 건축되었다.

표현해냈다.

개신교도인 계몽주의적 절대군주의 통치하에 독일 지역 최강 세력으로 성장하고 있던 프로이센왕국도 예외가 아니었다. 군사 강국으로서 이미 18세기에 프리드리히 2세 통치기(1740~86)에 오스트리아제국과 자웅을 겨루던[••] 프로이센은 장차 19세기 초에는 프랑스·영국과 어깨를 나란히 하는 산업강국으로 성장하고 국내에서는 신고전주의가 국가적 건축 양식으로 성행하게 될 터였다. 그러나 18세기 후반까지는 아직 이탈리아와 프랑스 바로크의 영향 아래에 있었다. 왕의 여름 별장인 상수시궁(1745~47)은 베르사유궁을 본떠 베를린 근교 포츠담에 프랑스 바로크 양식으로 지어졌으며 실내는 가볍고 화려한 로코코 양식으로 장식되었다. 베를린 중심가 운터덴린덴에는 왕권의 위세를 과시하려는 프리드리히 광장이 조성되었다. 팔라디오 양식의 왕립 오페라극장(1741~43), 프랑스 고전주의를 따른 하인리히 왕자궁(1748~53, 현 훔볼트 대학), 구교도들을 위한 성당으로서 로마 판테온을 재현하려했던 장크트 헤트비히 성당(1747~73)이 건축되었고, 로마 바로크풍으로 건축된 왕립 도서관(1775~80)이 여기에 더해졌다. 이것들은 규모에서나 건축 양식에서나 국가 권력을 과시하려는 야심 찬 기획에 못 미쳤지만, 프리드리히 2세에 이어 왕위에 오른 빌헬름 2세가 운터덴린덴가 시작 지점에 신고전주의 양식으로 건축한 브란덴부르크 문(1788~91)의 정연함은 이 모든 아쉬움을 불식시켰다. 네덜란드 내전에 개입해 거둔 승전[•••]을 기념하며 옛

[••] 프로이센은 오스트리아 왕위 계승 전쟁(1740~48)에서 오스트리아를 누르고 석탄 자원의 보고인 슐레지엔 지역을 차지했으며, 이를 되찾으려 오스트리아가 벌인 7년전쟁(1756~63)에서도 오스트리아를 누르고 슐레지엔을 지켰다.

38

39

38 상수시궁, 독일 포츠담, 1745~47

39 게오르크 벤체슬라우스 폰 크노벨스도르프, 왕립 오페라극장, 독일 베를린, 1741~43

40 카를 고트하르트 랑한스, 브란덴부르크 문, 독일 베를린, 1788~91

41 운터덴린덴과 프리드리히 광장이 묘사된 에두아르트 게르트너의 유화, 1852

성문 자리에 건축한 이 문은 프로이센이 패권국의 길을 걷기 시작했음을 알리는 기념비였던 동시에 신고전주의 건축이 국가체제의 위엄을 표상하는 장치임을 웅변적으로 보여준 상징물이다.

이성적 건축의 극단, 혁명적 건축가들

'구조기술'이 아니라 '구축의 합리성'이라는 관념적 차원에서 규범을 찾으려고 한 18세기 신고전주의는 전혀 새로운 차원의 사고를 자극하기도 했다. 프랑스 건축가 에티엔-루이 불레(1728~99)와 클로드-니콜라 르두(1736~1806)는 불필요한 장식 요소를 일체 배제하고 직육면체·구 등 기하학적 형태를 사용한 건축 스케치를 통해 고전주의 형태 규범을 벗어난 사고를 보여주었다. 불레의 아이작 뉴턴을 위한 기념비(1784)나 르두의 이상도시 쇼(1804)가 대표적 사례다.

'원초적 오두막'을 통해 새로운 규범을 정초하려 했던 신고전주의는 건축은 자연을 근거로 삼고 모방하는 예술이라는 고전주의적 관념을 지속한 것이었다. 그러나 불레와 르두는 '자연 모방'의 개념을 혁명적으로 수정했다. 건축이 모방해야 할 대상은 자연 형태 그 자체가 아니라 자연 형태의 창조 원리여야 한다는 것이다. 따라서 탐구해야 할 것은 원초적 오두막 같은 태초에 있었음 직한 형태 자체가 아니라 자연이 그러한 형태를 만들어내는 규칙이나 법칙이어야 한다. 그들은 직육면체·구 등을 자연의 구성 단위로 간주하며 이러한 기하학적 형태를 건축에 적용하려 애썼다. 이는 17세

••• 제4차 영국-네덜란드전쟁(1780~84) 패전의 여파로 네덜란드공화국(1581~1795) 총독파와 공화파가 대립한 내전에서 밀리던 총독을 1787년 프로이센 빌헬름 2세가 지원하여 복권시킨 일을 말한다. 1789년 프랑스혁명 후 혁명군과 연대한 공화파가 다시 득세하며 1795년 총독이 망명하고 프랑스의 위성국가로서 바타비아공화국(1795~1806)이 성립했다.

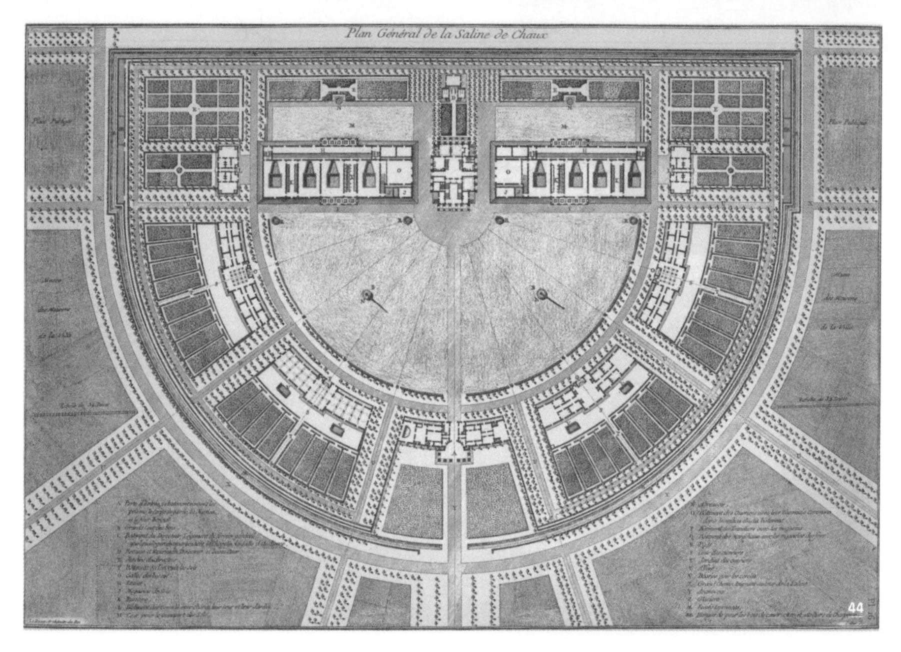

42 에티엔-루이 불레, 뉴턴을 위한 기념비, 1784

43 클로드-니콜라 르두, 이상도시 쇼, 1804, 감독관의 집

44 클로드-니콜라 르두, 이상도시 쇼, 제염소를 중심으로 구상되었다

45 클로드-니콜라 르두, 왕립 제염소, 1775~79

기부터 유포되었던 분자 개념•에 비견해, '미의 원리' 역시 기본 구성 원리의 조합으로 설명할 수 있는 과학적인 것이어야 한다는 생각이었다.

불레는 저서인 『건축, 예술에 대한 소론』(1803)에서 "나는 고대의 대가들을 공부하는 것에 그치지 않고 자연을 공부했다. … 건물은, 특히 공공건물은 다분히 시(詩)여야 한다", "건축을 건물을 짓는 기술로 정의하는 비트루비우스는 틀렸다. 건물을 지으려면 먼저 구상하고 그려야 한다. 고로 건축을 이루는 것은 정신의 산물이고 창조의 과정"이라고 주장했다. 이러한 서술은 그의 생각이 전통적인 건축 형태 규범을 넘어서고 있음을 보여준다. 이러한 태도는 고전주의의 권위가 추락하고 신고전주의가 관념적 합리성을 좇았다는 사정과도 무관하지 않지만, 무엇보다 자연과학의 성과를 '이성적이고 합리적으로' 이해하고 수용한 결과다. 당대의 자연과학은 비가시적 세계를 입증해냈다. 1665년 로버트 훅이 세포를 발견했고, 네덜란드 미생물학자이자 현미경 제작자인 안톤 판 레이우엔훅은 1695년에 자신이 만든 현미경을 사용하여 미생물 관찰에 성공했다. 눈으로 보이는 세계가 자연의 전부가 아니며 본질적 구조도 아니라는 사실을 입증하는 발견이었다. 이런 가운데 눈에 보이는 자연의 형태 속에서 본질적인 원리와 규범을 찾으려는 일은 허망한 일임을 인정할 수밖에 없다. 진정으로 이성적이고 합리적이라면 말이다.

• 과학적인 분자 개념은 1811년 아메데오 아보가드로에 의해 제시되었지만, 물질의 최소 구성단위로서의 분자(molécule)라는 개념은 17세기 말부터 프랑스에서 사용되었다. 예컨대 과학자이자 철학자였던 데카르트의 공간론에서 분자 개념을 찾을 수 있다. 그는 공간은 물질로 꽉 차있는 플레넘(plenum)이고 플레넘을 구성하는 작은 원소들의 충돌이 자연의 크고 작은 변화들을 일으킨다고 보았다.

46 클로드-니콜라 르두, 파리 성문 징수소, 1784~89

46

불레와 르두 둘 다 초기에는 신고전주의적 건축에 주력했다. 심지어 르두는 왕실, 귀족 등 구체제 지배 세력의 의뢰를 받으며 입신한 탓에 프랑스혁명 후에 구금되는 고초를 겪기도 했다. 그의 대표작들인 왕립 제염소(1775~79), 브장송 극장(1778~84), 파리 성문 징수소들(1784~89)•은 모두 프랑스 왕실이 건축한 신고전주의 건축물이었다. 불레는 국립 교량도로학교에서 가르치기 시작한 1778년부터 기하학적 형태를 사용한 건축의 구상과 스케치를 시작했다. 르두는 자신의 대표 작업인 왕립 제염소를 완성한 이후부터 이상적인 건축과 도시에 대한 스케치를 시작했다고 알려지며 말년인 1804년에 스케치들을 묶어 책으로 발표했다. 그들이 인생 후반부에 진행한 기하학적인 형태의 구상들은 실제로 지어지지 않은 가상의 프로젝트였다. 전례 없는 규모와 형태를 제시했으나 구조나 재료에 대해서는 별다른 언급을 하지 않았다. 요컨대 그들은 초기 신고전주의적 작업에서든 후반의 기하학적 프로젝트에서든 건축 생산에 관해서는 당시의 전통적 방식을 넘어서지 않았다.

그러니 그들이 기하학적이고 장식 없는 매끈한 표면 등을 통해 근대 건축의 개념을 한 세기 이상 앞서서 선취한 '혁명적 건축가'였다는 일부의 평은 다분히 과한 평가라고 할 수 있다. 그들이 추구한 이성적 합리성은 근대 건축가의 핵심적 지향이었던 건축 생산의 합리성과는 아무런 관련이 없었다. 오히려 흥미로운 것은, 눈에 보이지 않는 세계가 있다고 입증된 시대에 지각 불가능한 '본질적 요소'를 시각적으

• 1780년경 프랑스 왕실은 밀반입되는 상품들을 막고 철저한 과세로 세수를 늘리기 위해 파리를 둘러싼 성벽을 건축했다. 이 성벽의 출입문 60여 곳 가운데 40개를 르두가 설계해 지었다. 르두는 프랑스혁명 후인 1792년 왕실에 충성한 죄목으로 투옥되었다가 1794년에 풀려났다.

로 형태화해야 하는 난제에 대한 이들의 대응 방식이었다. 불레와 르두는 '순수 기하학적 도형'을 선택했다. 백 년 후 근대 아방가르드 추상예술가들 역시 동일한 문제에 맞닥뜨렸다. 그리고 그들도 순수 기하학적 도형을 선택했다. 왜 자연의 구성 단위가 '순수 도형'이라는 것일까? 이들의 관념에 여전히 고전주의의 '완전성' 개념이 작동하고 있다는 증거가 아닐까?

9

이중혁명: 부르주아 세계의 성립과 새로운 건축

(1789~1875)

산업혁명,
부르주아 계급의
경제적 집권

18세기 중반 무렵 영국에서 공업 생산의 혁명적 발전이 시작되었다. 공장제 수공업 생산이 공장제 기계 생산으로 전환되어 상품 생산량이 가파르게 증가했다. 17세기에 부르주아 혁명을 완수한 영국은 산업혁명의 여건을 일찍부터 다졌다. 사적 이윤 추구 활동의 보장과 상공업 경제 부양이 정부 정책의 최고 목적이었다. 시장 판매를 목적으로 한 상업적 기업농의 비중이 커지면서 농업 생산력도 급증했다. 자영 농지를 잃어 궁핍해진 농촌의 노동력은 도시 공장 지역으로 모이면서 다량의 저임금 노동인력을 공급했다. 17세기 네덜란드를 전쟁으로 제압하고 장악한 해상무역권과 세계 각지를 침략해 획득한 식민지는 값싼 공업 원료 수입과 상품 수출의 첨병이자 전진기지였다. 여기에 1769년에 발명되고 이후 대폭 개선된 증기기관과 제련기술의 발달이 철 생산량 증가를 불러왔고 철제 기계 발명에 불을 지폈다. 대량생산-대량판매가 가능해진 면공업을 중심으로 기계제 공장 생산이 본격화되었다. 증기선(1807)·증기기관차(1814)·전신(1837) 등 교통·통신기술의 발명과 발달은 유통의 획기적인 효율화를 견인하며 상공업 경제 확대를 촉진했다.

역사 이래 줄곧 경제의 중심이었던 농업은 그 지위를 이제 상공업에 완전히 넘겨주었다. 바야흐로 인류 역사상 처음으로, 농업에 경제적 기반을 둔 지주 귀족에서 상공업 부르주아로 지배 계급이 교체되고 있었다. 막대한 부를 축적한 부르주아 계급은 잉여자본으로 철도 건설 등 교통망 확충에 투자함으로써 유통 활성화를 도모했고, 이것이 다시 상공업 경제의 발전을 촉진했다. 영국은 가히 '세계의 공장'이라 할 만한 공업 생산기지가 되어갔다. '대영제국에는 해가 지지 않는다'는 말은 무역과 식민활동이 최고조에 달하며 대번영을 구가한 빅토리아시대(1837~1901)를 상징한다. 이를 뒷받침한 것이 바로 공업 생산력이었다. 1780년 무렵만 해도 프랑스와 대등한 수준이었던 영국의 교역량은 1848년 프랑스의 두 배로 급증했다.

1830년쯤부터는 영국의 산업 모델이 전파되면서 유럽의 다른 국가들에서도 근본적인 변화가 시작되었다. 미국에서는 예외적으로 이보다 앞서 산업혁명이 시작되었다. 1783년 영국의 식민지 상태에서 부르주아 공화국으로 독립한 미국은 1800년쯤부터 북부 지역을 중심으로 공업이 비약적으로 발전하기 시작했으며, 남북전쟁(1861~65) 이후 국가 정책이 상공업 중심으로 재편되면서 공업 발전 속도가 더욱 빨라졌다. 이 모든 국가에서 부르주아 계급이 국가 경제의 새로운 지배 계급의 지위를 굳혔다.

시민혁명, 부르주아 계급의 정치적 집권

네덜란드와 영국이 국가 차원에서 시행한 상공업 발전책을 중심으로 한 자유주의체제는 절대왕권의 통제적·독점적 중상주의 속에서 성장하고 있던 유럽 각국의 부르주아들에게 정치적 지향점을 제공했다. 영국이 지배하는 식민지 미국의 부르주아들이 가장 먼저, 그리고 가장 강력하게 이를 드러냈다. 직접적 발단은 프랑스-인디언전쟁(1754~63)• 이후 영국이 식민지 미국의 자치권을 제한하고 각종 세금을 강화하는 데에 대한 반발이었다. 1773년 보스턴 차 사건으로 더욱 심해진 영국의 탄압에 맞서 독립전쟁을 치른 끝에 1783년에 승리한 미국은 1787년에 헌법을 제정하고 1789년에 아메리카합중국 연방정부를 건립했다.

나날이 강력해지고 있는 영국을 견제하기 위해 프랑스·스페인·네덜란드가 미국 독립전쟁에서 독립군을 지원했다. 특히 세계 곳곳에서 영국과 대립하던 프랑스가 가장 적극적이어서 군수품과 무기 지원은 물론 직접 참전하여 영국에 선전포고를 했다. 미국 독립전쟁 개입을 계기로 프랑스에서는 왕가와 부르주아 계급 간의 세력균형에 금이 가기 시작했다. 왕실은 참전으로 인해 막대한 경제적 손실을 겪었고, 반면에 부르주아 계급은 새로운 국가체제에 대한 희망을 품게 되었다.

프랑스에서 절대왕정의 재정 부족 해소를 위한 과세를 둘러싸고 불거진 시민(부르주아) 계급과 왕·귀족 계급의 대립은 1789년 민중 봉기로 이어져 절대왕정체제를 무너뜨렸다. 자유·평등·우애를 내건 새로운 정부는 신분제 철폐, 교회 토지 몰수 등 구습을 타파하는 정책을 시행하며 새로운 국가 건설을 시도하면서, 이에 비협조적인 국왕 루이 16세를 1793년 처형하고 공화정(1792~99)을 수립했다. 여전히 절대왕정 치하에 있던 유럽 각국의 부르주아 계급은 프랑스에서 전개된 사태에서 정치적 희망을 찾은 반면, 왕·귀족 계급은 위협감을 느끼며 프랑스의 새 정부를 견제했다. 부르주아 정부였던 영국 역시 새로운 프랑스 정부를 견제하기는 마

• 유럽에서 7년전쟁(1756~63)으로 맞서고 있던 영국과 프랑스는 같은 시기 북아메리카 식민지에서도 오하이오강 주변 인디언 영토를 둘러싸고 쟁탈 전쟁을 벌였다. 영국과 프랑스 모두 인디언과 동맹을 맺었지만 영국 쪽에서 볼 때 프랑스-인디언 동맹과 전쟁을 치른 것이므로 '프랑스-인디언전쟁'이라고 부른다. 유럽과 북아메리카에서 벌어진 두 전쟁 모두에서 영국이 우세했다. '프랑스-인디언전쟁'으로 영국이 북아메리카 동부를 차지했다.

찬가지였다.• 이들 국가는 망명한 프랑스 왕족과 귀족을 지원하며 프랑스 혁명 정부를 공격했다. 프랑스 혁명 정부는 외부의 공세에 대응하는 한편, 내부적으로는 혁명 강경파를 숙청하고 온건 공화정으로 재편했으나 이내 국내 왕당파의 반란에 직면했고 이를 나폴레옹 보나파르트의 활약으로 진압했다. 혁명 지지파였던 나폴레옹은 반란 진압에 이어서 이탈리아 원정과 이집트 원정으로 혁명 정부와 적대하던 외세를 평정하여 국민들의 지지를 얻었고, 급기야 1799년 쿠데타를 일으켜 통령으로 취임하며 정권을 장악했다.

밖으로는 오스트리아·영국 등 반(反)프랑스 동맹 국가들을 누르고 안으로는 적극적인 내정 개혁과 경제 재건의 성과를 내면서 인기가 더욱 높아진 나폴레옹이 1804년 국민투표로 황제로 즉위하면서 프랑스는 제정국가(1804~15, 제1제정시대)가 되었다. 나폴레옹은 황제 즉위 후에도 내정 개혁을 지속하는 한편 이탈리아·스페인·네덜란드 등 주변 적대 국가를 복속시키고 점령지의 봉건제와 농노제를 폐지하면서 인기를 키워갔다. 나폴레옹은 1806년 신성로마제국도 해체하여 선제후(신성로마제국 황제를 선출하는 권리를 가진 지역 제후)가 통치하던 지역들을 왕국으로 독립시키고••

• 영국이 자신들과 똑같이 부르주아 계급이 집권한 프랑스 혁명 정부를 공격한 사실은 부르주아 계급의 정치경제적 지향의 속성을 잘 보여준다. 그들은 한편으로는 개인의 자유와 평등을 담보하는 장치로서 민주주의를 지향했지만, 다른 한편으로는 자국의 경제적 이권을 위해서는 침략전쟁도 불사하는 민족국가주의를 지향했다.

•• 나폴레옹은 기존 영방국가들과 선제후 관할 지역 수십 개를 독립 왕국으로 격상하거나 새로 건국하도록 하여 1806년 자신의 속국인 라인동맹을 결성했다. 라인동맹에는 오스트리아제국과 프로이센왕국, 헤센다름슈타트대공국을 제외한 중소왕국 40여 개가 가맹했으나 나폴레옹이 러시아에서 패퇴하자 1813년 해체되었다.

봉건적 정치·경제제도 개혁을 추진토록 했다.

승승장구하던 나폴레옹은 1812년 러시아 원정에 실패하고, 1815년 워털루전투에서 영국-프로이센 연합군에 패배한 뒤 실각했다. 나폴레옹 몰락 후 지배체제를 프랑스혁명 이전 상태로 되돌리려는 유럽 주요국 간의 합의(빈 체제)로 왕정복고가 이루어졌다. 루이 16세의 동생인 루이 18세(재위 1814~24)가 다시 집권했고, 이어서 그의 동생인 샤를 10세(재위 1824~30)가 집권했다. 그러나 샤를 10세의 전제정치와 경제 불안을 참다 못한 시민들이 1830년 7월 다시 봉기해(7월혁명), 루이-필리프(재위 1830~48)를 국왕으로 옹립하며 입헌군주제가 실시된다. 온건 보수적인 상층 부르주아 계급이 권력을 장악한 루이-필리프의 왕정은 구체제의 제도 개혁에 소극적이었다. 이 시기 프랑스의 산업혁명이 본격화하며 금융업과 대규모 공장이 빠르게 성장했다. 한편에서는 지지부진한 제도 개혁에 대한 부르주아 계급의 불만이 쌓였고, 다른 한편에서는 착취와 독점적 시장에 시달리는 노동자·농민의 비참함 속에서 사회주의 사상이 자라나고 있었다.•••

1846년부터 불황의 늪에 빠진 경제 상황이 나아지지 않자 결국 1848년 중소 부르주아와 노동자·사회주의자가 주

••• 임금노동자와 사회주의자는 1820~30년경부터 주요한 사회 세력이 되었다. 노동조합은 영국에서 18세기부터 결성되었다. 1799년 단결금지법 제정으로 불법화되었으나 이미 노동조합 결성이 일반화한 상태였으며 이후 국가의 압박 속에서도 그 수가 계속 증가하면서 1824년에 합법화되었다. 사회주의 사상도 비슷한 시기인 1820년대에 로버트 오언, 생시몽, 샤를 프리에 등을 중심으로 자본주의가 야기한 부정·불평등 및 자유방임적 시장체제를 비판하며 태동했다. 사회주의는 공산주의로도 진화했다. 1836년 파리에서 기독교 공산주의자 조직인 '정의자동맹'이 결성되었다. 이 조직은 1847년 카를 마르크스와 프리드리히 엥겔스의 주도로 '공산주의자동맹'으로 바뀌었다. 1848년 2월 런던에서 마르크스와 엥겔스가 『공산당 선언』을 발간했다.

도한 대중 봉기(2월혁명)가 발발했다. 혁명은 성공했으나 정치적 분위기는 점차 보수화되면서 사회주의 세력이 배척되고 은행가·대지주·산업 자본가를 주축으로 한 온건 공화정(프랑스 제2공화정)이 수립되었다. 그러나 아직 취약한 공화파 정부 아래 기득권 세력 간 다툼과 정정 불안이 이어지는 와중에 나폴레옹에 대한 향수와 그의 일가에 대한 대중적 인기가 지속되었다. 이어진 대통령 선거에서 나폴레옹의 조카인 루이 나폴레옹이 당선되었고, 임기 연장을 노린 루이 나폴레옹은 1851년 12월 쿠데타를 일으켜 의회를 해산하고 1852년 국민투표로 정부체제를 제정으로 되돌려 황제 나폴레옹 3세로 즉위했다. 제2제정시대(1852~70)의 시작이었다.

시민혁명의 파급

1789~1848년에 진행된 혁명은 단지 프랑스에 국한된 사건이 아니었다. 전제적 왕·귀족 계급에게는 위기감을, 신흥 부르주아 계급에게는 정치적 희망을 안겨준 전 유럽적 사건이었다.

왕정복고기(1815~30)에는 프랑스와 유럽 각국의 왕정과 영국 부르주아체제가 연대하며 기존 체제를 유지하고 자유주의적 혁명을 저지하기 위해 위험한 전쟁은 회피하기도 했다. 오스만제국 세력이 약해지면서 영국·러시아·프랑스가 발칸반도를 둘러싸고 대립했지만 큰 국제적 전쟁 없이 그리스 독립으로 사태를 봉합한 것도 이러한 정치적 여건 때문이었다. 1830년 7월혁명은 유럽 각국의 부르주아 자유주의자들을 자극하며 여러 혁명으로 파급되었다. 벨기에는 네덜란드로부터 독립했고(1831), 그리스인들은 오스만제국에서 독립하기 위해 몇 년간 전쟁을 치른 끝에 마침내 1832년에 유럽 강대국들로부터 독립 주권국가로 인정받았다. 러시아

차르에 대항한 폴란드를 비롯해 이탈리아·독일·스페인·포르투갈 등 여러 왕국에서도 봉기가 일어났으나 실패로 끝나 이들 지역에서는 구체제 왕정이 지속되었다.

한편, 영국은 세계 식민 무역을 제패한 빅토리아 여왕 치하의 전성기를 구가하면서 선거권 확대(1832), 교육법(1870) 및 노동조합법(1871) 제정 등 민주적 개혁을 해나갔다. 대서양 건너 부르주아 정치체제로 출범한 신생 국가 미국에서는 앤드루 잭슨 제7대 대통령 재임 시기(1829~37)에 모든 백인 남성에게 선거권을 부여하는 등 자유주의가 확대되면서 유럽과 같은 사회혁명 세력이 성장하지 않았다.

1848년은 프랑스 2월혁명뿐 아니라 유럽 각지에서 전제군주정에 대항한 민중 봉기가 터지면서 유럽 역사상 가장 광범위한 정치혁명의 물결이 일었던 해로 기록된다. 남서 독일, 바이에른, 베를린, 빈, 헝가리, 밀라노를 비롯하여 유럽 50여 개 지역에서 민중 봉기가 일어났다. 구체적 동기와 성격은 지역별로 달랐고 봉기를 주도한 세력의 성격과 정치적 지향도 편차가 있었으나, 봉기는 기본적으로 전제군주정에 대한 불만에서 비롯된 것이었다. 혁명의 진행과 여파 역시 조금씩 달랐지만, 대부분 1~2년 사이에 진압되었고 구체제 지배 계급과 신흥 지배 계급의 타협 속에 절충적 지배체제로 귀결되었다.

독일은 나폴레옹의 지배가 끝난 1815년 이후 오스트리아제국과 프로이센왕국을 포함하여 38개 독립 왕국들로 연방을 이루고 있었다. 1848년 프랑스 2월혁명의 영향으로 독일 남서 지역 각지에서 군주정 폐지와 민주적인 통일국가체제를 지향하는 혁명이 발발했다. 혁명은 성공적으로 진행되어 1848년 5월 프랑크푸르트 국민의회를 결성하는 성과를 거두었으나, 자유주의 부르주아 계급이 급진 좌파 세력과 대립하고 군주 세력과 타협하면서 혁명은 결국 실패로 끝났다. 프로이센은 나폴레옹에게 패배한 1807년에 이미 개혁을 단행했지만 정치체제는 왕정을 유지했고,• 1848년 혁명의 결과로 헌법과 의회를 갖춘 입헌군주제가 도입되었으나, 여전히 왕권이 중심인 국가였다.

1848년 이후 체제: 구체제와 부르주아 계급의 공존

1848년 혁명 이후 공화정을 거쳐 제2제정에 안착한 프랑스, 왕정과 의회가 양립한 입헌군주제였지만 여전히 왕이 강한 권력을 가졌던 프로이센왕국과 바이에른왕국••으로 양분된 독일, 1848년 혁명 이후에도 전제군주제를 지속하다가 입헌군주제로 전환했지만 오스트리아제국(1804~67), 오스트리아-헝가리제국(1867~1918)으로 명맥을 이어가며 합스부르크왕조의 지배가 계속된 오스트리아, 그리고 1849년에 의회제도를 채택한 사르데냐왕국이 구태의 왕정 국가 몇 개를 통일하여 1870년에서야 입헌군주국으로 통일되는 이탈리아왕국••• 등 주요 국가들의 상황은 1789년 프랑스혁명으로 시작되어 1848년 유럽 전역의 혁명으로 마무리된 혁명의 결과를 말해준다. 1789~1848년 혁명은 신흥 부르주아 계급이 왕·귀족 계급이 지배하는 체제에 대항하여 그들의 정치적·

• 프로이센의 프리드리히 빌헬름 3세(재위 1797~1840)는 1807년 나폴레옹전쟁에서 패하고 굴욕적인 평화 관계를 맺게 된 후, 엘리트 정치가와 지식인을 중용하여 군사·정치·농업·재정·대학 등에 대한 개혁을 추진했다. 이 개혁은 프로이센왕국이 이후 통일되는 독일제국(1871~1918)의 맹주로 성장하는 틀을 이루었다.

•• 16세기 이후 신성로마제국에서 독립적인 공국의 지위를 유지해온 바이에른은 1806년 바이에른왕국으로 독립하고 나폴레옹이 주도한 라인동맹에 가세했다. 뮌헨을 수도로 하는 바이에른왕국에서는 1818년부터 의회제도를 마련했지만 상대적으로 왕이 강력한 권력을 갖는 준입헌군주제 국가였다. 바이에른왕국은 1871년 프로이센이 독일을 통일할 때에도 독자적인 외교권과 군사권을 유지하는 조건으로 왕정체제 그대로 통일독일제국에 편입했다.

경제적 자유를 보장받는 체제를 획득하고자 한 것이었다. 그리고 그 결과는 구체제와 부르주아 계급이 타협하여 공존하는 체제였다. 이는 17세기에 영국이 입헌군주제라는 형태로 구축한 바 있는 바로 그 정치체제였다. 구지배 계급인 왕·귀족 계급은 지주이자 상공업 경영자로서 여전히 유력한 지배 세력으로 남았고, 부르주아 계급은 그들의 대표가 진출한 의회에서 귀족 계급과 경합하면서 정치·경제적 지배 세력으로서의 지위를 강화했다. 또 하나의 혁명 주체였던 노동자·사회주의 세력은 혁명 과정에서 배척되며 혁명의 성과를 나누지 못한 채 정치적 저항 세력으로 남았다.

입헌군주제 혹은 왕정으로 복원된 군주제에서 왕은 더 이상 전제적 군주가 아니라 여론을 의식하는 군주였다. 경제적·문화적 자유주의가 부분적으로 허용되었고 의회제도와 내각에 의한 통치가 도입되었다. 나폴레옹 3세의 독재로 매우 무력했던 프랑스 제2제정 의회 역시 1860년대부터는 영향력이 강해지기 시작했다. 바야흐로 정치적 안정을 찾은 유럽은 자본주의 경제 발전에 적합한 정책과 제도가 국가에 의해 입안되고 시행되면서 세계 식민지 경영에 다시 박차를 가하며 경제 호황을 구가했다. 19세기 전반기에 증대되기 시작한 생산력이 정치적 안정을 맞으며 폭발하듯 팽창하는 형국이었다.

운송·통신 수단의 발명과 발달은 세계를 무대로 한 식

••• 나폴레옹 패퇴 이후 이탈리아 지역은 사르데냐왕국(1720~1860), 오스트리아제국 지배의 롬바르디아-베네치아왕국(1816~60), 프랑스 부르봉왕가가 지배하는 양시칠리아왕국(1816~61), 그리고 교황령으로 이루어져 있었다. 1861년 사르데냐왕국이 양시칠리아왕국을 통합하면서 이탈리아왕국(1861~1946)으로 재편되었고, 이후 베네치아 병합(1866), 교황령 함락(1870)으로 이탈리아의 완전한 통일이 이루어졌다.

민지 경영의 첨병이었다. 1873년 파리에서 출간된 쥘 베른의 소설 『80일간의 세계일주』는 혁명적 교통수단의 발전을 기리는 영웅담이었고, 만국박람회는 거침없이 발전하는 기술과 상품세계의 진보에 대한 찬가이자 기념비였다. 1851년 '세계의 공장' 영국 런던에서 처음 열린 만국박람회는 이후 뉴욕(1853), 파리(1855, 1867, 1878, 1889, 1900), 빈(1873), 필라델피아(1876), 바르셀로나(1888), 시카고(1893) 등 세계 각국 부르주아 경제의 심장부에서 속속 개최되었다. 상품생산기술의 진보를 확인하고 촉진하는 전시와 이를 기념하는 웅장한 건물이 사람들의 눈을 사로잡았다.

부르주아와 구귀족이 권력을 분점한 국가들은 경제적 이권 확대를 둘러싸고 다른 국가들과 대립하며 경쟁했다. 특히 프로이센의 비약적 발전이 두드러졌다. 빌헬름 1세(재위 1861~88)의 전폭적 신임 아래 수상이 되어 의회의 반대를 무릅쓰고 군국주의 정책을 추진한 오토 폰 비스마르크(1815~98)는 1866년 프로이센-오스트리아전쟁, 1870년 프로이센-프랑스전쟁을 거푸 승리로 이끌며 오스트리아제국을 제외한 독일연방을 통일하여 독일제국을 수립했다. 프로이센에 패한 프랑스 파리에서는 1871년 노동자·사회주의자들의 혁명이 발발, 두 달여 만에 진압되기는 했지만 세계 최초의 사회주의 자치정부인 파리코뮌이 들어서기도 했다.

이중혁명의 결과: 자본주의 경제의 진전

산업혁명의 결과는 한마디로 자본주의적 공업의 승리였다. 농업 생산체제에서 공업 생산체제로, 수공업 상품을 소비하는 생활에서 대량생산한 상품을 소비하는 생활로 전환이 일어났다. 그리고 중소도시에서 대도시로의 전환이기도 했다. 농업 생산이 기본적으로 자급자족을 우선으로 한 지역적 생산-수요체제인 반면에 공업 생산은 생산지를 벗어나 넓은

1 1799년 개통한 파리 파노라마 파사주

2 봉마르셰 백화점(1872년 확장 증개축 후의 모습), 1900년 파리박람회 전시장 홍보물

세계로 상품을 유통하는 것을 전제한다. 생산과 수요의 균형은 시장이 알아서 맞춰준다는, 18세기 말 고전주의 경제학자들이 고안한 '스스로 조절되는 시장'이라는 이념이 대량생산-대량소비가 합리적이라는 주장을 든든히 뒷받침해주었다.

교통과 운송 수단의 발전은 원료 산지가 아닌 곳에도 자유롭게 공장을 세울 수 있게 해주었고, 산업은 점점 대도시로 집중되었다. 공업도시 중 몇몇 곳이 상업과 연계되며 대도시로 발전했고 전통적 대도시는 국가 차원의 상업 중심지로 성장했다. 예컨대 18세기부터 방적 공업도시로 성장한 맨체스터는 1830년에 제일 큰 항만이었던 리버풀과 철도로 연결되면서 영국 최대의 공업도시로 성장했다. 상업 기능이 집중된 런던의 인구는 1801년 108만에서 1841년 207만, 1875년 400만으로 급증했다. 프랑스 파리 인구는 16세기까지 20만 규모에 머물다가 1801년 54만 7천, 1836년 89만 9천에 이르렀고, 1837년 최초의 철도 개통 이후 1866년 182만, 1886년에는 234만으로 더욱 가파르게 증가했다.

도시 인구의 폭발적 증가, 생산량의 증대에 이어 판매와 유통의 변화도 뒤따랐다. 파리의 경우 중세 길드의 연장으로 지속되어왔던 동업조합에 의한 지역 상권 독점체제가 1789년 혁명 이후 폐지되었다. 상품 판매 경쟁이 격화되면서 1800년쯤부터 보행 가로와 상점의 집합체인 파사주(passage)•가 등장했고, 1852년 봉마르셰 백화점 개점을 시작으로 다종다양한 상품을 종합적으로 판매하는 대규모 상점이 늘어났다. 특히 조르주-외젠 오스망(1809~91)에 의한 도시개조(1853~65)로 대로가 늘어난 이후에는 파사주가 쇠퇴하고 대로변에 들어선 큰 상점들이 상권을 주도했다. 봉마르셰 백화점이 1869년 확장 이전한 후 1872년 다시 증축했고, 프렝탕 백화점(1881), 라파예트 백화점(1889~1908) 등이 뒤를 이어 들어섰다. 대중교통도 등장했다. 1828년에는 파리 시내에 말이 끄는 12~18인승 합승마차가 등장했고 1855년에는 합승마차 회사가 17개나 운영되었다.** 오스망의 도시 개조사업으로 새로 건설된 가로에 부르주아들의 주거용 아파트·사무소·백화점·증권거래소 등이 건축되면서 도시의 풍경이 바뀌어갔다. 미국에서는 남북전쟁 이후 상공업이 급속히 발전하면서 대규모 사무소 건축 수요가 늘어났다. 또한 엘리베이터가 상용화(1857)되고 철골 구조가 사용되면서 1880년대부터는 10층 이상의 고층 건축물들이 생산되기 시작했다.

철도를 중심으로 교통이 발전하면서 도시 거주지 분화가 진행되었다. 산업혁명 초기에는 한 지역에 부르주아 주택·사업장·공장·노동자 주거가 혼재하고, 한 건물에 여러 계층이 거주하는 것이 보통이었다. 1850년 무렵 파리 5층 아파트에 층별로 다른 계층이 거주하는 모습을 그린 유명한 그림***은 당시 주거 상황을 단적으로 보여준다. 그러나 철도 교통망 건설과 국가에 의한 도시 정비 및 개량 사업이 진

• 발터 벤야민(1892~1940)은 파사주를 자본주의 생활 양식의 첨병으로 주목했다. 벤야민은 이성적 합리성을 추구했으나 야만적 나치즘이 지배하게 된 1930년대 유럽 사회체제의 연원을 탐색하기 위해 제2제정 시기 파리의 생활 양식을 분석하는 작업을 진행했다. 수년에 걸친 작업 결과로 『아케이드 프로젝트』 초고를 남겼다.

•• 1855년 파리 시청이 합승마차 회사들을 하나로 통합하여 운영했다. 당시 합승마차를 '모두를 위한 것'이란 뜻의 '옴니버스'(omnibus)라고 불렀는데, 지금 쓰는 '버스'라는 단어가 여기에서 나왔다. 자동차는 1894년까지도 프랑스 전역에 20대가 있었을 뿐이었다.

••• 저널리스트이자 소설가인 에드몽 텍시에르가 출간한 『파리 그림』에 '파리 시민 세계의 다섯 개 층'(Cinq étages du monde parisien)이라는 제목으로 실린 그림이다.

3

4

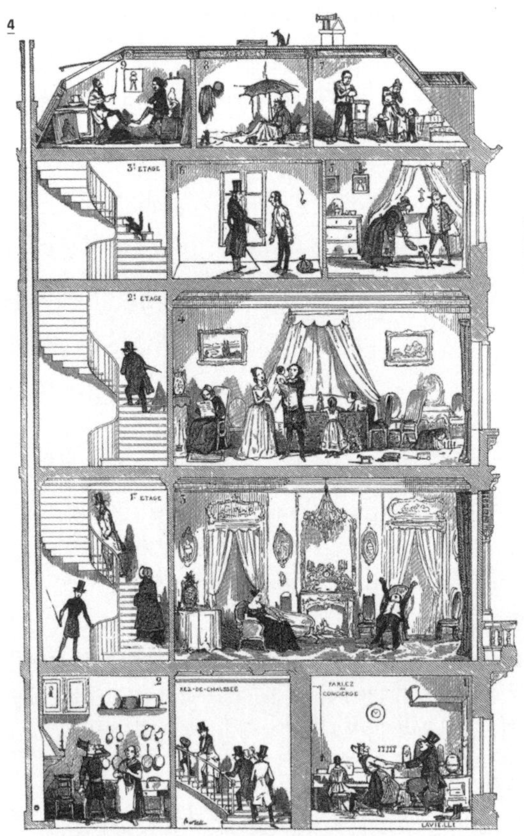

3. Cross section of a Parisian house about 1850 showing the economic status of tenants varying by floors. (Edmund Texier, *Tableau de Paris*, Paris, 1852, I, 65.)

3 전용 레일 위를 달리는 파리의 합승마차, 1853년 판화

4 층별로 다른 계층이 거주하고 있는 1852년 파리 아파트 단면도

5 19세기 중후반 파리 게이-뤼삭 거리 전경

6 1890년 런던의 교통 상황

7　존 바크먼, 「뉴욕」, 다색 석판 인쇄, 1874

행되면서 도시 중심부에는 상점 및 부유층 주거지가 밀집했다. 수공업 공장이 도심에 남아있기도 했지만, 차츰 공장과 빈민 거주지는 도시 외곽으로 밀려났다. 파리를 비롯한 유럽 대륙의 중심 도시들의 사정은 비슷했다. 그러나 공업 발전이 가장 빨랐던 영국에서는 부유층의 주거지가 교외에 들어서는 현상이 병행되었다. 맨체스터, 런던 등 주요 도시는 18세기 후반부터 도시 내 거주지 분화가 시작되었고, 철도 건설이 본격화된 1830년대 이후에는 부르주아 계급의 주거지를 겨냥한 교외 지역 개발이 늘어났다.

공업 발전이 드리운 그림자도 만만치 않았다. 농촌 인구가 대거 대도시로 이주했고 농업 경제 시대에 지역경제의 중심이었던 지방 소도시들은 빠르게 쇠퇴했다. 대도시에서는 공장제 기계 공업이 정착하고 수공업 생산이 몰락하면서 실업자가 크게 늘었다. 사정이 어려워진 지방의 사업가와 자유 농민들, 저임금 장시간 노동에 시달리던 노동자들을 중심으로 사회 저항 세력이 형성되었다. 이들은 이미 영국에서 기계파괴운동(러다이트, 1811~17), 노동자들의 보통선거 요구(차티스트운동, 1838~48)로 결집한 바 있었다. 그 힘은 1848년 혁명으로 다시 한번 분출되었다. 이들 계층에게는 실패한 혁명이었던 1848년 혁명 이후 자신들의 요구와 불만을 격렬하고 폭력적으로 표출하는 일은 줄어들었지만 이들은 여전히 강력한 저항 세력이었다.

이중혁명의 결과: 부르주아 시대 개막

1848년 혁명 이후 유럽 각국의 정치체제가 의회제도를 갖춘 입헌군주제로 정착하면서 왕이 임명한 귀족 관료 계급과 의회를 장악한 부르주아 계급이 정치권력을 나누어 갖는 형국이 보편화되었다. 1848년 이전에도 영국·프랑스 등 몇몇 나라에는 이미 의회제도가 있었으나 당시까지 의회는 일정 수준 이상의 재산을 보유한 귀족과 상층 부르주아만이 투표권을 갖는 선거제도에 의해 구성되었다. 자연히 의회는 철저히 상류 계급의 경제적 이익을 대변하는 정치기구에 불과했다. 이에 비해 참정권 확대 요구가 거세진 1848년 이후에는 재산에 따른 투표권 제한을 철폐하고 재산 유무에 관계없이 모든 성인 남성이 투표권을 갖는 보통선거제도가 확산되었다. 남성에게 국한되긴 했지만 귀족 계급부터 노동자 계급까지 평등하게 투표권을 행사하는 선거제도가 자리 잡았다.• 이제 의회는 부르주아 계급 일반의 이익을 떠받치는 자유주의 사상을 대변하는 기구가 되어갔다.

왕과 귀족 계급의 지배는 붕괴되었지만 귀족의 재산권

• 성인 남성 보통선거제도는 프랑스(1848)를 시작으로 영국(1867), 미국(1868), 독일(1871) 등으로 확산되었지만, 성인 여성에게까지 투표권을 부여하는 보통선거제는 1893년에 뉴질랜드에 도입된 이후 미국(1920), 영국(1928), 일본(1945), 프랑스(1946), 스위스(1971) 등에서 매우 느리게 도입되었다.

과 특권을 보장하는 신분제도와 귀족 문화는 여전했다. 오히려 새로운 지배 계급이 된 부르주아 계급 중 상층 세력들은 귀족 칭호를 얻으려 애쓰고 귀족 문화를 추종하면서 구체제적 지배 집단에 동참하고 싶어 했다.• 다시 말해서 1848년 이후 자유주의적 부르주아가 새로운 정치경제 지배 계급으로 등장했으나 지배층의 최상부에서는 여전히 귀족이 특권적 신분을 유지했고, 그들의 문화가 주류의 지위를 누렸다.

부르주아 계급에 속하는 사람들의 수는 계속해서 불어났고 그만큼 계층적 동질성이 약해졌다. 중소기업가들의 숫자가 크게 증가했고 경영 관리자·행정관·법률가·의사·기술자 등 변화한 사회가 필요로 하는 새로운 직업에 종사하는 사람들도 늘어났다. 이들을 '부르주아 계급'이라는 단일한 이름으로 칭하는 것이 곤란해지고 소부르주아 계급, 중류 계급 등 새로운 호칭들이 고안될 지경이었다.

부르주아의 증가는 문화예술을 즐기고 소비할 여유가 있는 사람들의 증가를 의미했다. 부르주아가 등장한 18세기에 이미 소설이 인기를 끌고 신문과 잡지 발행 부수가 크게 늘어나는 등의 변화가 있었지만, 19세기 문화예술의 양적 변동은 그전과 비교할 수 없이 컸다. 1860년대 중엽부터 부르주아들의 휴가 여행 붐이 일면서 박람회 개최 도시를 대상으로 한 관광이라는 새로운 비즈니스가 생겨났다. 노동자 계급의 문화예술 수요가 커지면서 이와 상류 계층의 문화예술을 구분하기 위해 '고급예술'과 '대중문화'라는 개념이 등장

• 1789년 프랑스혁명 이후 신분제 철폐로 귀족 칭호(백작, 공작, 남작 등)가 폐지되었으나 나폴레옹이 황제로 즉위한 후 귀족 칭호와 신분이 부활되었다. 나폴레옹은 1808~15년에 왕자 34명, 백작 459명, 남작 1,552명, 기사 1,321명의 작위를 수여했다. 이 중 원래 귀족은 22퍼센트뿐이었고, 대부분 부르주아 출신이었다.

하게 되는 것은 수십 년 뒤의 일이지만 19세기 중반 문화예술에 대한 관심과 소비의 양적 팽창은 대중문화산업의 시작을 예고하는 것이었다.

당시 정치경제적 태도의 주류는 자유주의와 사회주의였다. 두 이념의 정치적 지향은 전혀 달랐지만 둘 다 인간 이성에 대한 믿음과 과학기술에 의한 인류 역사의 진보를 지지한다는 점은 같았다. 인간은 국가와 신 이외에는 누구의 명령도 받지 않는 자율적 주체이고 사회 질서를 유지하는 한도에서 시민적 권리와 자유를 누릴 권리를 갖는 존재였다. 적어도 19세기 후반 1870년대까지 부르주아 계급은 과학 발전과 진보에 대한 자신감에 차 있었다. "과학은 이미 거의 모든 것을 밝혀냈다. 사소한 몇 가지가 남았을 뿐이다." 19세기 후반 과학자들이 공언하곤 했던 이 말처럼 인간사회가 계속 진보해 나아가리라는 사실을 누구도 의심하지 않았다.

정치·경제·과학에 대해 보여준 자신감과는 달리 문화예술에 관한 한 부르주아 계급의 자기표현은 자율적이지도 주체적이지도 못했다. 부르주아들의 소비는 귀족의 생활 양식을 모방하는 것이었다. 귀족 작위를 얻는 데에 집착하고 자신의 부와 호사취미를 과시하는 저택 건축과 장식이 많은 가구들에 돈을 쓰는 것이 성공의 표현으로 여겨졌다. 지식 탐구욕과 이성적 능력을 과시하면서 호화로움을 탐닉하는 즉 진취적 자부심과 퇴행적 거드름이 뒤범벅된 상황이었다.

급증한 도시 인구의 대부분은 노동자였다. 노동자들은 도시 공장 인근에 있는 과밀하고 열악한 민간 임대주택에 거주하며 낮은 임금과 가혹한 노동조건에 시달렸다. 그럼에도 일거리를 찾기 위해 농촌과 지방도시를 떠나 대도시로 이주하는 사람들은 계속 늘어났다. 자유방임적 시장경제체제가 야기한 불평등에 대한 비판의 목소리가 높아졌고 노동자 계급이 세력화하며 노동조합과 사회주의 운동이 조직되었다. 영국에서는 노동조합이 18세기부터 결성되었고 1824년에 합법화되었다. 1870년쯤에는 미국 등 다른 나라에서도 노동조합의 설립을 법으로 인정했다. 1820년대에 로버트 오언·생시몽·푸리에 등을 중심으로 형성되기 시작한 사회주의 사상은 보통선거제의 확산과 함께 정치세력화한 노동자 계급의 정치적 이론을 제공했다. 마르크스와 엥겔스는 1846년 『독일 이데올로기』를 저술하여 역사적 유물론을 정초하고, 프롤레타리아 혁명을 격려하는 『공산당 선언』(1848)을 발표했다. 마르크스는 이에 이어 『정치경제학 비판을 위하여』(1859), 『잉여가치론』(1862), 『자본』(1권, 1867) 등을 저술하며 사회의 발전은 인간 정신의 진보가 아니라 생산력 발전과 생산수단의 분배-점유를 중심으로 한 사회적 관계, 즉 생산관계의 변화에 달려 있다는 사회주의 이론의 기반을 확립했다. 마르크스를 포함하여 각국의 사회주의자들이 연대한 국제노동자협회, 즉 제1 인터내셔널이 1864년 파리에서 결성되었으며 독일사회민주노동당(1869) 등 사회주의 정당이 창당했다.

기독교 교회의 영향력은 여전했으나 시대가 추구해야 할 가치를 설정하던 예전의 위상은 아니었다. 과학, 철학 등 현세적 가치를 좇는 지적 엘리트들의 이념과 가치의 중심은 자유주의, 사회주의 등 정치적 이데올로기가 차지했다. 교회는 부르주아 계급에게는 도덕적인 지주이자 피난처로서, 하위 노동자 계급에게는 고통을 보듬는 위안처로서 역할을 하는 사회적 제도가 되어갔다. 한편에서는 개인주의와 자유주의에 반대하며 과거 통합적 사회로의 회귀를 꿈꾸는 사람들이 내건 중세주의가 종교적인 이념과 엮여서 고딕 건축 양식의 부흥을 일으켰다. 다른 한편에서는 교회의 영향력 회복에 대한 희구가 왕과 귀족이 지배하는 정치체제에 대한 지지로 연결되면서 교회가 수구 세력의 진지 역할을 하기도 했다.

예술의 번성과 분열

이중혁명 이후 예술 상황은 '양적 번성과 질적 다원화'로 요약된다. 부르주아들이 늘어난 만큼 그들의 사회적 지위와 정체성 표현을 위한 예술품 수요가 크게 증가했다. 예술품 시장 규모가 커지면서 예술 생산체제도 변화했다. 생산자와 소비자 사이의 직접적인 주문-생산보다는 미술상을 통한 거래가 일반화했다. 미술상의 중개는 일찌감치 부르주아 사회를 형성한 네덜란드에서 17세기부터 시작되었지만 유럽의 다른 도시들에서는 19세기에 들어서면서부터 활성화되었다. 미술품 판매를 위해 화가를 알리는 수단인 전시회가 일반화한 것도 이때부터였다. 원화를 거의 동일하게 복제하는 것이 가능한 석판화 기법이 발전하면서 다량 생산된 판화 작품이 대중에게 판매되기도 했다. 프랑스 화가 오노레 도미에(1808~79)는 4천여 점의 석판화를 생산해 저렴한 가격으로 판매해 생계를 꾸렸다.

이제까지는 왕·귀족·교회 등 주문자의 요구에 따라 그들의 이념과 가치관에 상응하는 예술품을 제작하는 것이 당연하게 여겨져왔다. 어떤 의미에서는 이제까지의 예술은 예술가와 주문자의 공동 창작물이라고도 할 수 있는 것이었다. 그러나 전시회와 미술상을 통해 미술품이 거래되자 차츰 예술가와 예술품 주문자 사이의 직접적 인간관계가 사라지고 예술 생산은 오롯이 예술가 개인의 이념과 가치관을 표현하는 일로 바뀌어갔다.

18세기 후반 이래로 자크-루이 다비드(1748~1825), 장-오귀스트-도미니크 앵그르(1780~1867) 등으로 대표되는 신고전주의 회화와 각종 역사적 양식을 혼합한 절충주의가 우세한 가운데 19세기 초 낭만주의·자연주의·사실주의 등 새로운 사조의 예술이 일단의 젊은 예술가들에 의해 생산되었다. 이들은 귀족 계급의 비현실적 이상을 표상하는 신고전주의를 거부하고 현실세계에 관심을 기울였다. 특히 테오도르 제리코(1791~1824), 외젠 들라크루아(1798~1863) 등이 보여준 낭만주의 회화는 프랑스혁명의 비합리적인 전개에 좌절한 예술가들이 개인적 감성을 격렬하게 표현한 것이었는데, 18세기 말 독일 문학에서 전개되었던 질풍노도 운동•과 더불어 의식적으로 고전주의를 벗어난 최초의 근대예술이었다. 이는 현실에 발 딛고 있는 구체적인 군상이나 일상의 풍경을 담은 장-프랑수아 밀레(1814~75), 귀스타브 쿠르베(1819~77) 등의 자연주의·사실주의로 진전했다.

낭만주의 예술가들이 극적으로 드러냈듯이 이상과 일치하지 않는 현실세계의 모순은 당대 예술가들의 딜레마였다. 완전치 못하고 수많은 타협과 절충으로 봉합된 프랑스혁명의 귀결은 17세기 이래로 진전해온 계몽주의적 자유주의 이상과의 괴리감을 낳았다. 자유·평등 이념과는 달리 구체제 귀족과 부르주아의 권리만이 우선되는 현실도 비관적이었고, 신분 상승을 과시하는 부르주아들의 호사취미에 봉사하는 예술품 시장의 풍토 역시 실망스러운 것이었다. 불완전한 현실을 표현할지, 현실과 동떨어진 이상을 그려낼지 예술가들은 선택해야 했다.

• 1770년쯤 독일에서 일었던 문예 운동을 일컫는 말이다. 계몽사상의 합리주의가 지나치게 경직되었다는 비판 아래 주관적인 감성·독창성·천재성을 중시했다. 요한 고트프리트 헤르더·요한 볼프강 폰 괴테·프리드리히 실러 등이 중심 인물이었다. 질풍노도 운동은 1785년쯤에 이들이 계몽주의-고전주의-낭만주의를 종합하려고 시도한 '바이마르 고전주의'로 이어진다.

구체제의 잔재에 물들어가는 부르주아 문화를 비판하며 객관적이고 경험적인 사실을 그대로 묘사하는 사실주의·자연주의적 태도가 주목을 받았지만, 다른 한쪽에서는 현실과 단절된 '예술을 위한 예술'을 지향하는 태도도 만만치 않게, 아니 오히려 더욱 폭넓게 형성되었다. 프랑스 작가 테오필 고티에(1811~72)는 그의 1835년 소설 『모팽 양』에서 "진정으로 아름다운 것들은 아무 데에도 쓸모가 없는 것들뿐이다. 유용한 것들은 모두 추하다"라고 말하기까지 했다. 이러한 태도는 유미주의·악마주의·쾌락주의·상징주의·퇴폐주의(데카당스) 등 다양한 분파를 낳으며 주관적인 심미 취미에 몰두하는 소위 '순수예술' 그룹을 형성했다. 그리고 19세기 말 이후 노동자 계급을 대상으로 성행한 대중문화로부터 자신들을 구분하려는 고급예술 진영의 이데올로기로 작동하게 된다.

1830년대에 출현하여 1840년대에 보급되기 시작한 사진은 회화예술을 자극한 또 하나의 사건이었다. 사진은 회화라는 예술 상품의 경쟁 상대였을 뿐 아니라 회화예술의 표현 영역에 대한 근본적인 의문을 제기했다. 눈에 보이는 대로 묘사하는 것이 회화의 가치라면 사진을 능가하기란 불가능했다. 결국 회화예술가들은 '보이는 대로 그리는 것' 이상을 고민해야 했다. 이들의 대응은 사진처럼 과학적 기술을 채용하는 것이 아니라 개념적 차원에서 과학의 원리를 채용하는 것이었다. 1874년에 첫 그룹전을 연 인상주의 화가들의 전시회가 바로 그것이었다. 이들은 빛의 순간적 효과를 포착하여 가시적 세계를 객관적으로 표현하려 했다. 이들을 뒤이은 점묘파와 입체파는 과학적 원리에 따른 예술표현을 극단화한 것이었고 후기 인상주의와 추상주의는 이를 '예술가의 직관'이라는 이름 아래 주관화한 것이라 할 수 있다. 객관적 과학의 원리를 추구했던 인상주의는 역설적으로 완전히 주관적인 표현인 추상주의로 귀결되면서 장차 근대 회화예술의 주류가 된다. 그리고 이 주관주의는 순수예술과 내밀히 연결되면서 현실세계로부터 멀어지는 길을 걷게 될 것이었다.

공학과 건축의 분리

공장·창고·철도역·교량·사무소·호텔 등 산업 및 상업용 건물과 구조물은 19세기 산업시대의 가장 중요한 건축 생산 과제였다. 미술관·극장·박물관·도서관·시청사·의사당 등 공공건축물을 짓고 주요한 도시 가로를 정비하는 일도 크게 늘었다. 일례로 1848년에 비해 1880년 유럽의 도서관 수가 12배 증가했을 정도였다. 공공건축물과 도시 가로 정비는 부르주아 계급의 예술문화 향유라는 실제 필요와 더불어 시민정신의 과시, 그리고 새로운 지배체제가 경영하는 국가와 도시의 위엄을 표현하려는 정치적 욕구가 결합된 중요한 상징체계였다. 가로 정비사업에서 도시의 부동산 가치 상승을 의식하는 개발사업이 주류가 되었다는 것 역시 시대가 달라졌음을 알리는 중요한 신호였다.

중세 대교회당을 보수하거나 미완으로 남아 있는 부분을 완성하는 작업이 여러 도시에서 종종 벌어졌다. 예배 참여에 필요한 공간이 더 필요해졌고, 여기에 도시의 위엄을 갖추려는 공공적·정치적 의도가 더해졌다. 이 밖에 왕의 궁전, 귀족 및 부르주아의 주거 건물도 건축 생산의 주요한 대상이었다.

지어야 하는 건물의 종류와 수만 늘어난 것이 아니다. 건축 생산 방식도 복잡해졌다. 교량·공장·창고 등 산업용 대규모 구조물과 건축물 생산 요구가 증가하면서 경제적인 건축 생산을 위한 경영·관리기술 및 생산조직이 발전했다. 18세기 후반에 이미 공학기술자(engineer)가 새로운 직업으로 등장했으며, 19세기 초에는 건설원가를 산출하는 방법이 정교해지면서 건설 도급업자들이 출현하고 공사를 경쟁 입찰로 발주하는 사례가 늘어났다. 자연히 장인에 의한 건축 생산 방식은 쇠퇴했다.

건축가와 건설기술자의 직능도 전문화되었다. 18세기 말부터 건축물과 토목구조물을 건설하는 기술이 군사기술로부터 분리되어 '시민의 공학기술'(civil engineering)이라는 이름으로 불리기 시작했다. 1818년에는 런던에서 공학기술자협회가 창립되었다. 공학기술자가 15세기 이래 전문직으로 존재하던 건축가와 제도적으로 구분되면서, 이제까지 건축가들이 담당해왔던 토목구조물이나 공장·창고 등 기능적인 건축물의 설계와 시공은 공학기술자와 건설 도급업자에게 맡겨졌다. 건축가는 사회적으로나 예술적으로 중요시되는 건축물만을 담당하는 직능으로 인정되기 시작했다. 이 경우에도 구조설계나 건축 비용의 산출, 실제 시공은 공학기술자와 도급업자가 수행하고 건축가의 업무는 설계에 국한되었다. 건축가는, 공학기술자나 건설업자와는 구분되는, '예술로서의 건축'을 다루는 전문가라는 사회적 지위를 확보해갔다. 1834년 영국 건축가협회가 설립되었다.•

프랑스에서는 루이 14세가 과학 아카데미(1666)와 건축 아카데미(1671)를 설립한 이래 공학기술자와 건축가의 직능이 일정 부분 분리되어 진전되었지만 건축물의 설계와 시공은 건축 아카데미 소속 건축가들이 통합적으로 수행해왔다. 그러나 프랑스혁명 후 국가 교육체계 재편으로 기존 교육기관들이 폐지되면서 1793년에 두 기관도 문을 닫았다.

• 1837년에 국왕의 특허장(royal charter)을 받고 영국 왕립 건축가협회로 개칭했다.

과학 아카데미는 1795년 설립된 프랑스 학사원에 편제되었지만 건축 아카데미는 폐지된 채 공공건축물의 건설 책임은 내무국 산하 공공건축위원회로 이전되었다. 공학기술 교육은 보다 전문화되었다. 1747년 설립되어 기술자를 배출하던 프랑스의 교량도로학교는 프랑스혁명 후에는 1794년 설립된 고등기술학교(에콜 폴리테크니크)를 졸업한 후 입학하도록 입학 자격과 교육 수준이 높아지며 본격적인 공학기술자 배출 기관으로 격상되었다.

이후 건축 생산에서 공학기술자들의 실용적 접근 방식이 영향력을 발휘했다. 1797년 건축 아카데미가 다시 부활되었으나 건축 생산을 총괄하는 책임은 공학기술자가 담당하고 건축가의 직능은 설계로 제한되었다. 1816년 순수예술 분야 아카데미들의 교육 기능을 통합하여 설립한 고등예술학교(에콜 드 보자르)에 건축 아카데미가 포함되면서 공학기술과는 명확히 구분되는 건축가 직능이 확립되었다. 사실 19세기 말부터 '건축은 예술인가 기술인가'에 대한 논쟁이 건축가들 사이에 있었다. 공학기술과 분리되어 생산 현장과 유리된 예술가 직능이 되어가던 건축가 진영에서 '이래도 되는가?'라는 우려가 분출된 것이었다.

한편 18세기까지 지역별·국가별로 지배 권력의 성격에 따라, 혹은 건축 전통에 따라 차별적인 양상을 보이며 전개되었던 건축 생산은 19세기 이후 국가나 지역에 따른 차이 없이 비슷해지는 경향이 뚜렷해졌다. 경제활동의 범위가 국경을 넘고 기술 및 정보를 교류하는 속도가 높아진 것도 원인이었지만, 무엇보다도 경제적·정치적 지배력을 강화한 산업 부르주아 계급의 경제적·정치적 지향과 이상이 영토의 경계를 넘어 동질적이었던 것이 가장 큰 원인이었다.

철의 등장과 엔지니어에 의한 건축

모든 부문에서 격동적인 변화가 진행된 이 시기에 건축 생산에서도 격렬하고 다양한 변화가 있었다. 무엇보다도 전에 없던 새로운 건축물에 대한 요구가 생겨났다. 철도 교량, 철도 역사, 대규모 공장과 창고 등은 그 규모와 물량면에서 이제까지의 건축 생산과는 비교할 수 없을 정도로 컸다. 게다가 이것들은 왕이나 귀족 계급의 건축처럼 과시와 상징이 목적인 건축이 아니라 상업과 제조업 경영을 위한 실용적 건축이었다. 다시 말해서 가장 빠른 시간에 가장 경제적으로 지어지기를 요청하는 건축물들이었다.

전통적인 건축가들은 이러한 건축 요구에 대응할 능력도 의지도 없었다. 규모나 공사 속도 면에서 전통적인 건축 재료인 석재를 사용한 구법으로는 대처할 수 없는 건축 과제였을 뿐 아니라, 전통적인 형태 규범 속에서 예술가로서의 직능을 수행하고 있던 이들은 이러한 '구조물' 생산을 자신들의 일이라고 여기지도 않았다. 새로운 건축 생산 요구에 응답한 것은 새로운 건축 재료인 철이었고 새로운 건축 전문가인 공학기술자들이었다.

철은 고대부터 사용되었지만 17세기까지는 목탄을 연료로 낮은 온도의 고로에서 철광석을 녹여 선철(pig iron)이나 주철(cast iron, 무쇠)을 얻어내는 수준이었다. 18세기 초에 코크스를 연료로 하는 제련 방법이 개발되면서 주철의 생산량이 늘어났다. 이후 1784년에는 선철을 연철(wrought iron, 잘 부러지지 않아 판재 등으로 가공할 수 있는 철)로 만드는 방법이 개발되었고, 1855년에는 강철(steel, 강하고 질겨서 늘어나는 성질이 있는 철)을 대량생산하는 기술이 개발되었다.

철 생산이 늘어나 가격이 낮아지면서 건축 생산에도 철이 주요 구조 재료로 사용되기 시작했다. 철은 특히 내

8 에이브러햄 다비 3세, 아이언브리지, 영국 콜브룩데일, 1779

9 이점바드 킹덤 브루넬, 클리프턴 현수교, 영국 브리스톨, 1831

10 존 뢰블링, 나이아가라폭포 현수교, 1851~55

11 루이-알렉상드르 드 세자르, 퐁 데 자르(사진에서 가장 앞), 프랑스 파리, 1802~3

12 존 뢰블링, 브루클린브리지, 미국 뉴욕, 1870~83

8

9

10
THE RAIL ROAD SUSPENSION BRIDGE.
NEAR NIAGARA FALLS.

11

12

13 프랑수아-조제프 벨랑제, 파리 곡물거래소 철제 돔, 1809~11

14 파리 곡물거래소 입단면도

15 제임스 버닝, 런던 석탄거래소, 1847~49

16 커스버트 브로드릭, 리즈 곡물거래소, 영국 리즈, 1861~63

17 리즈 곡물거래소 내부

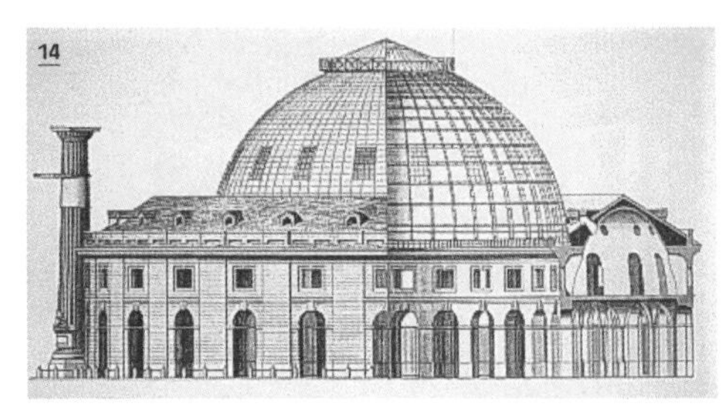

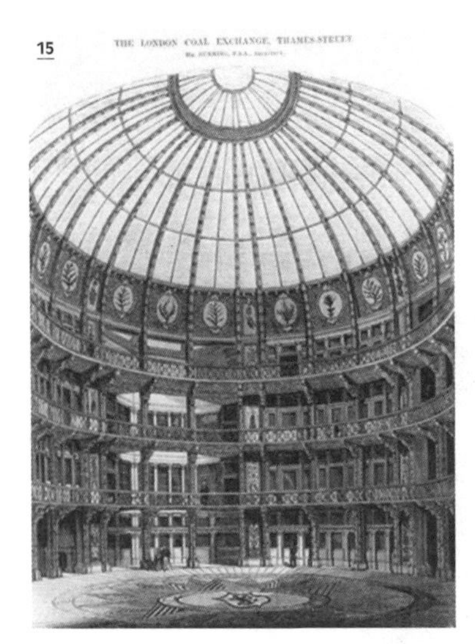

18 루이스 큐빗, 킹스크로스역, 영국 런던, 1851~52

19 킹스크로스역 내부

18

19

화성이 중요한 창고·공장 건축에 쓰였고 넓은 경간(span)이 필요한 교량·터널·철도 역사 등은 으레 철 구조로 건설하는 것이 상식이 되었다. 1779년 영국 콜브룩데일의 세번강에 세계 최초 주철제 교량인 아이언브리지가 건축되었으며 1796년에는 철제 기둥과 보를 사용한 공장 건물이 지어졌다. 이후 토머스 텔퍼드(1757~1834) 등 공학기술자들에 의해 주철제 교량이 여러 개 건설되었으며, 1831년에는 브리스톨의 에이번강에 경간 214미터에 이르는 연철제 교량인 클리프턴 현수교가 착공되었다.• 프랑스에서는 루브르궁을 센강 건너편 지역으로 연결하는 퐁 데 자르(1802~3)를 시작으로 철제 교량이 속속 건설되었다. 미국에서도 고인장 강케이블을 사용한 현수교로 존 뢰블링(1806~69)이 설계한 나이아가라폭포 현수교(1851~55), 오하이오리버브리지(1856~67), 브루클린브리지(1870~83) 등 철제 교량들이 활발히 건설되었다.

넓은 실내공간이 필요했던 거래소 건물에도 철 구조가 채택되기 시작했다. 파리의 곡물거래소가 대표적인 초기 철 구조 건축물이다. 당초에는 신고전주의적 원형 회랑으로 건축되었으나 나중에 중정을 목제 돔으로 덮었다. 이 목제 돔이 1803년 화재로 소실된 후 프랑수아-조제프 벨랑제 설계로 직경 39미터에 이르는 철제 돔이 다시 건축(1809~11)되었다.•• 영국에서도 직경 18미터 철제 돔을 얹은 런던 석탄거

• 클리프턴 현수교는 브리스톨 폭동(1831), 예산 부족 등으로 공사가 지연되어 1864년에야 개통되었다.

•• 이 건축물은 1873년 곡물거래소 기능을 끝내고 1885년 상품거래소로 바뀌면서 크게 개축(1888~89)되었으나 원형 형태와 돔 구조는 그대로 유지되었다. 1949년부터 파리 상공회의소 건물로 쓰이다가 2017년 사업가 프랑수아 피노의 투자와 안도 다다오 설계로 현대미술관으로 개조되어 2021년 개관했다.

20 샤를 롤뢰리, 파리 식물원 온실, 프랑스 파리, 1834~36

21 데시머스 버튼, 큐가든 팜하우스, 영국 런던, 1848

22 빅토르 발타르, 파리 중앙시장(레잘레), 1853~74

23 파리 중앙시장 내부

24 주세페 멘고니, 갈레리아 비토리오 에마누엘레, 이탈리아 밀라노, 1865~77

25 루이-샤를 부알로와 귀스타브 에펠, 봉마르셰 백화점 지붕, 프랑스 파리, 1872

래소(1847~49), 장축이 36미터에 이르는 타원형 철제 돔을 씌운 리즈 곡물거래소(1861~63) 등이 건축되었다.

런던의 킹스크로스역(1851~52), 패딩턴역(1853), 파리 북역(1843~46/ 개축 1861~65), 스트라스부르역(1852/재축 1878~83) 등 철도 역의 정차 트랙과 플랫폼 역시 철과 유리를 사용한 길이 수십 미터에 달하는 거대한 지붕 구조물로 덮였다.

시간적 여유와 구매력이 있는 부르주아들을 만족시킬 대규모 여가공간과 쇼핑공간 건축에도 철 구조가 채택되었다. 런던에 있는 식물원 큐가든의 팜하우스(1848), 파리 식물원 온실(1834~36), 샹젤리제 겨울정원(1846~48) 등이 철과 유리를 사용한 유례없이 광활하고 밝은 건축공간의 효과를 과시하며 도시마다 유행했다. 이는 곧 파리 중앙시장(1853~74), 밀라노의 갈레리아 비토리오 에마누엘레(1865~77) 등 날씨와 관계없이 쇼핑을 즐길 수 있는 상업공간 건축으로 이어졌다. 파리 봉마르셰 백화점은 1872년 백화점을 확장할 때 루이-샤를 부알로와 귀스타브 에펠에게 설계를 맡겨 거대한 철강 구조 지붕을 올렸다.

이들 구조물과 건축물의 설계자는 대부분 공학기술자, 혹은 새로운 철 건축의 가능성에 동조하는 건축가였다. 그들에게 전통적인 건축의 형태 규범이나 미의 이데아보다 중요한 것은 실용성과 경제성이었고, 이를 위해 새로운 재료인 철과 유리를 주저 없이 사용했다. 무엇보다도 놀라운 공학기술 건축이 실현된 곳은 1851년 최초의 만국박람회가 열린 런던 하이드 파크였다. 상품 생산과 소비를 자극하기 위한 새로운 제품들의 경연장인 박람회답게 전시장은 갖가지 기계 장치와 진귀한 예술품, 상품 들로 가득 찼다. 그러나 가장 놀라운 전시품은 전시관인 건축물 그 자체였다. 조경용 구조물 기술자인 조지프 팩스턴이 설계한 수정궁은 564미터 길이에 실내 높이가 39미터에 달하는 엄청난 규모의 구조물이었다.• 더욱이 짧은 공사 기간과 박람회가 끝난 후 철거·이전이 가능해야 한다는 조건 아래에서 9개월 만에 건축이 완료되었다. 공장에서 미리 제작된 주철 기둥과 트러스(truss)를 사용한 공법이 아니었다면 불가능했을 것이다. 미리 제작된 부재들이 현장에서 오차 없이 빠른 속도로 조립되어가는 모습은 런던 대중에게 놀라움을 주었다. 완공된 건물은 더욱 놀라웠다. 벽체와 지붕 모두 투명한 유리로 감싸인 채 키 큰 나무들을 품고 있는 장대한 실내, 외부의 공원과 일체인 듯 밝고 개방적인 공간! 수정궁 안에 선 사람들이 자신이 인류 역사상 가장 빛나는 시대에 살고 있다는 자부심, 끝을 알 수 없는 진보가 머지않아 완벽한 세상을 가능케 하리라는 기대를 갖기에 충분했다.

만국박람회는 유럽과 신대륙의 대표적인 대도시들로 무대를 옮기며 계속 개최되었다. 그때마다 상품 전시를 위한 대규모 구조물이 지어졌고 그 재료는 철과 유리였다. 1853년 맨해튼에서 열린 뉴욕박람회에서는 런던의 수정궁을 본뜬 철-유리 구조물에 지름 33미터 크기 돔을 얹은 뉴욕 수정궁과 철-목재 혼합 구조물인 높이 96미터 전망대가 건축되었다. 1855년 파리박람회에서는 48미터 스팬에 길이 208미터 주전시관과 길이 1200미터에 이르는 부속 전시관인 기계관이 철-유리로 된 배럴볼트 지붕을 갖는 구조물로 건축되었다. 나폴레옹 3세가 프랑스 제2제정의 영광을 과시할 목적으로 한 차례 더 개최한 1867년 파리박람회에서는

• 수정궁은 박람회가 끝난 후 1854년 런던 남부로 이축되었다가 1936년 화재로 소실되었다.

26 조지프 팩스턴, 수정궁, 영국 런던, 1851

27 수정궁 내부

28 수정궁 단면 투시도

26

28

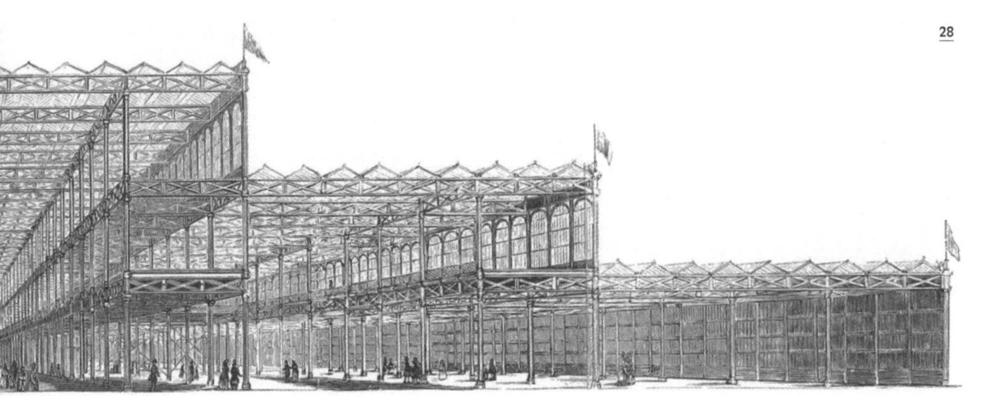

29
DIMENSIONS
NEW YORK CRYSTAL PALACE.
FOR THE EXHIBITION OF THE INDUSTRY OF ALL NATIONS.
DIMENSIONS

30

29 게오르크 카르스텐젠과 카를 길데마이스터,
뉴욕 만국박람회 주전시장(뉴욕 수정궁), 미국 뉴욕, 1853

30 장 마리 비엘과 알렉시 바로, 파리 만국박람회 주전시장, 프랑스 파리, 1855

31 장-밥티스트 크란츠와 레오폴드 하디, 파리 만국박람회 주전시장,
프랑스 파리, 1867

32 자크 이토르프, 파리 북역, 프랑스 파리, 1861~65

33 파리 북역 내부

육군사관학교 운동장이었던 샹드마르스에 길이 490미터, 폭 380미터에 달하는 거대한 타원형 전시장이 2년 만에 건축되었다. 거대하고 빛나는 구조물과 그 구조물을 가득 채운 최신의 발명품과 상품 들은 이를 관람하는 19세기 사람들에게 '우리는 찬란한 오늘을 살고 있으며 더 나은 내일을 살아갈 것'이라는 믿음과 낙관을 되새기게 할 만한 것이었다.

철이 건축 재료로 사용되기 시작한 18세기 말까지만 해도 건축가들은 이를 교량 등 토목구조물이나 건축물의 극히 일부에 사용되는 대단치 않은 것으로 치부했다. 건축물에서 철은 눈에 안 띄는 지붕이나 바닥에만 채용하고 건축물의 정면 등 중요한 부위는 전통적인 석조구법과 역사주의 양식을 따르는 것이 일반적이었다. 장대한 철 구조물에 유리 지붕을 채택했으나 외관은 고전주의 양식으로 설계한 자크 이토르프의 파리 북역(1861~65)•이 전형적인 사례였다. 철 구조가 건축물에 적용되는 사례가 늘어나고 그 적용 범위와 규모가 커지면서 철 건축물의 형태를 어떻게 할 것인지가 중요한 설계 과제로 떠올랐다. 철 건축의 합리성을 지지하며 적극적으로 철 구조를 채택하는 건축가들도 늘어나기 시작했다. 고전주의를 극복한 새로운 건축을 지향하며 철 구조를 적극적으로 사용한 앙리 라브루스트와 철을 사용하여 고딕 건축의 구조적 합리성을 진전시킨 건축 모델을 찾으려 한 부알로 등이 대표적이다.

• 파리 북역은 프랑수아 레옹스 레노의 설계로 1843~46년 건축되었으나 철도 교통량의 폭증으로 더 큰 철도역이 필요해지면서 1861년 기존 역사를 부분 철거하고 이토르프의 설계로 현재 모습으로 개축되었다.

신고전주의와 절충주의

건축 생산에 철이 쓰이는 사례가 증가한 것은 사실이지만 여전히 전통적인 석조 구법에 의한 역사주의 양식 건축이 대세였다. 신고전주의는 구체제 지배 세력뿐 아니라 구체제에 저항하던 진보적 시민 계급에게도 받아들여졌다. 왕정 대신 이성적·합리적 정치체제를 지향하던 세력이 그리스 민주정을 이상적인 모델로 삼으면서 그리스 문화예술까지도 이상적인 것으로 흠모하는 풍조가 형성되었다. 예를 들어 19세기에 들어 군사 강국의 지위에 올랐지만 정치경제적으로 후진적 상태를 벗어나지 못하고 있던 프로이센의 진취적 지식인들은 고대 그리스의 민주정을 새로운 정치 모델로 낙점했다. 칸트를 시작으로, 근대 관념론 철학의 중심지 프로이센의 철학계를 이끌던 피히테, 셸링, 횔덜린, 헤겔 등의 사유 속에서 새로운 사회에 대한 지향은 고대 그리스와 하나로 섞여 있었다. 그들은 그리스 폴리스가 일상의 정치·종교·사회적 관습이 개인으로 하여금 세계 속 자신의 위치를 긍정하게 만드는, 그야말로 개인의 지향과 사회의 지향이 합치되는 사회 형태라고 생각했다. 또한 그리스 예술이 이후의 서양 예술이 도달하지 못한 완벽한 예술이라 여겼으며,• 빙켈만의 저술에 영향을 받아 그리스 예술이 완벽한 예술이 된 일차적인 이유는 그리스인들의 자유에 대한 헌신에 있다고 믿었다. 프랑스혁명을 필두로 확산된 부르주아 혁명은 새로운 체제와 미래 사회 질서에 대한 약속이며, 민주정 국가로서 구현될 그 체제 속에서는, 그리스가 그랬듯이, 신적인 아름다

• 쇼펜하우어가 『의지와 표상으로서의 세계』(1818)에서 "강성, 중력, 자연의 힘은 목조 건물에서는 석조 건물보다 훨씬 미약하게만 나타나기 때문에 … 목조로는 본래 어떠한 형태를 취해도 아름다운 건축 작품은 되지 않는다" 같은 허무맹랑한 말을 했다는 사실은 당시 지성인들이 얼마나 고전주의 건축을 이상화하고 있었는지를 보여준다.

34 피에르-알렉상드르 비뇽, 마들렌 사원, 프랑스 파리, 1807~42

35 장 샬그랭, 에투알 개선문, 프랑스 파리, 1806~36

움과 인간의 자유가 '보통 사람'들의 일상사가 될 것이었다. 물론 여기서 '보통 사람'이란 부르주아 계급에 국한되었지만 말이다.

이렇게 신고전주의 건축은 '국가의 위엄'과 '민주정 국가'라는 서로 다른 이상을 서로 다른 입장에서 표상하면서 받아들여졌다. 파리의 마들렌 사원(1807~42)과 에투알 개선문(1806~36)은 로마제국의 영광을 재현하려는 나폴레옹 제정의 욕망을 반영한 것이었고, 프로이센 궁정건축가 카를 프리드리히 싱켈(1781~1841)의 진지한 신고전주의 건축인 베를린 왕립극장(1818~21), 베를린 구박물관(1825~30)• 은 강대국으로 발전하고 있던 프로이센 왕정의 야심과, 그리스를 모델로 부르주아 민주정 국가체제를 지향하던 프로이센 부르주아 계급의 이상적 국가주의가 혼합된 것이었다. 여전히 강력한 왕·귀족 지배체제를 유지했던 남부 독일 바이에른에서도 계몽주의적 교양과 국가주의적 욕망을 갖춘 몇몇 군주에 의해 신고전주의 건축의 엄숙함이 채택되었다. 바이에른왕국을 출범시킨 막시밀리안 1세 요제프(재위 1799~1825)가 건축을 지시한 뮌헨 국립극장(1811~18), 그의 뒤를 이은 루트비히 1세(재위 1825~48)의 지시로 레오 폰 클렌체(1784~1864)가 건축한 미술관 글립토테크(1816~30)와 피나코테크(1826~36), 독일의 영웅들을 기리는 기념당인 발할라(1830~42) 등은 신고전주의 양식이 사용되던 맥락을 여실히 보여준다.

영국과 미국에서도 신고전주의가 폭넓게 채용되었

• 건축 당시 명칭은 왕립 박물관(Königliches Museum)이었으나 옆에 프리드리히 아우구스트 슈튈러가 설계한 신박물관(Neues Museum, 1843~55)이 건축되면서 구박물관(Altes Museum)이라고 불리게 되었다.

36 카를 프리드리히 싱켈, 왕립극장, 독일 베를린, 1818~21

37 카를 프리드리히 싱켈, 구박물관, 독일 베를린, 1825~30

38 카를 에마누엘 콘라트, 구박물관 내부, 수채화, 1830

39 카를 폰 피셔, 국립극장, 독일 뮌헨, 1811~18

40 레오 폰 클렌체, 피나코테크, 독일 뮌헨, 1826~36

41 레오 폰 클렌체, 발할라, 독일 도나우슈타우프, 1830~42

42 존 손, 영국은행, 영국 런던, 1790~1827

43 존 손, 덜위치 미술관, 영국 덜위치, 1811~17

44 토머스 제퍼슨, 버지니아주 의회의사당, 미국 버지니아, 1785~88

45 윌리엄 손튼, 미국 국회의사당, 미국 워싱턴 D.C., 1793~1800
(돔은 1850년 설계 변경으로 추가)

다. 영국 경제의 상징인 영국은행(1790~1827), 영국 최초의 공공미술관 신축 프로젝트였던 덜위치 미술관(1811~17), 부르주아 저택인 모거행어 하우스(1790~1812) 등 존 손(1753~1837)이 설계한 신고전주의 건물들은 부르주아 계급의 경제·문화·주거 모든 생활이 민주정을 추구하는 '의로운 것'임을 표상하는 것이었다. 수장품 증가로 기존 박물관을 철거하고 새로 건축한 런던의 대영박물관(1823~46) 역시 대영제국의 위엄과 부르주아 지배 세력의 야심 찬 이상주의를 동시에 구체적으로 드러내는 것이었다. 그런가 하면 미국 리치몬드의 버지니아주 의회의사당(1785~88), 워싱턴 D.C.의 백악관(1792~1800)과 미국 국회의사당(1793~1800) 등 정치기구 건축에 채택된 신고전주의는 그들의 이상적 모델이 그리스 민주정이라는 것을 직설적으로 나타내는 것이었다.

그러나 국가와 지배체제의 위엄을 표상하는 수단이 신고전주의만은 아니었다. 비록 프랑스혁명의 여파로 새로운 정치체제에 대한 욕망이 유럽을 휩쓸고 부르주아 세력이 의회를 통해 정치적 영향력을 행사했지만, 여전히 공식적인 정체는 군주제였다. 프랑스는 왕정복고와 공화정을 거듭하다 제2제정시대를 맞아 번성했고, 프로이센은 보수적 왕정을 유지하며 강국의 길을 걸었다. 영국은 입헌군주제로 왕·귀족·부르주아 세력이 권력을 분점하고 있었다. 군주제를 지지하는 보수 세력이 공화주의 및 자유주의 세력이 선호한 신고전주의를 지지하는 것은 자연스럽지 않다. 이들에게 필요한 것은 역사적 정통성이므로 이를 담보해주는 역사주의적 양식이면 문제없었다. 꼭 신고전주의여야 할 이유는 없었던 것이다. 구체제의 궤도 안에 있던 이들에게 폭넓게 받아들여진 것은 절충주의와 중세 고딕주의였다.

역사와 건축 양식에 대한 인식 변화가 이러한 태도를 거들었다. 고고학적 발견이 확산되면서 고대 사회의 다양성이 확인되었고, 그리스나 로마는 그중 하나일 뿐이라는 인식이 널리 퍼졌다. 게다가 그리스 건축이 원래 채색되었다는 사실이 밝혀지면서• '순수한 백색 고전 건축'을 이상으로 구축되었던 신고전주의 건축 이념이 무너졌다. 19세기에 근대적 역사학이 태동하고 예술 및 건축 분야에서도 시대별로 양식을 구분하여 정리하기 시작한 것도 중요한 변화였다. 과거의 양식은 한두 가지가 아니며 어떤 것이라도 동등한 가치가 있다는 인식, 당대의 필요에 따라 다양한 양식을 차용하는 것이 잘못이 아니라는 인식이 자리 잡았다.

절충주의를 떠받치는 가장 큰 힘은 19세기에 급증한 건축에 대한 대중의 욕망이었다. 팽창하는 경제 속에 귀족과 부르주아를 중심으로 건축 요구가 증가했고, 지적 교양과 부유함을 내보이려는 그들에게 가장 효과적으로 대응한 것이 절충주의였다. 건축주들은 자신들의 기호대로 다양한 양식과 장식을 조합해내는 건축가를 선호했고 건축가 역시 적절히 여러 양식을 선택하고 혼합할 수 있는 능력을 중요시하고 자랑스러워했다. 예컨대 한 건물에서 그리스식 신고전주의와 로마식 고전주의, 고딕 양식과 고전주의를 혼합한다거나, 과거 건축 양식의 역사에 대한 소양을 갖추되 여러 역사적 양식 중 유행하는 요소를 조합하는 식이었다. 18세기 로

• 그리스 건축의 채색 사실을 전면적으로 제기한 사람은 철 건축의 선구자인 이토르프와 라브루스트였다. 그들은 각각 1824년, 1829년에 채색된 그리스신전 복원도를 전시했다. 특히 라브루스트는 이제까지 믿어왔던 그리스 신전의 발전 순서가 잘못되었음을 지적했다. 이는 신고전주의자들이 주장해온 그리스 오더의 발전 순서(도리스-이오니아-코린트)는 사실이 아니며 지역별로 환경·문화 여건에 적응하여 다양하게 변화한 결과일 뿐이라는 주장으로 이어졌다.

46　샤를 가르니에, 오페라하우스, 프랑스 파리, 1861~74

47　코르넬리스 아우츠호른, 암스텔 호텔, 네덜란드 암스테르담, 1863~67

48　레옹 쉬스, 브뤼셀 증권거래소, 벨기에 브뤼셀, 1868~73

49　존 내시, 리젠트가 더 쿼드런트, 영국 런던, 1811~25

50　존 내시, 로열 파빌리온, 영국 브라이튼, 1787~1802/ 증축 1815~22

46

47

48

49

50

51 커스버트 브로드릭, 리즈 시청사, 영국 리즈, 1853~58

52 찰스 베리, 핼리팩스 시청사, 영국 핼리팩스, 1861~63

53 필립 찰스 하드윅, 그레이트 웨스턴 로열 호텔(패딩턴역), 영국 런던, 1851~54

54 조지 길버트 스콧, 미들랜드 그랜드 호텔(세인트 판크라스역), 영국 런던, 1868~76

코코로 표상되던 상류층의 기호가 19세기에도 장식 취미의 절충주의로 이어진 셈이었다.

보수적 지배 계급의 정치적 필요와 부유층의 취향이 맞아떨어지면서 절충주의는 19세기 주된 흐름으로 확산되었다. 절충주의 양식을 네오바로크·제2제정 양식·보자르 양식 등으로 세분하기도 하지만 여러 양식을 취사 선택하고 절충한 것이기는 마찬가지다. 프랑스 제2제정 양식의 절정으로 일컬어지는 파리 오페라하우스에(1861~74)가 대표적인 절충주의 사례다. 이 양식은 유럽 각국으로 퍼지며 암스테르담의 암스텔 호텔(1863~67), 브뤼셀 증권거래소(1868~73) 등 여러 공공건축과 상업용 건축에 적용되었다.

영국에서도 존 내시(1752~1835)가 리젠트가에 지은 건축물들(1811~25)에서 다채로운 양식들의 조합을 보여주었다. 그는 브라이튼에 건축한 왕궁인 로열 파빌리온(1787~1802/ 증축 1815~22)에서는 양파 모양의 돔 지붕을 얹은 인도풍의 양식을 선보이기도 했다. 어거스터스 퓨진(1812~52)과 공동으로 영국 국회의사당인 웨스트민스터궁을 고딕 양식으로 설계한 찰스 베리(1795~1860)는 고딕 양식뿐 아니라 그리스 신고전주의, 르네상스 고전주의를 혼합적으로 구사한 전형적인 절충주의 건축가였다. 그가 설계한 핼리팩스 시청사(1861~63)는 프랑스 바로크풍의 고전주의를 채택했다. 이에 앞서 브로드릭이 설계한 리즈 시청사(1853~58) 역시 신고전주의와 바로크가 혼합된 양식으로 건축되었다. 철도 교통의 대중화와 함께 철도역사 전면을 장식하며 들어선 호텔도 화려한 절충주의 양식에 걸맞은 대상이었다. 런던 패딩턴역의 그레이트 웨스턴 로열 호텔(1851~54), 세인트 판크라스역의 미들랜드 그랜드 호텔(1868~76)이 대표적 사례다.

산업사회 비판과 중세주의

고딕 복고주의는 흔히 절충주의의 한 갈래로 취급되곤 하지만, 신고전주의 못지않게 이념적으로 진지했을 뿐 아니라 건축과 조형예술의 의미와 역할을 '사회 모순에 대항한 실천' 차원에서 고민한 사람들이 선택한 양식이었다. 유럽 중세 양식인 고딕 건축의 전통은 르네상스 이후에도 영국·프랑스·독일 지역을 중심으로 면면히 이어져 내려왔다. 그러다가 18세기 중엽부터 영국에서 발흥한 중세주의와 연결되면서 당대 사회·정치체제를 비판하는 세력의 표상이 되었다.

기계제 공업 생산 방식이 불러온 노동 착취, 계급 불평등 문제가 비판의 최전선을 이루었고, 동시에 그것이 야기하는 노동 소외와 지방 문화 쇠퇴 또한 비판 대상이었다. 분업과 기계에 의한 생산이 전통적인 장인적 수공업 생산과 달리 인간 정신과 삶에 부정적 영향을 미친다는 사실은 애덤 스미스가 『국부론』(1789)에서 이미 한참 전에 언급했고 카를 마르크스도 『경제학-철학 수고』(1844)에서 '노동 소외' 문제를 주요하게 논한 바 있다.

경제활동 인구가 대도시에 집중하고 공장에서 생산한 상품이 소비시장을 주도하면서 지방도시는 내발적 동력을 잃고 쇠퇴해갔다. 지방도시 산업의 쇠퇴는 수공업 생산 방식이 몰락하고 지역 고유의 문화적 전통이 소멸된다는 것을 뜻했다.

기계제 공업 경제가 야기한 이 모든 문제의 대안으로 중세적인 사회관계와 조직을 복원하고 재구축하자는 '중세주의'가 대두되었다. 중세주의는 19세기 중엽 영국에서 중산층 증가와 함께 확산된 기독교 자유주의를 견제하고 영국 국교 이전 시대의 가톨릭 정신과 도덕의 회복을 기도했던 옥스퍼드 운동(1833~41)의 영향으로 본격화했다. 그리고 곧바로 중세 장인적 생산활동의 대표 격인 고딕 건축에 대한 관심으로 연결되었다. 한 세기 전 프랑스의 고전주의 건축에 대항하여 영국의 국가 양식으로서 고딕을 주창했던 흐름과는 근본적으로 다른 성격의 것이었다. 역사상 최초로, 건축 생산활동이 현실세계의 모순을 비판하고 체제 개혁을 지지하는 사회적 실천(praxis)의 표상이 된 것이다. 현실에 비판적인 낭만주의 예술의 태도가 건축 분야에서 표출된 것이기도 했다.

그러나 중세주의자들의 현실 비판은 다가올 미래에 합당한 새로운 비전을 향한 것이 아니라 과거의 덕목을 되살리려는 것이었다. 이러한 경향은 정치적으로 구체제 세력과 연결되기 마련이다. 그리스적 신고전주의 건축이 공화주의·자유주의와 연결되는 데에 비해 고딕 건축은 군주정 유지를 원하는 보수 세력과 연결되었다. 중세주의자들의 현실 비판이나 사회적 실천과는 별개로 고딕 건축 양식이 지배 계급에게 쉽게 받아들여진 이유였다. 이후 영국의 수많은 교회당이 고딕 양식으로 신축·개축·증축되었다. 퓨진, 조지 길버트 스콧(1811~78), 조지 에드먼드 스트리트(1824~81) 등이 1830년대 중반부터 진행된 고딕 양식 교회당 건축 생산을 주도했다.

주요한 공공건축물들 역시 고딕 양식으로 지어졌다. 화재로 소실된 후 재건축한 영국 국회의사당 웨스트민스터궁(1840~76)과 빅토리아 여왕이 남편의 죽음을 애도하며 켄싱턴 가든스에 지은 앨버트 기념비(1863~72)가 런던에 세워진 대표적인 고딕 건축물이다. 체스터 시청사(1864~69), 맨체스터 시청사(1868~77) 등 지방 도시의 시청사들도 고딕 양식으로 지어졌다. 프랑스에서는 1830년 왕정복고와 함께 문화재 복원이라는 명목 아래 중세 성곽과 교회들을 복원하는 사업이 유행하면서 고딕 양식에 대한 세간의 관심이 확산

55 조지 길버트 스콧, 앨버트 기념비, 영국 런던, 1863~72

56 찰스 배리와 어거스터스 퓨진, 웨스트민스터궁, 영국 런던, 1840~76

57 윌리엄 린, 체스터 시청사, 영국 체스터, 1864~69

58 프란츠 크리스티안 가우, 생트 클로틸드 성당, 프랑스 파리, 1846~57

59 앨프리드 워터하우스, 맨체스터 시청사, 영국 맨체스터, 1868~77

55

56

57

58

59

되었다. 외젠 비올레르뒤크가 여러 주요한 중세 성과 수도원을 복원한 것, 파리의 당대 최대 교회당인 생트 클로틸드 성당(1846~57)이 고딕 양식으로 건축된 것은 이러한 분위기의 산물이었다.•

고딕주의는 건축에서 진실성(truth) 문제를 제기함으로써 이후 근대 건축의 담론 형성에 중요한 영향을 미쳤다. 신실한 가톨릭주의자이자 고딕 건축 찬미자인 퓨진은 고딕 건축은 가톨릭 신앙으로 충만했던 사회의 산물이며 고전주의가 득세한 것은 15세기 이래 가톨릭 신앙의 쇠퇴에 따라 취향과 감각이 타락한 탓이라고 했다. 또한 "고딕 건축은 구축의 원리를 아름다움으로 표현하는 데 반해 고전 건축은 자신의 구축 원리를 감추는 더없이 나쁜 건축"이라고 비판했다. 존 러스킨(1819~1900)은 퓨진의 견해를 보다 원리적인 이념으로 전개했다. 그는 저서 『건축의 일곱 등불』(1849) 중 '진실의 등불' 편에서 건축에서 피해야 할 세 가지 거짓말을 제시했다. '진짜 구조와 다르게 보이도록 하는 것', '사용된

• 이상헌의 『철 건축과 근대건축이론의 발전』은 생트 클로틸드 교회 신축을 둘러싸고 벌어진 논쟁과 갈등을 자세히 소개하면서 당시 건축 담론계의 분위기를 설명하고 있다. 1840년 생트 클로틸드 교회를 고딕 양식으로 건축하려는 제안에 대해 대부분 아카데미 회원이며 신고전주의자들로 구성된 건축위원회에서 승인을 거부하자 고딕주의자들의 거센 항의가 이어졌다. 건축위원회는 결국 생트 클로틸드 교회 건축을 승인했는데, 그 명분 논리는 "고딕 교회를 19세기의 건축으로 인정하는 것이 아니라 19세기의 새로운 양식을 창조하기 위한 노력의 일환으로서 과거의 양식으로부터 요소들을 추출하고자 하는 절충주의를 지지"하기 때문이라는 것이었다. 비올레르뒤크 등의 고딕주의자들은 고딕은 단순히 과거의 양식이 아니라 근대 사회에도 적용될 수 있는 합리성과 경제성이 있다고 주장했다. 오히려 신고전주의 양식의 교회가 근대적 생활방식에 맞지 않는다는 고딕주의자들의 비판에 대해 신고전주의자들은 자신들은 단순히 그리스 신전을 모방하는 것이 아니라, 고전 건축이 가진 영원한 아름다움의 원리로부터 영감을 얻고자 하는 것이라고 대응했다. 결국 두 진영 모두 과거의 역사 양식을 기초로 당대의 새로운 양식을 창조하려 한 것이었다.

60 필립 웨브, 붉은 집, 영국 런던, 1859

61 모리스 상회 직물 인쇄 공방

62 모리스 상회에서 생산한 벽지, 1875

63 모리스 상회에서 생산한 의자, 1865

재료와 다른 재료로 표면을 장식하는 것', '기계로 만든 장식을 사용하는 것'이다. 이는 모두 러스킨이 '그로테스크 르네상스 건축'이라고 불렀던 당대의 장식적 고전주의 건축을 비판한 것이었다. 그는 진실하고 정직한 건축의 중요한 요건으로 '수공 제작', '재료와 구조의 솔직한 표현'을 들고 있다. 근대 건축 기계미학 담론의 핵심이 '재료와 구조의 솔직한 표현'임을 상기한다면, 퓨진과 러스킨의 고딕 복고주의에서 고전주의 규범을 대체할 새로운 건축 원리가 태동하고 있음을 알 수 있다.

퓨진과 러스킨의 생각은 윌리엄 모리스(1834~96)에 의해서 미술공예 운동으로 이어졌다. 모리스는 초기에는 자본주의 윤리관을 비판하면서 러스킨 등과 함께 중세주의에 가세해 산업화에 의한 노동 소외 현상을 비판하는 데에 주력했다. 그가 동료 건축가 필립 웨브(1831~1915)와 함께 런던 교외에 건축한 자택 붉은 집(1859)은 역사주의 양식 대신에 재료에서 도출된 수공예적 형태를 설계의 모티브로 삼았다. 벽체와 지붕 재료인 벽돌과 점토타일의 색깔을 외부로 그대로 드러냈기 때문에 '붉은 집'이라는 이름이 붙었다. 집에 사용할 가구와 장식을 직접 디자인하고 동료들과 함께 제작했던 모리스는, 수공예 가구와 각종 소품을 직접 생산하고 판매하는 모리스 상회를 1861년 동료들과 함께 설립하여 운영했다.

모리스에게 예술은 엘리트만 추구하는 것이거나 기업가에 의해 상품이 되어 팔리는 무엇이 아니라 모든 인간에게 필수적인 자기계발 행위였다. 그러나 모리스의 작업은 그가 노동 소외를 비판하며 주창한 '자기계발로서의 예술 생산'보다는 형태 미학을 추구한 수공예 상품으로 받아들여졌다. 모리스와 그의 동료들이 생산하고 판매한 수공예 가구와 소품이 제시한 새로운 미적 감각은 영국 중산층에게 빠르게 파급되었다. '수공예 정신의 회복'이라는 비판 정신에 기반한 예술적 실천에 호응하는 지식인과 예술가도 적지 않았지만, 수공예품의 상업적 성공 가능성이 커지면서 1880년대부터 수많은 수공예 공방과 회사가 생겨났으며 수공예품을 베낀 공산품이 유행하기도 했다. 수공예를 주제로 한 예술적 관심과 실천은 이후 미술공예 운동으로 불리며 근대 건축과 디자인 운동의 모체가 된다.

새로운 건축 원리 모색

공업 발전이 가져온 새로운 건축 생산 과제와 이에 대응한 철 건축의 성행, 다양한 고대 유적 발견에 따른 그리스·로마의 절대적 위상 동요, 그리스 건축물이 본래 채색되어 있었다는 발견으로 인한 신고전주의 담론의 권위 추락, 중세주의와 고딕 리바이벌. 한마디로 19세기는 15세기 이후 서구 건축계가 처음으로 맞이한 '규범 부재의 시대'였다. 15세기 르네상스 건축에서 입론되어 줄곧 절대적 규범의 자리를 지켜왔던 고전주의는 이제 더 이상 절대적이지 않았다. 절대 규범이 없는 상황에서 '과거의 양식은 한두 가지가 아니며 어떤 것이라도 동등한 가치가 있다' 혹은 '당대의 필요에 따라 과거 양식에서 여러 요소들을 차용하는 것이 잘못된 일이 아니다'라는 자못 합리적인 태도가 득세하며 절충주의가 당대를 풍미했다.

그러나 '이성과 합리성'으로 무장하고 역사의 진보를 신뢰하며 절대 진리를 추구하던 당시 엘리트 지성들에게 '규범 부재'는 용납할 수도 견딜 수도 없는 것이었다. 그들에게 '규범 부재'는 절대 규범을 극복한 것이 아니라 규범이 무너진 것이었다. 이를 대체할 새로운 규범을 세우는 일이 중차대한 과제였다. 팽창하는 건축 수요에 대응하려는 실용적

64

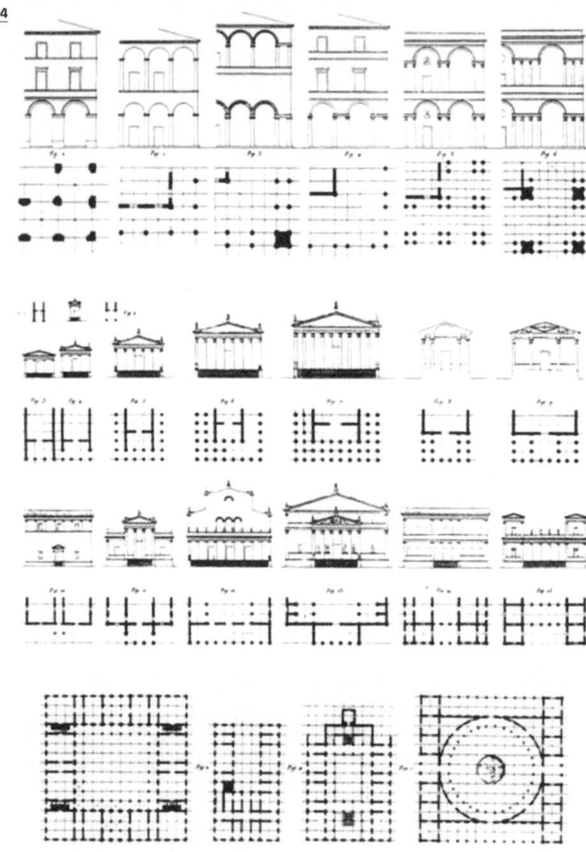

65

64 장-니콜라-루이 뒤랑, 건축 요소와 유형을 조합한 설계 방법론, 폴리테크니크 강의록 부분, 1840

65 자크 이토르프, 원형 파노라마 그림 극장, 프랑스 파리, 1839

태도에서부터, 변화한 건축 생산 조건에 적응할 수 있도록 과거 규범을 변주하거나 새로운 원리를 찾으려는 태도, 그리고 건축 규범의 개념 자체를 다시 생각하는 것에 이르기까지 다양한 노력이 경주되었다. 절대 규범에서 이탈하는 것을 용인하는 절충주의적 시류는 과거의 역사적 양식을 대하는 태도에도, 새로운 건축 규범을 찾는 실험적 작업에도 얼마간의 자유를 가져다주었다. 이는 한편으로 철 건축과 결합한 형태로 고전주의적 취향이 지속되는 데에 일조했고, 다른 한편으로는 새로운 건축 원리를 모색하는 노력들의 운신 폭을 넓혀주었다.

예컨대 프랑스 건축이론가였던 장-니콜라-루이 뒤랑(1760~1834)은 과거 고전주의 건축 사례에서 기둥·벽·포치·현관·계단 등 건축 요소들을 추출하여 표준화된 모듈 목록을 만들고 건축물의 용도와 규모에 따라 이를 조합하여 설계하는 방법을 제시했다. 갑작스레 다양해진 건축물의 용도와 증가하는 건축 수요에 대응하면서도 설계의 질적 수준을 유지할 수 있는 수단을 제시한 셈이었다. 그러나 여러 종류의 부분적 요소들을 취사선택하여 조합한다는 발상 자체가, 아름다움을 '완전성'과 동일한 개념으로 간주하고 이를 성취하기 위한 질서, 즉 오더를 절대시하는 고전주의 규범을 원천적으로 부정하지 않고서는 성립할 수 없는 것이었다. 뒤랑은 건물의 성격과 아름다움은 경제성과 기능성으로부터 나오며, 건축의 미적 규범은 관습적인 것이라고 주장했다. 오더에 근거를 두지 않으면서 건축을 할 수 있는 새로운 기율을 찾는 것이 그의 목표였다.

프랑스의 이토르프와 라브루스트는 철 건축을 적극적으로 수용한 건축가들답게, 건축은 고전주의자가 주장하듯이 이상적 아름다움의 반영물로서가 아니라 사회·문화·기술적 현실의 결과로 이해해야 한다고 주장했다. 예컨대 그리스 신전을 아름다움의 절대적 원리인 오더와 비례 규범의 화신으로 이상화하기보다는 당시 그리스 사회에서 필요로 하는 기능과 구사할 수 있었던 재료 및 구조기술에 의해 생산된 것으로 이해해야 한다는 것이다. 이러한 주장은 당대에 요구되는 새로운 기능과 발전한 재료 및 구조기술을 적극 수용해야 한다는 입장으로 이어졌다. 이토르프가 돛대 구조로 설계한 원형 파노라마 그림 극장•(1839)과 트러스 구조를 적용한 파리 북역 개축, 라브루스트가 철골 배럴볼트를 사용하여 설계한 생트 주느비에브 도서관(1838~51)과 철제 교차볼트와 돔을 사용한 프랑스 국립도서관(1861~69)은 모두 철 구조를 적극적으로 도입한 건축물들로, 건축의 형태는 구조·재료·기능으로부터 나와야 한다는 그들의 입장이 선명하게 드러난다.

중세 고딕 건축물의 복원 전문가로 유명했던 비올레르뒤크 역시 이들과 유사한 입장에 서서 고딕 건축이 새로운 건축 원리의 교본이 되어야 한다고 주장했다. 그는 『건축 강의』(1863~72) 저술을 통해 당대 건축의 향방에 대한 자신의 생각을 설파했다. 그는 중세는 고대에 못지않은 최고의 예술을 산출한 시대였다고 하면서, 고딕 성당들의 비례를 분석해 근거가 부족한 절충주의 건축보다는 기술적 합리성의 결과인 고딕의 비례가 더 합리적이라고 역설했다. 영국에서 러스킨이 그랬던 것처럼 비올레르뒤크는 고딕 건축의 형태 자체보다는 그것이 담지한 합리적 원리를 옹호했다. 『건축 강의』

• 직경 40미터, 높이 20미터에 이르는 원형 극장에 360도 연속되는 파노라마 그림을 전시하여 관람객에게 실제 현장 속에 있는 듯한 느낌을 주도록 고안된 극장이다. 파노라마 그림 극장은 1787년 런던에서 처음 등장해 19세기에 유럽 여러 도시로 확산되었다.

66 앙리 라브루스트, 생트 주느비에브 도서관, 프랑스 파리, 1838~51

67 생트 주느비에브 도서관 내부

68 앙리 라브루스트, 국립도서관, 프랑스 파리, 1861~69

69 루이-오귀스트 부알로, 생 외젠 생트 세실 성당, 프랑스 파리, 1854~55

70 생 외젠 생트 세실 성당 내부

71 비올레르뒤크, 콘서트 홀 계획, 1864

에서 그는 “옛 건축에 대한 연구는 단지 세부 요소나 부차적인 결과(형태)가 아니라 사실들의 지배적인 원리와 이유, 그리고 논리적 질서를 찾아내는 것이어야 가치 있는 것”이며 옛 건축 형태를 따르도록 압박함으로써 “예술가의 정신을 제약하는 것이 아니라 이 위대한 불변의 원리들을 알도록 함으로써 그들의 정신을 확대해주는 것이어야 한다”고 썼다.

고딕 건축은 옛 시대인 중세의 건축 재료와 기술에 합치하는 형태를 갖는 합리적인 예술이었으며, 따라서 우리 시대 역시 합리적 원리에 따라 우리 시대의 재료와 기술을 사용하면 우리 시대의 건축예술이 창조될 것이라는 비올레르뒤크의 주장은 곧 다가올 근대 건축의 향방을 예견하는 것이기도 했다. 그가 고딕 건축의 열렬한 지지자였던 루이-오귀스트 부알로의 철 건축인 생 외젠 생트 세실 성당(1854~55)을 과거 고딕 양식을 모방한 것일 뿐이라고 비판한 것도 이런 맥락에서였다. 부알로 스스로는 고딕 양식의 재현을 넘어서 새로운 재료인 철을 사용하여 고딕 건축을 한 단계 더 발전시켜 나아간 것이라고 주장했지만, 비올레르뒤크에게 그의 설계는 과거 고딕 양식을 모방한 것에 지나지 않았다. 그러나 정작 비올레르뒤크 역시 고딕 교회의 리브볼트와 버트레스를 철골로 계승하는 방안을 궁리한 수준에 머물렀을 뿐 그 이상의 대안을 제시하지는 못했다.

이토르프, 라브루스트, 부알로, 비올레르뒤크 등 ‘합리적 건축’을 지향하며 철 구조를 채택한 건축가들은 고전주의를 옹호하는 아카데미 진영으로부터 비판을 받았다. 비판의 요지는 철 건축의 형태가 기념성이나 예술성을 표현하는 데에 적합하지 못하다는 것이었다. 이들 ‘합리주의’ 건축가들 사이에서도 ‘합리성’과 ‘예술적 형태’의 개념과 그 구현 방법의 차이를 두고 이견이 있었다. 따지고 보면 이것도 ‘예술적 형태'에 대한 인식 차이에서 비롯된 것이었다. 예컨대 비올레르뒤크는 철을 사용하여 과거 양식을 되살리는 것을 비합리적이라고 비판하고, 근대사회에서 산업 생산물이 양식을 갖게 된 것처럼 예술도 우리 시대의 양식을 찾아야 한다고 했다. 비올레르뒤크는 『건축 강의』에서 "오늘날 스타일은 예술을 떠나 산업 생산 영역으로 가버렸다. 그러나 우리가 실용적 영역에 적용하는 훌륭한 감각을 우리의 예술 연구와 이해에 약간만 적용한다면 그것은 예술로서 복원될 수 있다"라고 썼다. 그러나 동시에 그는 공학기술자들이 과거 양식을 참조하지 않고 '합리적이고 공학적인 계산'으로만 지은 산업용 철 구조물은 예술성이 결여됐다며 폄하했다. 그에게 '예술적 형태'란 고전주의든 고딕이든, 조적조 건축물의 비례감을 드러내는 것이어야 했다. 공학기술자의 작업에 대한 평가절하가 '예술적 형태'에 대한 고루한 인식 때문이 아니라면, 기술적 결과로서의 형태를 예술로 인정하는 순간 건축예술을 공학기술자의 손에 넘겨주게 되리라는 걱정 때문에 주춤한 것이라고 봐야 한다. 비올레르뒤크의 태도에서 엿보이는 이 같은 혼란은 발전하는 생산기술과 고전주의적 형태 미학 사이에서 당혹해하는 근대 건축 담론 세계의 일면이 그대로 드러난 것이었다.

19세기 초중반 독일어권 국가에서는 그리스 고전주의와, 로마네스크와 고전주의가 복합된 리바이벌이라 할 만한 룬트보겐슈틸(Rundbogenstil)이 경쟁적으로 성행했다. 두 경향 모두 성장하는 국가체제에 걸맞은, 그리고 정치·군사적으로 대립하고 있던 프랑스와는 다른 국가적 건축 양식을 찾으려는 노력이었다. 나폴레옹의 점령과 침략에서 벗어난 1815년 이후 독일 여러 지역에서 '조국'의 역사를 재평가하는 것을 목적으로 하는 역사 연구회가 생겨나는 등 독일

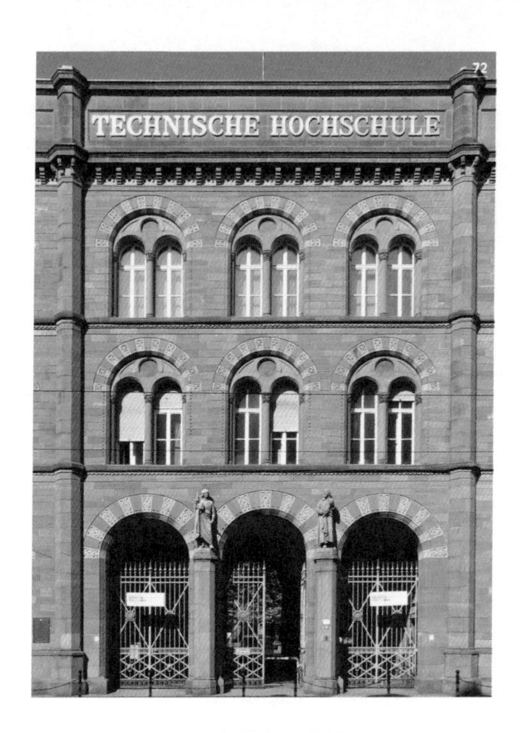

72 룬트보겐슈틸: 하인리히 휩시, 카를스루에 기술학교, 독일 카를스루에, 1833~35

73 룬트보겐슈틸: 하인리히 휩시, 슈파이어 교회 서측 입면, 1854~58

을 강한 단일 국가체제로 정립하려는 정치·경제·문화활동이 활발히 진행되었다. 이러한 국가주의적 태도가 한편으로는 그리스 민주정을 새로운 국가체제의 모델로 지향하는 그리스 고전주의로 연결되었고, 다른 한편으로는 프랑스가 주도하는 고전주의에 대한 반발 속에 고딕 건축을 '독일의 예술'로 옹립하고• 독일 지역의 더 오랜 전통인 로마네스크 건축에 대한 관심으로까지 이어진 것이다. 엄격한 신고전주의 건축으로 독일의 국가적 양식을 확립하려 했던 싱켈 역시 고딕 건축과 로마네스크 건축의 재료-구조-형태 통합성을 추구하기도 했다. 프리드리히스베르더 교회(1824~31)와 베를린 건축 아카데미(1832~36, 동독 정부가 1962년 철거)는 싱켈의 이러한 탐구를 드러내는 사례다.

프로이센 등에서 몇몇 개혁적 정책이 펼쳐지고 있었으나, 독일어권 국가들의 정치 현실은 프랑스나 영국에 비해 크게 뒤처져 있었다. 독일 관념론은 뒤처진 현실 속에서 이상적 사회를 구현해내기 위한 논리의 천착이기도 했다. 건축계에서는 합리적 건축 양식, 즉 '우리는 어떤 양식으로 건물을 지어야 하느냐'를 둘러싼 논쟁이 치열했다. 프랑스 건축학자 마르크-앙투안 로지에가 그리스 건축을 모델로 개진한 '합리적 구축성' 담론을 거의 한 세기가 지난 이 시기에 독일 건축학계가 이어받아 '구축성'(tectonics) 관련 논의가 활발하게 이루어졌다. 필수적인 구축 요소들을 아름답게 형상화하는 그리스 건축의 원리를 추구해야 한다는 싱켈의 소

• 괴테가 스트라스부르 대성당에 경의를 표하며 『독일의 건축예술에 대하여』(1773)를 쓴 바 있으며, 크리스티안 루트비히 슈티글리츠는 『고대 독일의 건축예술에 대하여』(1820)에서 그리스 건축과 독일 고딕 건축만이 독창적인 건축이라고 주장했다. 16세기 이래 미완성 상태였던 쾰른 대성당은 이러한 독일 국가주의 열기 속에 1880년에 완공되었다.

74 카를 프리드리히 싱켈, 프리드리히스베르더 교회, 독일 베를린, 1824~31

75 카를 프리드리히 싱켈, 건축 아카데미, 독일 베를린, 1832~36

74

75

박한 주장이 더 사변적인 담론으로 전개되었다. 카를 뵈티허(1806~89)의 『그리스인의 구축성』(1843~51), 고트프리트 젬퍼(1803~79)의 『건축의 네 가지 요소』(1851), 『기술적이고 구축적인 예술에서의 양식 또는 실용적인 미학』(1860, 63) 등이 그 중심이었다.

뵈티허는 그리스 건축은 전적으로 기둥-보 구조의 석조 구축술에 따라 성립한 합리적인 형태라고 설파했다. 즉, 그리스 건축이 고귀한 양식으로 인정되는 것은 역사적 혈통이나 플라톤의 완전성 개념에서 비롯하는 것이 아니라 확고한 물리적·물질적 법칙에 근간하기 때문이라고 주장했다. 그는 고딕 건축 또한 새로운 역학 원칙을 따르는 합리적 건축으로 인정했다. 이는 곧 건축의 양식은 구축기술과 합치해야 한다는 주장으로, 고딕주의 진영 내 구조합리주의자들의 입장과 맥을 같이하는 것이었다. 그러나 그는 그리스 건축이 성취한 미학이 구조-재료의 구축기술에만 의존한다고 보지 않았다. 구축기술에 의해 귀결되는 '구축 형태'(Werkform)와는 별개로 '예술 형태'(Kunstform) 또한 건축예술이 갖추어야 할 요건이었다. 당시 '구축 형태'는 철 건축을 중심으로 빠르게 진전하고 있었으니 문제는 이에 걸맞은 새로운 '예술 형태'를 만들어내는 일이었던 셈이다. 고전주의 건축의 '본질적-절대적' 규범 개념을 포기하지 못하고 있던 뵈티허가 도달한 해결하기 어려운 결론이었다.

젬퍼는 뵈티허와는 달리 건축의 예술적 형태는 생각 속에서 만들어지는 것이 아니라 필요에서 비롯하는 것이라고 주장했다. 건축의 형태 양식을 미학적 문제를 넘어 정치적·윤리적·철학적 쟁점으로 다룸으로써 새로운 건축 원리를 고심하던 건축계에 중요한 영향을 미쳤다. 구조 형식이나 재료의 물성 표현을 넘어서 사회가 필요로 하는 것을 건축 양

76 고트프리트 젬퍼, 오페라하우스(젬퍼 오퍼), 독일 드레스덴, 1871~78

77 고트프리트 젬퍼, 궁정극장, 오스트리아 빈, 1873~88

식의 원천으로 삼아야 한다는 입장이었다. 그는 공간을 한정짓고 형태를 결정하는 것은 구조가 아니라 구조물을 감싸는 물질적 형식, 즉 '피복'이며, 이 피복이 사회의 여건과 필요에 따라 변용되면서 건축 양식을 정립한다는 이른바 '피복 이론'을 정식화했다. 이제껏 구축성 논의는 구조기술과의 통합이라는 차원에서만 전개되어왔는데, 이를 구조체와 분리된 피복의 차원으로 전환한 것이다. 기능-구조-재료-형태의 통합을 추구한 모더니즘을 거부하고 표피의 기호와 이미지를 강조한 포스트모더니즘 담론에서 젬퍼가 다시 호출되는 연유다.• 젬퍼는 자신의 이론을 드레스덴의 오페라하우스(1871~78), 빈의 궁정극장(1873~88) 등에서 신고전주의와 바로크가 혼합된 절충주의적 양식의 '피복'을 구사함으로써 표현했다. 젬퍼가 실제 건축에서 보여준 성과는 논란의 여지가 있다. 그러나 '예술은 필요에 의해서만 지배된다'는 그의 생각은 이후에 같은 독일어 문화권인 빈에서 오토 바그너에게 전파되어 '실용성'이 새로운 건축 미학의 원천이 되는 데에 지대한 영향을 미친다.

근대 역사학과 건축 역사학

18세기 후반의 신고전주의 건축 이론과 19세기에 진행된 새로운 건축 원리를 찾으려는 작업은 모두 '이성적으로 설명 가능한 건축 규범이 있어야 한다'는 사고에서 출발한다.

• 현실적 필요와 상황에 기초한 건축 원리를 개진한 젬퍼의 담론은 건축의 형태 양식(style)을 대상으로 초험적 본질 가치를 따져온 이제까지의 문제틀을 넘어선 것이라 할 수 있다. 르네상스 고전주의의 '오더'가 특정한 구축 형태를 본질적 가치로 추구한 직설적 본질주의였다면, 로지에의 '원초적 오두막'이나 뵈티허의 '예술 형태'는 추상적인 수준에서 영원불멸한 형태 원리를 찾으려는 본질주의였다. 이에 비해 젬퍼의 피복 담론은 당대의 필요-실용-기능을 담지하는 건축 요소에 주목한 것으로, 건축예술의 가치를 사회 상황에 따라 달라지는 것으로 보는 태도라고 할 수 있다.

이는 18세기에 발전한 자연과학과 계몽주의 철학의 기반인 '이성적 인간정신'에 기초한 것이었다. '이성적 인간정신'은 역사에 대한 이해와 해석에도 적용되어 '근대 역사학'의 탄생으로, 그리고 이는 다시 건축 역사학의 성립으로 이어졌다.

근대 역사학은 '역사가 일정한 원리 아래 발전한다'는 이념에 기초한다. 또한 역사적 사실은 사료를 통해 실증되어야 한다는 원칙을 갖는다. 한마디로 근대 역사학은 계몽주의 진보사관과 자연과학 방법론이 이끄는 새로운 학문이었다.

고대 이래 역사 기술은 전쟁, 군주나 왕조의 치적 등 '지나간 사건을 기록'하는 작업이었다. 과거 사건에서 교훈을 얻거나 조상의 위업을 통해 현세의 영광과 권위를 높이려는 목적이었을 뿐 역사의 흐름과 향후의 향방에 대한 의식은 없었다. 르네상스시대에는 인문주의자들이 지배 세력으로서의 입지를 정당화하려는 목적으로 고대를 자신들의 시대와 연결하려 했지만 아직 '인간 역사의 발전'에 대한 의식까지에는 이르지 않았다.

역사 과정에서 일정한 원리를 찾으려는 역사철학의 원류는 18세기 초중반 잠바티스타 비코(1668~1744)나 볼테르의 작업에서 찾을 수 있지만, '역사의 발전'이라는 관점에서 역사를 해석하는 태도가 본격화한 것은 부르주아 계급이 역사 발전의 선두에 서 있다는 믿음이 절정에 달했던 프랑스혁명 시기, 즉 18세기 말부터였다. 니콜라 드 콩도르세(1743~94)는 『인간정신의 진보에 관한 역사적 개요』(1795)에서 인류는 역사적으로 진보해왔으며 이성과 과학, 계몽을 바탕으로 궁극적인 완전성을 향해 끊임없이 진보한다고 주장했다. 이러한 생각은 오귀스트 콩트(1798~1857)의 『실증철학 강의』(1830~42)에서 방법론적 담론으로 이어졌다. 그는 자연 현상에 일정한 법칙이 있는 것처럼 사회에도 그런 법칙이 있다는 소위 '사회물리학'(social physics)을 주장하면서, 인간 문명이 변화·진보하는 동인을 지식의 진보 단계로써 설명하려 했다. 영국의 역사가 에드워드 기번(1737~94)의 『로마제국 쇠망사』(1776~88)도 마찬가지였다. 기번은 로마제국의 쇠퇴를 정치적·지성적 자유의 이념으로부터 끊임없이 멀어지는 과정으로 파악했다. 18세기 말 당시 부르주아 계급의 기치였던 인간 이성의 자유에 대한 옹호를 역사 해석에 적용한 것이었다.•

역사철학을 정점으로 끌어올린 것은 독일 관념론 철학자들이었다. 칸트는 역사 발전 신봉자였고 유토피아주의자였다. 칸트에게 유토피아는 세계 시민사회이고 역사는 세계 시민사회를 향해 진보하는 것이었다. 요한 고트프리트 헤르더(1744~1803)는 『인류의 역사철학에 대한 이념』(1784~91)에서 역사에 진화의 개념을 도입했다. 민족과 시대의 역사는 개별성을 갖고 진행되지만 전체 역사는 '이성과 정의에 근거한 인간성의 실현'이라는 보편적인 역사 발전 법칙에 따라 나아간다고 주장했다. 역사란 '발전하도록 결정지어져 있는' 것이라고 주장한 셈이다. 헤겔에 이르러 근대 역사철학은 정점에 달했다. 그는 세계 역사는 세계정신(시대정신)이 자유를 향해 발전해가는 과정이라고 정의하고, 이 변증법적 발전 과정으로 도달한 절대정신이 곧 19세기 부르주아 계급의 정신이라고 보았다. 헤겔에게 세계정신은 인간 개개인의

• '역사의 발전' 관념은 유럽 사회에만 해당하는 것이었다. 독일의 역사학자 위르겐 오스터함멜은 이와 관련해 『대변혁: 19세기의 역사 풍경』에서 "대략 1760년대부터 유럽의 지식인들은 서유럽 사회는 역동적인 반면에 아시아는 '정체' 또는 '정지' 상태에 놓여 있다는 인식에 동조했다. … 아시아 국가의 역사는 전쟁과 왕조의 교체가 영원히 반복되는 혼란상의 연속으로만 파악"했다고 썼다.

이성적 활동이 역사 발전의 방향으로 작동하도록 이성의 간지를 발휘하는 것이고, 이성의 간지가 이기적이고 반인륜적 상황(빈부 격차, 천민의 발생 등)으로 치닫지 않도록 하는 윤리적인 실체가 국가였다. 세계 역사는 결국 윤리적 법체계를 갖추고 부르주아 계급이 운영하는 국가체제로 완성되어가는 과정이라는 것이다.

한편에서는 이러한 계몽주의적 역사 해석과 기술에 대한 우려와 비판이 있었다. 객관적 사실에 기초한 역사가 아니라 개인의 이념에 기초하는 역사 기술은 문제가 있다는 것이었다. 사실 18세기까지는 진보에 대한 믿음과 낙관이 있었을 뿐 객관적·사실적 역사 연구 방법에 대해서는 깊은 논의가 없었다. 체제 비판적 서술을 억압하는 통치 권력의 존재도 여기에 한몫했다.

19세기, 특히 나폴레옹 이후인 1815년부터는 객관적 사실과 경험적 지식에 입각한 역사 기술을 중시하는 경향이 강해졌다. 더불어 지식의 발견만큼이나 그 지식에 다다르는 논증 과정과 연구 방법론의 과학화가 필요하다는 분위기가 확립되었다. 비로소 '인간정신과 역사의 발전'이라는 진보 이념과 '객관적 사실 자료 중심주의'라는 과학적 방법론이 결합한 근대 역사학이 성립한 것이다. 전자의 정점이 헤겔의 역사철학이라면 후자를 대표하는 것이 레오폴트 폰 랑케(1795~1886)의 역사학이었다.

랑케는 엄밀한 사료 비판에 기초한 근대 역사학을 정초한 인물이었다. 그는 역사가는 '본래 그것은 어떠했는지'를 알리는 것만 의도해야 한다는 객관주의를 표방하며 개별적인 역사 연구에 집중했다. 『1494년부터 1514년까지의 라틴족과 게르만족 역사』(1824), 『지난 4세기 동안의 로마 교황들』(1834~36) 등 그의 역작들은 역사 과정 전체를 관통하는 보편 원리보다는 구체적인 사실을 밝히는 데에 중점을 둔다. 헤겔은 "학문을 연구할 때, 주관적으로 요구되는 것은 이성적 통찰 또는 인식이지 단순한 지식의 수집이 아니다"라며 랑케의 연구 태도를 비판했다. 그렇다고 랑케가 당대의 진보 이념에 동조하지 않았던 것은 아니다. 다만 역사적 사실들 중에서 특정한 이념에 부합하는 것만을 중요하게 다루는 태도에 반대했을 뿐이다.•

다른 한편에서는 전혀 다른 역사관이 성립하고 있었다. 카를 마르크스는 『포이어바흐에 관한 테제』(1845), 『독일 이데올로기』(1846) 등을 통해 헤겔의 역사철학을 비판하며 역사적 유물론을 정초했다. 인간 주체를 포함한 세계는 인간의 생활 과정 속에서 변화-발전하는 것이며, '역사' 또한 절대정신 등이 이끄는 발전 과정이 아니라 인간 생활 과정 속 사회적 관계가 변화하며 발전해 나아가는 과정이다. 그러므로 사회적 관계, 즉 생산관계를 바꾸는 '더 나은 세상을 위한 실천'이 중요하다는 것이다. 그러나 이러한 마르크스의 역사관은 사회주의 정치경제 혁명 운동 진영에서만 받아들여졌다. 유럽 역사학계의 대세는 헤겔과 랑케 유의 부르주아 진보 역사관이었다.

건축을 포함한 예술의 역사를 근대 역사학적 방법에 따라 기술하기 시작한 것은 19세기 중엽부터다. 예술의 역사를 '발전'이라는 개념에 기초하여 쓴 초기 저작으로 조르조 바사리의 『르네상스 미술가 평전』(1550)이 꼽히지만, 이는 역사서라기보다는 '고대 예술의 재생'이라는 관점에서 개인

• 랑케는 헤겔의 역사철학이 현실적으로 존재해야 하는 것을 선험적 사고에서 도출해내 무한히 많은 사실 중에서 그것을 확인해주는 것처럼 보이는 것만을 선택한다고 비판한 바 있다.

예술가들의 재능과 가치를 강조한 평전 모음에 가깝다. 빙켈만의 『고대 미술사』(1764)는 처음으로 고대 예술을 성장·성숙·쇠퇴의 유기체적 발전 과정으로 정의한 개설서였다. 그의 관심은 고대 그리스 예술의 위대한 정신을 계몽주의 사상에 접목하는 것이었다. 그의 연구는 고대 예술이 위대한 그리스 사회의 발전을 이끌고 표상했듯이 자신의 시대의 예술도 진보를 이끌고 표상해야한다는 생각에 기초했다. 근대 역사학의 탄생보다 수십 년 앞섰던 빙켈만의 작업은 역사학자들을 자극했고 독립된 학문으로서의 예술사 역시 그에게서 비롯한 것으로 평가되고 있다. 그러나 근대적 예술사학이 본격화한 것은 그로부터 한 세기 가까이 지나서였다.

카를 슈나제(1798~1875)는 헤겔의 역사철학을 예술사에 접목하여 예술도 시대별로 발전한다는 예술사론을 전개했다. 정치사에 종속된 예술로서가 아니라 자체 발전 과정을 갖는 '역사학의 대상으로서의 예술사'를 정초한 것으로 평가된다. 그는 『미술의 역사』(1843)를 저술해 프란츠 테어도어 쿠글러(1808~58)에게 이를 헌정했다. 슈나제보다 먼저 유사한 책을 쓴 쿠글러의 『예술사 편람』(1841)은 헤겔의 역사발전 사관을 따르지 않았다. 쿠글러는 건축 연구에 관심이 많아 1842년 건축가 싱켈에 대한 논문을 썼으며 이후 건축 역사서를 저술한다.

야콥 부르크하르트(1818~97)는 베를린대학에서 쿠글러의 강의를 들으며 공부했고 그와 교류하며 공동으로 저술 활동을 했다. 일반 역사학이 아닌 예술사 연구에 전념했던 그는 헤겔의 보편적 역사발전 사관에 반대하며 개별적 역사에 주목하는 랑케의 관점을 따랐다. 그의 대표작인 『이탈리아 르네상스의 문화』(1860)는 실증적인 사료를 바탕으로 르네상스의 발원지인 이탈리아 정치사의 이면, 독자적 주체로서의 개인의 출현 및 인문주의 발전 과정, 귀족과 민중의 생활상 등을 촘촘하게 기술했다. 이후 르네상스시대 연구의 전범이 된 이 저작을 통해, 그는 이탈리아 르네상스가 단순히 고대 문화의 부흥이 아니라 '신으로부터 인간으로의 중심 이동'이었고 새로운 사회의 시작이었음을 보여주었다. 비록 헤겔의 역사철학과는 거리를 두었지만 르네상스 문화를 근대 사회 역사의 기점으로 정초하려 했다는 점에서 진보 이념에 기초한 저술이기는 마찬가지였다. 당시는 누구나 진보를 믿었다고 해도 무방한 시대였다.

부르크하르트의 제자인 하인리히 뵐플린(1864~1945)은 예술 표현 양식을 인간정신의 발전 과정으로 대응시킴으로써 예술 자체에 자율적 발전 원리가 있음을 주창하는 데까지 나아갔다. 그는 『미술사의 기초 개념』(1915)에서 16세기 르네상스와 17세기 바로크의 양식적 차이를 표현 양식의 차이로 설명하면서, 이를 시대에 따른 예술적 사고의 본질적 변화를 예증하는 것으로 제시했다. 유럽 부르주아 계급의 이성적 인간정신의 발전 사관을 예술 양식사의 판본으로 완성한 것이었다.•

결국 19세기 예술사는 역사학과 궤를 같이하며 하나의 원리가 여러 시대에 걸쳐 발전함에 따라 표현 양식이 변화하

• 뵐플린은 『미술사의 기초 개념』에서 표현 양식의 변화를 '선적인 것에서 회화적인 것으로', '평면적인 것에서 깊은 것으로', '폐쇄적 형태에서 개방된 형태로', '다원성에서 통일성으로', '절대적 명료성과 상대적 명료성' 등 다섯 쌍의 개념으로 제시했다. 그는 이 변화를 '발전'이라 명명하면서도 우열의 문제가 아니라 '세계에 대한 서로 다른 조망'일 뿐이라고 하며, 예술 표현 양식을 진보 개념과 연결시키는 데에 혼란스러운 태도를 보인다. 그러나 결론부에서 결국 하나의 체계가 확립된 후 다른 완전성을 지향하는 것이므로 '발전'이라고 정리한다. 한편, 고딕에서 후기고딕으로의 변화 등 이러한 변화-발전이 시대별로도 일어난다는 사실을 언급하면서 급기야 '나선 운동'에 비유한 순환적 발전이란 개념을 제시한다.

는 것으로 이해하는 '자율적이고 통시적인 예술사'를 중심으로 전개되었다고 할 수 있다. 여기에 더해 사료에 기초해 특정 시대와 특정 사회의 구체적인 사실들의 의미에 천착하는 연구 방법이 중시되었다.

건축사는 예술사의 한 분파로서 기술되었다. 독일에서 빌헬름 뤼브케(1826~93)가 1855년 『건축사: 고대부터 현재까지』를 저술한 데 이어 쿠글러가 『건축사』(1856~73)를 다섯 권으로 저술·편찬했다. 이 작업에는 부르크하르트와 뤼브케도 참여했다. 건축 역사학은 이후 19세기 말에 예술사에서 분기하여 건축학 전문 연구자들에 의한 독자적인 연구 분야로 독립한다.

노동자 주택 건설과 유토피아

노동자들의 참혹한 노동조건과 생활 환경은 엥겔스가 『영국 노동 계급의 상황』을 발표한 1845년 이전부터 이미 심각한 상황이었다. 그러나 국가는 개인들의 경제활동에 개입하지 않고 시장의 자유와 안전만을 지키는 자유방임주의를 정책 기조로 삼아야 한다는 태도가 지배적이었다. 주거 문제에 대해서도 마찬가지였다. 공장이 집중된 대도시로 농촌 인구가 유입되며 노동자 인구가 급격히 증가했고, 이들의 주거 상황은 점점 심각해져갔다. 그러나 이에 대한 정부의 정책적 대응은 전무했고 노동자 주거 문제는 전적으로 자유방임 '시장'에 맡겨졌다.

사업장과 공장이 밀집한 지역 주변으로 상하수도 시설조차 갖추지 않은 조악한 수준의 주택들이 민간 임대주택업자들에 의해 건축되어 집적되어갔다. 하수시설도 없고 통풍도 안 되는 백투백(back-to-bck) 주택, 지하주거, 간이숙소 등이 밀집된 골목은 런던 등 대도시의 흔한 풍경이었다. 엥겔스가 『영국 노동 계급의 상황』에서 묘사한 노동자들의 주

78
OVER LONDON BY RAIL.

79

78 19세기 노동자 계급의 주거지, 귀스타브 도레의 1872년 판화

79 19세기 노동자 계급의 주거지, 샤를 마르빌의 1853~70년경 사진

80 19세기 뉴욕 노동자 계급의 주거지, 제이콥 리스의 1888년 사진

81 한 층에 12가구가 거주하는 뉴욕 임대아파트 평면도, 1863

80

81

82 푸리에가 구상한 팔랑스테르

83 앙드레 고댕, 파밀리스테르, 프랑스 기즈, 1859

84 파밀리스테르 아파트 중정

85 방직공장 마을 솔테어, 영국 리즈, 1851

86 비누공장 마을 포트 선라이트, 영국 리버풀, 1888

82

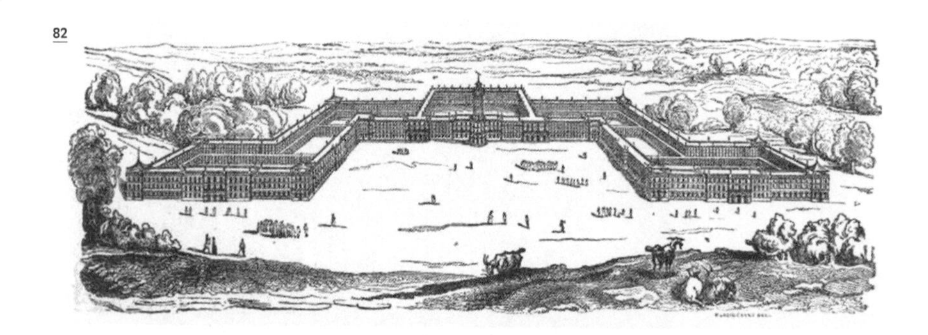

83

84

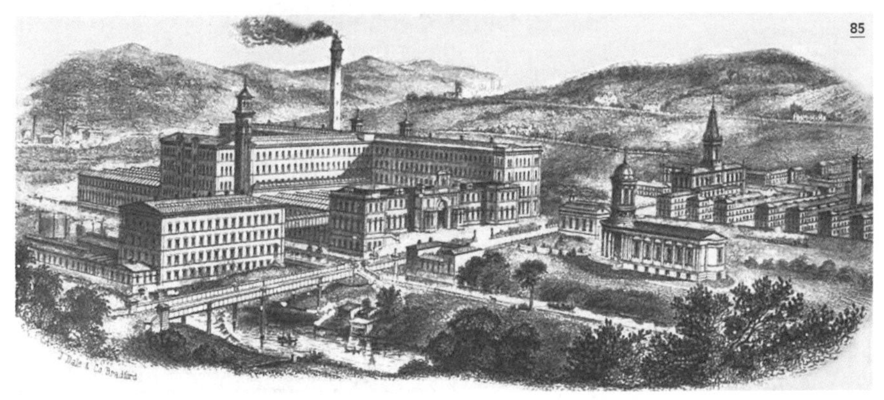
85

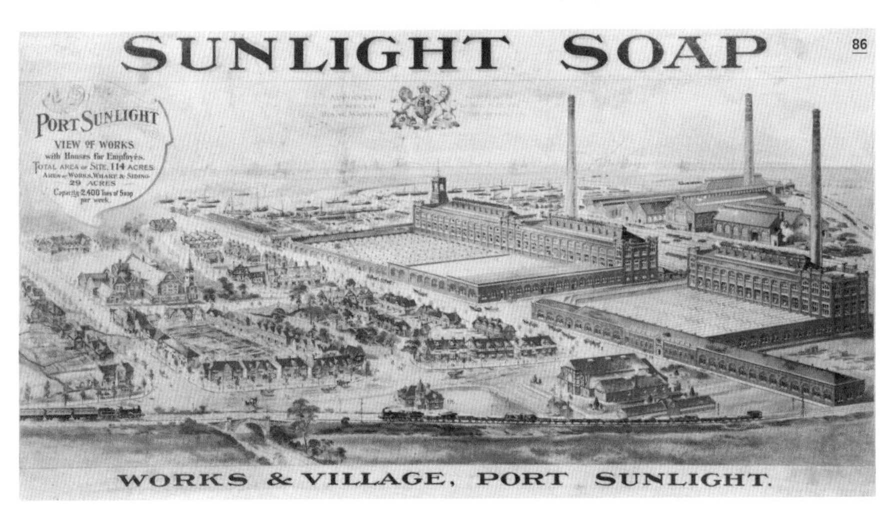
SUNLIGHT SOAP
86
PORT SUNLIGHT
VIEW OF WORKS
with Houses for Employés.
TOTAL AREA OF SITE, 114 ACRES.
29 ACRES
WORKS & VILLAGE, PORT SUNLIGHT.

거 실태도 심각한 것이었지만, 1883년 런던에서 익명의 소책자로 발간되어 사람들을 충격에 빠트렸던 『버림받은 런던의 쓰라린 울부짖음』이 그리는 모습은 더 처절하다.

> 이 슬럼에 들어가려면 사방에 깔려 발을 덮기까지 하는 쓰레기 더미에서 피어오르는 유독한 악취로 가득 찬 마당을 뚫고 지나야 한다. 마당이라고 해봐야 햇볕이 전혀 들지 않고 통풍도 안 되며 깨끗한 물은 구경할 수도 없는 곳이다.
>
> … 썩어서 악취가 나는 임대주택들은 방 하나에 한 가구, 혹은 두 가구가 살고 있다 … 한 곳은 지하 부엌에서 일곱 명이 사는데, 어린아이 하나가 한쪽에 죽은 채 방치되어 있다. 다른 곳에서는 가난한 과부와 세 아이가 살고 있는데, 그중 한 아이는 13일째 죽은 채로 있었다. 마차 마부였던 그녀의 남편은 얼마 전 자살했다.

파리나 뉴욕의 사정도 비슷했다. 파리의 불규칙한 좁은 골목마다 빽빽이 들어선 4~5층 아파트의 최상층, 노후한 아파트나 외곽부의 슬럼이 서민들의 삶터였다. 뉴욕은 격자 도로망 블록에 세장하게 구획된 필지에 임대아파트들이 옆 건물과 붙어서 건폐율 80~90퍼센트 수준으로 건축되었다. 채광 창문조차 갖지 못한 방이 적지 않았고 방 하나에 한 가구씩 거주하는 것이 일반적이었다.

이상적 사회를 향한 인류 사회의 진보를 믿고 있던 합리주의자들에게는, 그들의 정치적 노선이 무엇이든, 노동자들의 참혹한 생활 실태는 개선해야 할 과제임에 틀림없었다. 개혁은 개인적 차원에서 시작되었다. 영국의 기업가이자 사회주의 사상가인 로버트 오언(1771~1858)은 1800년 스코틀랜드 뉴라나크에 있는 방직공장을 인수한 후 노동자들에게 양호한 노동조건과 주거를 제공하는 이상촌을 건설하여 운영에 성공하며 이를 모델로 한 사회 개혁 운동을 펼쳤다. 오언은 자신의 개혁 모델을 일반화하기 위해 1825년 미국 인디애나주에 농공복합 공동체 뉴하모니를 건설했으나, 경영 실패로 1827년 해체했다.

오언이 시도했던 노동자들의 자족적 공동체 건설은 1859년 프랑스에서 장-바티스트 앙드레 고댕(1817~88)의 손으로 이어졌다. 주물난로 제조 기업가이자 사회주의자였던 고댕은 사회주의 사상가 푸리에가 구상했던 팔랑스테르를 모델로 1859년 프랑스 기즈에 자신의 공장 노동자들의 공동체 거주공간인 파밀리스테르를 직접 구상하고 건축했다.• 이 밖에도 공업도시 리즈 인근 방직공장 마을 솔테어(1851), 역시 공업도시이자 항구도시인 리버풀 인근 비누공장 마을 포트 선라이트(1888) 등에서 기업가에 의한 공장 마을 건설이 이어졌다.

자선단체인 주택조합들도 노동자 주택 건설에 동참했다. 1844년 노동계급생활개선협회••가 런던 펜턴빌에 23가구와 노인 30명이 거주할 주택을 건설한 것이 시작이었다. 이 자선재단은 1851년 런던 박람회에서 2층짜리 네 가구용

• 프랑스의 사회주의자 샤를 푸리에는 이상적 사회의 구성 단위를 1600~1800명 규모의 공동체로 설정하고 이들이 거주하는 팔랑스테르(phalanstère)를 구상하고 제시했다. 팔랑스테르는 3~5층 건물로 분수·극장·휴게실·도서관·기상대·교회당·전신국 등을 갖추고 있다. 고댕은 푸리에의 사상에 동조하며 1855년 미국 텍사스의 노동자 공동체(La Reunion) 건설에 출자했으며 1859년에는 자신의 난로공장을 대상으로 생산자 공동체 파밀리스테르를 건설했다. 4층 중정형 아파트 세 개 동으로 이루어진 파밀리스테르에는 노동자 가족 1200여 명이 함께 거주했다.

87

2.1 The Bagnigge Wells estate of S.I.C.L.C.; their first development in 1844. Henry Roberts architect

88

89

90

87 런던 펜턴빌 노동자 주거지, 1844

88 헨리 다비셔, 피바디 트러스트의 노동자 임대주택 클로이스터, 영국 런던, 1864

89 마리-가브리엘 뵈니, 시테 나폴레옹, 프랑스 파리, 1849~51

90 시테 나폴레옹 내부

91 뮐루즈 노동자주거단지협회가 조성한 주거단지, 1855

92 조례주택, 영국 런던, 19세기

93 번리 코그가에 건설된 초기 조례주택

91

92

93

모델 주택을 전시하기도 했다. 1862년 설립된 자선재단 피바디 트러스트는 1864년 런던 타워햄릿지구 커머셜가에 노동자 임대주택 57호를 지은 후 1882년까지 3500호를 건설하여 1만 4600여 명에게 주거를 제공했다.•

프랑스에서는 1848년 혁명 후 제2공화정의 대통령으로 선출된 루이 나폴레옹의 지원으로 파리의 구(區)마다 노동자 주거단지를 건설하는 사업이 추진되었다. 파리 노동자주거단지협회가 추진한 이 사업은 실제로는 파리 로셰슈아르가에서만 실행되어 5백여 명을 수용하는 194호 규모의 노동자 아파트 블록인 시테 나폴레옹이 건설되었다. 1853년에는 뮐루즈 노동자주거단지협회가 결성되어 1862년까지 단독주택 56여 채를 지어 장기 할부로 분양하기도 했다.

이들 노동자 주거 건설 및 개선 사업은 개별 자선단체나 박애적인 기업가에 의해 이루어졌다. 이상적 사회를 향한 진보에 대한 부르주아 계급의 자신감과 이 진보 대열에 동반할 노동자 계급을 포용하려는 선의에서 비롯된 것이었다. 하지만 다수 노동자 계급의 비참한 생활 조건을 전반적으로 개선하기에는 턱없이 부족했다. 자유주의가 대세였던 당시에는 노동자 계급의 주택 문제가 개인의 능력과 도덕의 문제로 여겨졌을 뿐 국가 차원에서 대응해야 할 사회 문제로 다루어지지 않았다. 국가기구가 직접 공공임대주택을 건설하여 공급

•• 1830년 창립한 노동자의친구협회(Labourer's Friend Society)의 후신이다. 농업 기계화에 따른 실직과 열악한 노동조건에 항의하며 농업 노동자들이 영국 남부와 동부에서 일으킨 1830년 스윙 폭동에 대응해 노동자들에게 토지를 할당해주는 등의 구제책을 펼쳤다. 1965년 피바디 트러스트에 합병되었다.

• 피바디 트러스트는 영국 최대 주택조합 중 하나로 2022년 현재 런던을 중심으로 주택 6만 7천 호를 관리하고 있다. 앞서 언급한 노동계급생활개선협회를 1965년 인수했다.

하는 정책은 사회주의 정치 세력과 노동조합이 좀 더 성장하는 19세기 말에 가서야 시작된다.

노동자 계급의 열악한 주거 상황에 대한 국가의 대응은 비위생적 주거환경으로 인한 질병을 방지할 필요에서 비롯되었다. 영국은 1848년 공중위생법을 제정하고 1875년 개정해 민간업자들의 주택 건설을 규제했다.•• 이 법률은 주택이 접해야 하는 도로의 폭, 건축물 주변 공지, 배수 설비 등 주거의 질을 일정 수준 보장하는 것이었다. 이 법률에 따라 각 도시 정부가 제정한 조례의 건축 기준에 맞추어 민간 주택업자가 지은 소위 조례주택(by-law housing)이 주요 공업 도시들에 들어서기 시작했다.•••

도시공간의 경제기구화

1848년 혁명 이후 국가 지배 계급의 현안 중 하나는 수도를 위시한 대도시의 공간구조를 정비하는 일이었다. 국가체제의 위엄과 권위를 과시하려는 지배 계급에게 기념비적인 건축물만으로는 부족했다. 도시 전체의 풍광이 여기에 이바지해야 했다. 그리고 무엇보다 당시의 도시 구조는 산업화 시대에 맞지 않았다. 중세적 도시로는 급증하는 상품 생산량과 유통량, 인구 증가와 도시 외곽의 무분별한 시가지화, 중류

•• 공중위생법은 1848년 제정 당시에는 과밀 거주, 배수 설비의 상태, 오수 처리 및 변소의 위생 상태 등을 확인하는 규정이 포함된 수준이었으나 1875년 개정하면서 위생 확보를 위한 규제를 대폭 강화했다. 이는 1919년 제1차 세계대전 참전 군인들에 대한 주택 지원을 목적으로 '주택도시계획법'이 제정될 때까지 지속되었다.

••• 시 조례의 기준에 최소한으로 맞춘 조례주택들이 획일적인 형태로 건축되면서 이에 대한 비판이 제기되었다. 건축가 레이먼드 언윈은 1912년 「과밀로 얻을 수 있는 것은 없다」라는 제목의 팸플릿을 통해 획일적인 연립 평행 배치보다 블록형 배치가 도로 비용을 절감하고 건축 밀도를 낮출 수 있는 효과적인 방법이라고 주장했다. 블록형 배치는 그가 레치워스 전원도시, 햄스테드 교외 주거지 등에서 사용했던 방식이었다.

94 런던 리젠트가 정비 계획도, 1813

95 「더 쿼드런트에서 본 리젠트가」, 동판화, 1828

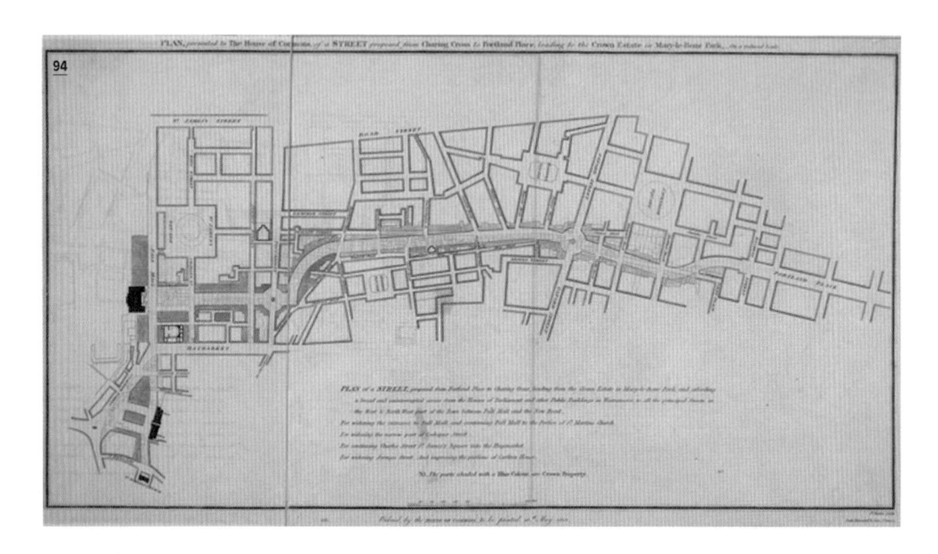

94

95

96 파리 대개조 공사, 1853~70. 붉은색이 당시 건설된 도로

97 새로 건설된 파리 생제르맹 가로와 가로변에 건축된 건축물들, 1853~70년경 모습

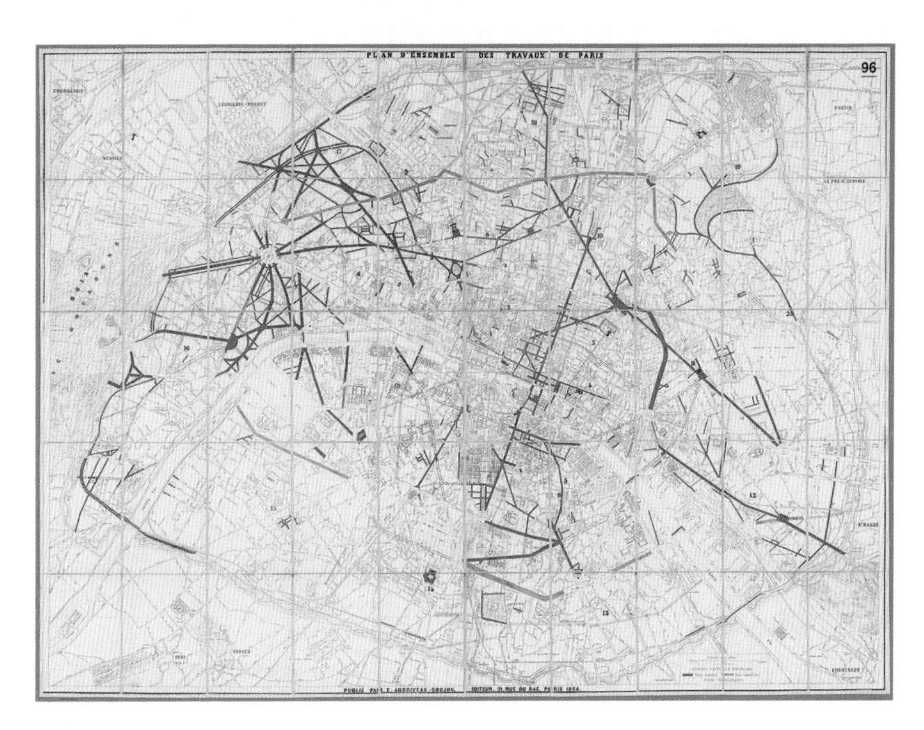

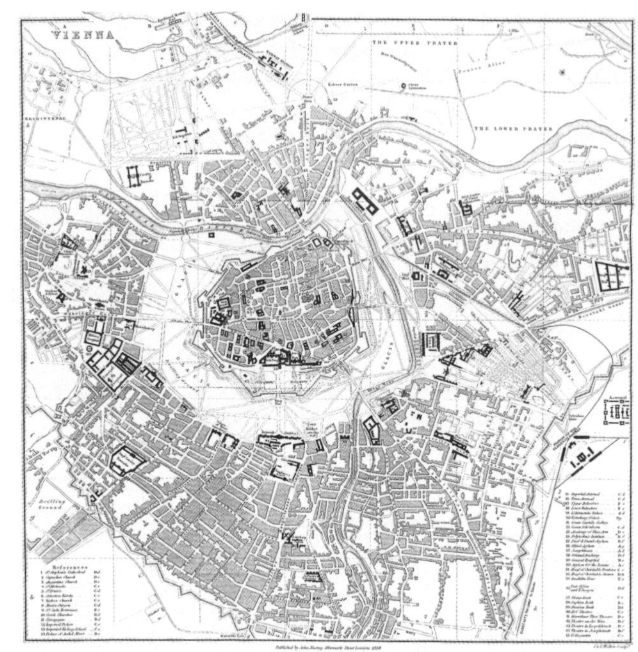

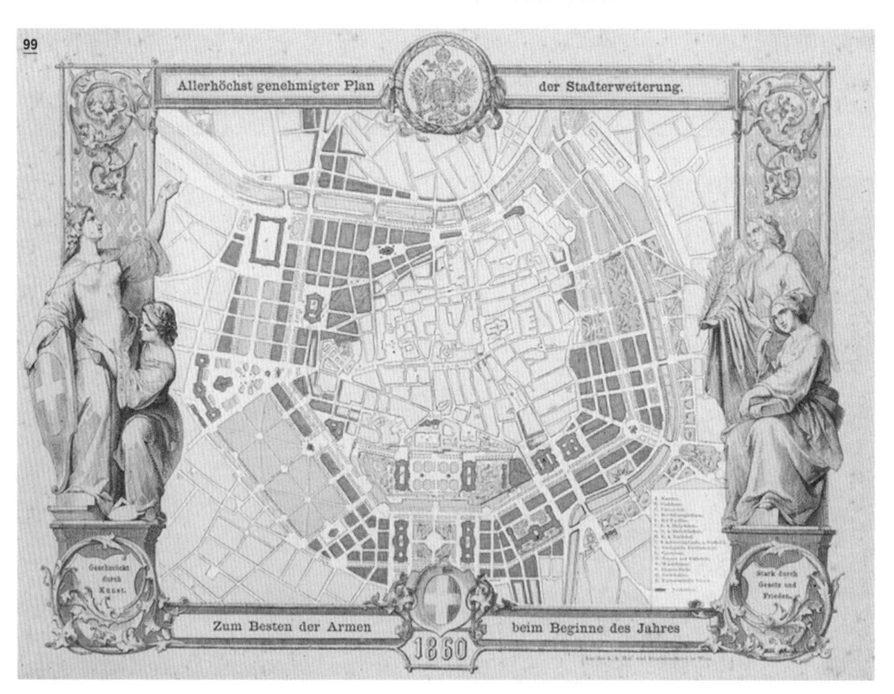

98 1858년 빈 지도, 성벽과 방어용 경사녹지가 남아 있다

99 1859년 빈 개발 계획 확정 지도

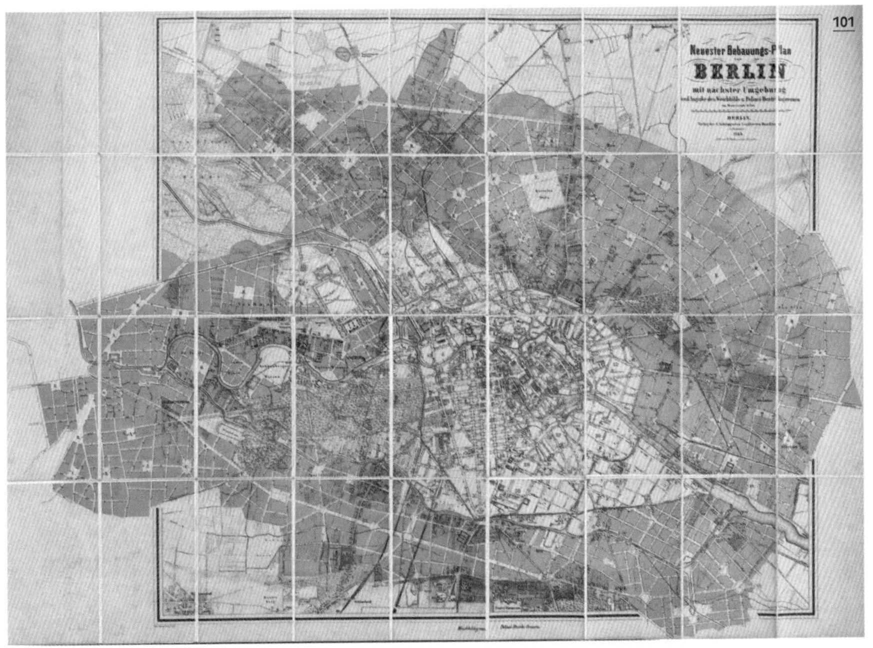

100 빈 쇼텐링, 1875 (링슈트라세 건설, 1858~1913)

101 베를린 호브레히트 계획도, 1862

계급의 주택 건축을 위한 가로변 토지 수요 증가, 그리고 이 모든 것이 초래하는 교통량을 더 이상 감당할 수 없었다. 중세시대부터 형성된 좁고 구불구불한 골목을 커다란 광장과 가로공간으로 탈바꿈시킬 필요가 있었다.

런던 리젠트가 정비(1811~25), 파리 대개조(1853~70), 빈의 옛 성곽 철거 및 링슈트라세 건설(1858~1913), 베를린의 도시 확장을 위한 교외 지역 개발 계획인 호브레히트 계획(1859~62) 등은 앞서 언급한 정치경제적 동기가 결합된 도심부 정비사업의 대표적 사례들이다. 옛 가로의 폭을 넓히거나 새로운 도로를 건설함과 동시에 경관 연출을 위해 가로에 면한 건물들의 형태를 세심하게 관리했다는 점이 이들 사업의 공통점이다.

런던 리젠트가 정비 계획의 책임자는 존 내시였다. 내시는 개발업자 제임스 버튼과 건축가인 그의 아들과 함께 가로변 건물 대부분을 설계하고 지었다. 고전주의부터 바로크와 고딕까지 두루 조합된 절충주의 양식으로 일관되게 지어진 건물들이 가로에 통일감을 주었다. 파리 대개조 공사에서는 책임자인 오스망이 새로운 도로망 계획뿐 아니라 신설 도로변 건물의 높이, 건축 양식, 외벽 재료 등에 대한 세세한 설계지침을 마련해 통일성 있는 가로경관이 조성되도록 세심하게 관리했다. 빈 링슈트라세 건설 역시 상당히 까다로운 계획 아래 진행되었다. 프란츠 요제프 1세의 칙령에 의해 도로의 폭과 형태는 물론 주변 주요한 건축물의 위치와 기능까지도 지정하고, 심지어 부지 판매 시 유명 건축가에게 건축을 맡길 것을 조건으로 명시하기까지 했다. 한편으로는 교통 효율을 높이고, 양호한 주택용지를 공급한다는 경제적 목적을, 다른 한편으로는 기념비적 도시경관을 조성한다는 정치적 목적을 동시에 꾀한 것이다. 베를린의 호브레히트 계획은

1700년대 초 5만 명 수준에서 1810년 16만 명, 1840년 30만 명으로 급증한 인구와 도시경제 팽창에 대응해 400만 명 인구 수용을 목표로 수립된 대대적인 확장 계획이었다. '파리처럼' 화려하고 위용이 넘쳐야 한다는 국왕의 요구를 반영하여 도로 신설과 건물 신축에 비중을 두고 19세기 말까지 도시개발이 계속되었다. 그러나 도로 건설 이후 개별 규제가 느슨했던 탓에 무질서한 과밀 개발이 진행되었다.

도시 정비사업에는 중상류 계층의 거주 지역을 노동자 및 빈민층으로부터 격리시키려는 의도도 작용했다. 리젠트가는 상류 계층 거주 지역인 메이페어를 노동자 밀집 지역인 소호와 구분했고, 링슈트라세는 왕궁과 주요 공공건물이 위치한 도심과 노동자 거주 지역을 명확히 구분하면서 가로 주변에 중상류 계급을 위한 고급 건축물들이 들어섰다. 파리에서도 새로 건설된 가로변에 지어진 건축물은 노동자 주거와 구분된 중류 계급용 아파트였다.

이들 사례에서 주목해야 할 또 다른 측면은 이들 정비사업이 토지 가치 증식을 의식한 부동산 개발 논리에 따라 이루어졌다는 것이다. 리젠트가는 애초에 상업가로로 계획되어 정부로부터 도로 건설을 위한 초기 자금 일부를 대부받은 것 이외에는 전적으로 민간 개발업자의 투자에 의해 건설되었다.• 파리에서는 더 광범위한 부동산 개발 투자가 진행되었다. 파리 시 당국은 기존 토지와 건물을 헐값에 수용한 후 개발사업자에게 되팔면서 개발사업자에게 토지 및 건물 수용 보상금에 더해 일정 금액의 사업 보증금을 미리 납부하도록 했다. 개발 이익을 노린 사업자들이 속속 참여했고 파리

• 당시 런던 최대의 개발업자였던 제임스 버튼이 가장 큰 투자자였으며, 설계자인 존 내시도 일부 토지에 개발 주체로 참여했다.

시 당국은 이들이 낸 보증금을 이용해 사업을 시행했다.* 빈링슈트라세는 중세 성곽 둘레에 공성전 방어용 경사녹지로 비어 있던 폭 500미터에 이르는 토지 대부분을 건축용 부지로 매각하여 도로 및 공공건축물 건설 자금을 조달했다. 토지 매각을 촉진하기 위해 신축 건물에 대해 세금을 면제하고 건축 조건을 완화하는 법령을 만들기도 했다.

도시계획과 건축의 분리

국가에 의한 대규모 건설사업을 이처럼 전격적으로 부동산 시장 논리에 따라 추진한 것은 과거에는 없던 일이었다. 으레 왕이나 귀족, 혹은 부르주아의 출자에 기대기 마련이었는데 이제는 개발이익을 노린 사업자들의 투자에 의존하는 방식으로 바뀌었다. 정비사업의 규모가 매우 컸다는 이유도 있었지만 무엇보다 도시 토지의 경제적 가치가 높아졌기에 벌어진 일이었다. 토지 가격이 높아져서 국가가 직접 토지를 매입하여 사업을 벌이기가 어려워지기도 했고, 공업 및 상업 활동 밀도가 높아지면서 도시 토지를 개발하여 얻을 수 있는 수익이 커졌고 이를 노리는 개발사업자들이 증가했기 때문이다.

부동산 시장 논리가 개입되자 도시계획과 건축의 관계도 달라졌다. 18세기까지는 도시의 계획과 건설은 곧 '건축'을 의미했다. 그 모습이 너무 느리게 변했기 때문에 도시는 변하지 않는 고정된 것으로 간주되었고, 광장·지구 또는 전체 도시를 계획하는 일은 결정적이고 영원하며 명확한 건축적 형태를 부여하는 것이었다. 그러나 상품 및 노동력이 집

* 그럼에도 불구하고 오스망은 1868년까지 25억 프랑에 달하는 공공예산을 지출했고, 막대한 예산 소모에 반대한 정치 세력에 밀려 1870년 파리 지사직에서 사퇴했다.

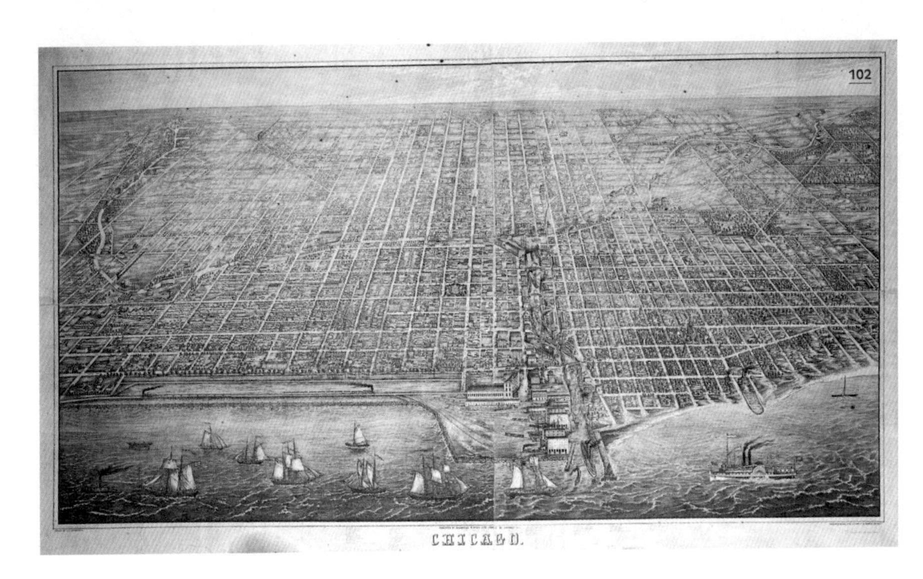

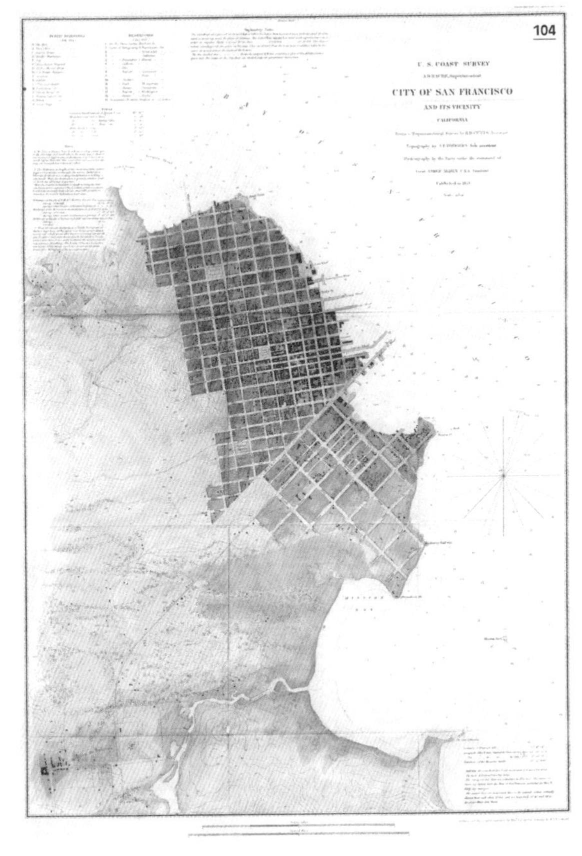

102 시카고 1857년 조감도

103 1811년 채택된 뉴욕 맨해튼 도시계획

104 샌프란시스코 1853년 지도

중된 도시의 토지 가치가 급등하고 개발사업이 많아질 뿐 아니라 속도도 빨라지면서 도시를 계획하는 일은 건축가의 손을 떠나기 시작했다. 파리 대개조 공사, 빈 링슈트라세 건설은 관료에 의해 입안되었다.• 여기에서 정치적 동기와 함께 도시공간 구조 결정요인으로 작동한 것은 건축보다는 부동산 개발 논리였다. 건축은 더 이상 도시 구조를 결정하는 데 주요 요소가 아니었다. 도시계획으로 구획된 도시공간의 표면을 장식하는 사후적 수단일 뿐이었다. 건축과 도시공간을 일체화된 대상으로 간주하던 전통적인 패러다임은 표피적인 결과물로만 유지되었다.

도시계획과 건축의 분리를 더 직설적으로 보여준 것은 신대륙 미국의 도시들이었다. 일찍부터 미국 최대 도시로 발전한 필라델피아의 도시계획(1682)을 시작으로, 19세기에 들어 필라델피아를 누르고 성장한 뉴욕시의 맨해튼 도시계획(1811), 1830년대에야 정주민이 거주하기 시작한 시카고의 초기 도로망 계획(1830), 1821년 스페인 식민 마을에서 벗어나 멕시코령으로 발전하기 시작한 샌프란시스코의 최초 토지 지도 및 도로망 계획(1839) 등 미국 도시계획 대부분에서 격자(gridiron) 도로체계가 반복적으로 채용되었다. 격자 도로체계는 자율적·이성적 개인들의 자유로운 경제활동을 담아내는 데에는 지극히 합리적인 것이었다. 전체 도시공간의 질서는 격자 도로체계로 미리 확보한 상태이므로 이

• 빈의 링슈트라세는 1858년 1월 황제 프란츠 요제프 1세의 교서로 기본 계획을 공모하여 6개월 후 유럽 각국 건축가들의 85개 응모안이 제출되었으나 당선작 없이 우수작 세 점을 선정했다. 다시 황제의 지시로 구성된 정부의 특별위원회가 기본 계획을 작성하여 1859년 10월 확정되었다. 베를린의 경우는 예외였다. 계획 책임자였던 제임스 호브레히트는 베를린 건축 아카데미 출신의 건축가였다.

후 각각의 블록에서 진행되는 건축은 도시공간 구조나 질서에 별다른 영향을 미치지 않는다. 어떤 블록이 먼저 개발되든 건물들이 어떤 형태로 지어지든 도시 구조는 흔들리지 않는다. 인구 증가에 따른 도로망과 건축용 토지 확장 역시 기존의 격자 도로체계를 유지하면서 진행된다. 도시의 중심이 특정되지 않은 채 모든 블록이 동일한 접근성과 동일한 형상을 갖기에 개별적인 개발 행위들과 경제활동 주체들의 결정들이 도시의 중심과 주변을 만들어간다. 도시 구조의 제약에서 해방된 건축은 자기기능의 합리화와 자기형태의 의미 부여에 진력하게 된다. 이 모두가 19세기에 급격히 성장한 미국의 주요 도시들에서 공통적으로 진행된 현상이었다.••

사실 격자체계는 새롭게 등장한 도시 구조가 아니다. 고대 그리스 식민도시부터 중세의 농지 개척용 마을(bastide)•••, 명나라 수도 베이징 등 지배 권력에 의해 일괄적으로 조성된 마을이나 도시에서 흔히 채용되어온 방식이었다. 일방적이고 타율적인 도시계획 수단이었던 격자체계가 자유로운 경제활동 주체들이 약동하는 19세기 자본주의 도시에서 궁극의 합리성을 발휘하며 만개한 것이다.

그러나 그것은 자본주의적 합리성일 뿐이었다. 도시공간 구조에서 독립하여 자기 기능과 형태에만 집중할 수 있게 된 건축의 합리성과 자유 역시 이윤 추구와 과시 욕망의 충족이라는 시각에서나 찬양받을 만한 것이었다. 시민의 생활

•• 뉴욕은 1800년 인구 79만 216명에서 1900년 343만 7202명으로 늘어 세계 2위 대도시로 팽창했으며, 시카고는 공식 행정구역이 된 1833년 인구 2백 명에 지나지 않았으나 1900년에는 169만 8575명으로 세계 5위의 대도시로 급성장했다.

••• 13~14세기에 영국과 프랑스 남서부에서 숲이나 초지 등 비농지 지역을 개척하기 위해 건설한 정착촌을 말한다. 많은 경우 격자체계로 땅을 구획하여 건설되었다.

세계 차원에서 본다면 건축과 도시계획의 분리는 거꾸로 비합리성을 키워가고 있었다. 자연 지형이나 주변 건축의 상황을 조건으로 새로운 건축이 이루어지고, 그것이 또 다른 건축의 조건으로 작용하는 도시와 건축의 긴밀한 관계는 무너졌다. 도시와 건축의 유기적 총체성으로 얻어지는 공간 환경의 질이 훼손된 것이다. 다시 말해 새로운 건축 행위가 기존 도시 공간 속에 새로운 관계망을 생성함으로써 생활공간을 한 켜씩 중첩시켜가는 진화 과정이 억압되고 파괴된 것이었다. 자본주의 경제 논리에 따른 합리성과 생활세계 차원의 비합리성의 간극은 20세기 내내 커져갈 것이었다. 그리고 그 비합리성에 대한 문제 제기는 그 비합리로 인해 경제적 체계와 상품 세계의 합리성조차 제약되기에 이르는 20세기 후반에야 이루진다. 그때야 도시와 건축의 통합적 계획과 설계가 다시금 주요한 과제로 다루어진다.

참고문헌

갈릴레이, 갈릴레오, 『새로운 두 과학: 고체의 강도와 낙하 법칙에 관하여』, 이무현 옮김(사이언스북스, 2016)

기번, 에드워드, 『로마제국 쇠망사』(전 6권), 송은주 외 옮김(민음사, 2010)

길로크, 그레임, 『발터 벤야민과 메트로폴리스』, 노명우 옮김(효형출판, 2005)

김종국, 「칸트에서 유토피아와 진보」, 『철학』 제105집(한국철학회, 2010), pp. 1~19

남경태, 『누구나 한번쯤 철학을 생각한다: 길가메시에서 하버마스까지 흐름을 꿰는 서양 철학사』(휴머니스트, 2012)

데카르트, 르네, 『방법서설: 정신지도규칙』, 이현복 옮김(문예출판사, 2019)

러스킨, 존, 『건축의 일곱 등불』, 현미정 옮김(마로니에북스, 2012)

로크, 존, 『인간지성론』, 추영현 옮김(동서문화사, 2011)

루소, 장 자크, 『사회계약론: 자유와 평등·민주주의에 관한 최고의 고전』, 정성환 옮김(홍신문화사, 2007)

리제베로, 빌, 『건축의 사회사: 산업혁명에서 포스트모더니즘까지』, 박인석 옮김(열화당, 2008)

마르크스, 카를, 『경제학-철학 수고』, 강유원 옮김(이론과실천, 2006)

______, 『자본』 I-1, I-2, 강신준 옮김(도서출판 길, 2008)

모리시, 제이크, 『디자인 천재: 역사상 가장 위대한 건축을 탄생시킨 두 남자의 숙명적 대결』, 김난령 옮김(생각의나무, 2006)

몽테스키외, 샤를, 『법의 정신』, 이명성 옮김(홍신문화사, 2006)
바사리, 조르조, 『르네상스 미술가 평전』(전 6권), 이근배 옮김(한길사, 2018)
배형민, 「현대건축에서 그리드와 축에 관한 연구: 듀랑에서부터 르 코르뷔제까지」, 『건축역사연구: 한국건축역사학회논문집』 제11권 제4호(한국건축역사학회, 2002), pp. 99~115
베버, 막스, 『프로테스탄트 윤리와 자본주의 정신: 금욕과 탐욕 속에 숨겨진 역사적 진실』, 김상희 옮김(도서출판 풀빛, 2006)
베이컨, 프랜시스, 『신기관』, 김홍표 옮김(지만지, 2014)
______, 『학문의 진보』, 이종흡 옮김(아카넷, 2002)
벤담, 제러미, 『도덕과 입법의 원리 서설』, 고정식 옮김(나남출판, 2011)
벤야민, 발터, 『아케이드 프로젝트』, 조형준 옮김(새물결, 2008)
볼테르, 『루이 15 시대 개요』, 송기형 옮김(한국문화사, 2017)
뵐플린, 하인리히, 『미술사의 기초개념』, 박지형 옮김(시공사, 1994)
부르크하르트, 야콥, 『이탈리아 르네상스의 문화』, 이기숙 옮김(한길사, 2003)
비올레르뒤크, 외젠, 『건축 강의』(전 4권), 정유경 옮김(아카넷, 2015)
비코, 잠바티스타, 『새로운 학문』, 조한욱 옮김(아카넷, 2019)
빙켈만, 요한 요아힘, 『그리스 미술 모방론』, 민주식 옮김(이론과실천, 2003)
손세관, 『도시주거 형성의 역사: 이집트에서 오늘에 이르는 도서주택의 변천』(열화당, 2004)
쇼펜하우어, 아르투어, 『의지와 표상으로서의 세계』, 권기철 옮김(동서문화사, 2008)
스미스, 애덤, 『국부론 1, 2』, 유인호 옮김(동서문화사, 2017)
스피노자, 바뤼흐, 『에티카』, 강영계 옮김(서광사, 2007)
시오노 나나미, 『바다의 도시 이야기: 베네치아 공화국 1천년의 메시지

상·하』, 정도영 옮김(한길사, 2002)

알베르티, 레온 바티스타, 『건축론』(전 3권), 서정일 옮김 (서울대학교출판문화원, 2018)

______, 『알베르티의 회화론』, 노성두 옮김(사계절, 1998)

앤더슨, 페리, 『고대에서 봉건제로의 이행』, 유재건·한정숙 옮김 (현실문화, 2014)

______, 『절대주의 국가의 계보』, 김현일 옮김(현실문화, 2014)

엥겔스, 프리드리히, 『영국 노동계급의 상황』, 이재만 옮김(라티오, 2014)

오스터함멜, 위르겐, 『대변혁: 19세기의 역사풍경』(전 3권), 박종일 옮김(한길사, 2021)

왓킨, 데이비드, 『건축사학사』, 우동선 옮김(시공사, 1997)

윤비, 「질서의 상징으로서 신체」, 『한겨레』 2019년 3월 29일 자

이상신, 『레오폴트 폰 랑케와 근대 역사학의 형성: 역사연구방법론과 역사사상』(고려대학교출판문화원, 2021)

이상헌, 「근대적 건축설계교육의 기원과 형성과정에 대한 연구: 대학에서의 스튜디오 교육방식의 발전을 중심으로」, 『대한건축학회논문집』 계획계 제22권 제3호(대한건축학회, 2006), pp. 145~156

______, 『철 건축과 근대 건축이론의 발전』(도서출판 발언, 2002)

이재희·이미혜, 『예술의 역사: 경제적 접근』(경성대학교 출판부, 2013)

이지은, 『귀족의 시대 탐미의 발견』(모요사, 2019)

______, 『부르주아의 시대 근대의 발명』(모요사, 2019)

이진경, 『근대적 주거공간의 탄생』(그린비, 2007)

임석재, 「초기 합리주의자들을 통해서 본 새 기술과 역사성의 창조적 결합: 옛것과 새것(건축설계로 구하는 새로움과 가치는 어디서 오는가)」, 『한국건축역사학회 추계학술발표대회

논문집』(한국건축역사학회, 1996), pp. 119~131
______, 『역사 기술 인간: 18~19세기 건축』(북하우스, 2008)
______, 『인간과 인간: 르네상스 바로크 건축』(북하우스, 2007)
전진성, 「유럽 중심주의를 위한 변명: 헤겔의 『역사철학 강의』」, 『서양사론』 제114호(한국서양사학회, 2012), pp. 352~380
______, 『상상의 아테네, 베를린·도쿄·서울: 기억과 건축이 빚어낸 불협화음의 문화사』(천년의상상, 2015)
정인하, 「고트 프리트 젬퍼와 칼 뵈티허의 텍토닉 개념 비교」, 『건축역사연구: 한국건축역사학회논문집』 제7권 제4호 (한국건축역사학회, 1998), pp. 77~91
진중권, 『서양미술사: 고전예술 편』(휴머니스트, 2008)
최용찬(2011), 「세기말 비엔나의 링슈트라세 프로젝트와 근대 도시의 이미지 정치」, 『독일연구: 역사·사회·문화』 21호(한국독일사학회, 2011), pp. 31~57
코스토프, 스피로 편(1977), 『아키텍트』, 우동선 옮김(효형출판, 2011)
콩도르세, 니콜라 드, 『인간 정신의 진보에 관한 역사적 개요』, 장세룡 옮김(책세상, 2019)
콩트, 오귀스트, 『실증주의 서설』, 김점석 옮김(한길사, 2001)
퇴니스, 페르디난트, 『공동사회와 이익사회: 순수사회학의 기본개념』, 곽노완·황기우 옮김(라움, 2017)
프램튼, 케네스, 『현대건축: 비판적 역사』, 송미숙 옮김(도서출판 마티, 2017)
핀카드, 테리, 『헤겔』, 전대호·태경섭 옮김(도서출판 길, 2015)
하우저, 아르놀트, 『문학과 예술의 사회사 3: 로꼬꼬, 고전주의, 낭만주의』, 염무웅·반성완 옮김(창작과비평사, 2016)
하우저, 아르놀트, 『문학과 예술의 사회사 4: 자연주의와 인상주의 영화의 시대』, 백낙청·염무웅 옮김(창작과비평사, 2016)
헤겔, 게오르크 빌헬름 프리드리히, 『역사철학강의』,

권기철 옮김(동서문화사, 2008)
헤르더, J. H., 『인류의 역사철학에 대한 이념』, 강성호 옮김(책세상, 2002)
홉스, 토머스, 『리바이어던: 만인의 만인에 대한 투쟁을 중단하라』, 신재일 옮김(서해문집, 2007)
홉스봄, 에릭, 『자본의 시대』, 정도영 옮김, 김동택 해제(한길사, 2018)
______, 『혁명의 시대』, 정도영·차명수 옮김, 김동택 해제(한길사, (2018)
흄, 데이비드, 『오성에 관하여』, 이준호 옮김(서광사, 1994)
히로유키 스즈키, 『서양 근·현대 건축의 역사: 산업혁명기에서 현재까지』, 우동선 옮김(시공사, 2003)
히버트, 크리스토퍼, 『메디치 스토리: 부, 패션, 권력의 제국』, 한은경 옮김(생각의나무, 2001)
Alberti, Leon Battista, *The Ten Books of Architecture* The 1755 Leoni Edition (Dover Publications, 1986)
Benevolo, Leonardo, *The origins of modern town planning* (Cambridge, Mass.: The MIT Press, 1967)
Blondel, François, *Cours d' Architecture* (Paris, 1675). https://openlibrary.org/
Boullee, Etienne-Louis, "Architecture, Essay on Art," in *Boullée and visionary Architecture* (London: Harmony Books, 1974). https://monoskop.org/
Brouwer, Petra, "The Pioneering Architectural History Books of Fergusson, Kugler, and Lübke," *Getty Research Journal* No. 10 (Getty Research Institute, 2018), pp. 105~120. https://www.academia.edu/
Campbell, Colen, *Vitruvius Britannicus, or, The British architect* (London: Printed and sold by Author, at his house in Middle

Scotland-Lord, White-Hall; and by Joseph Smith, at the Sign of Inigo Jones's Head, near Exeter-'Change, in the Strand., 1715). https://archive.org/

Chambers, Ephraïm (ed.)(1728), *Cyclopædia, or an Universal Dictionary of Arts and Science* (London: Printed for James and John Knapton, John Darby …, 1728). https://archive.org/

Chambers, William, *A Treatise on the Decorative Part of Civil Architecture*, (London: Priestly and Weale, 1825). https://archive.org/

Claude Nicolas Ledoux, *L'Architecture considérée sous le rapport de l'art, des mœurs et de la législation* (Paris: chez l'auteur, rue neuve d'orleans, 1804). https://archive.org/

Colvin, Howard, "Gothic Survival," Grove Art Online. https://www.oxfordartonline.com/groveart/

Desgodetz, Antoine Babuty, *Les edifices antiques de Rome: dessinés et mesurés très exactement* (Paris: chez Claude-Antoine Jombert, 1682). https://bibliotheque-numerique.inha.fr/

Diderot, Denis and Alembert, Jean le Rond d' (ed.), *Recueil de Planches, sur Les Sciences, Les Arts Libéraux, et Les Arts Méchaniques, avec Leur Explication* (*L'Encyclopédie*(1751~) 도판집) (Paris: Briasson, 1762). https://www.biodiversitylibrary.org/

Hvattum, Mari, *Gottfried Semper and the Problem of Historicism* (Cambridge: Cambridge University Press: 2004).

Kim, Ran Soo, "A Study on the Definition of the Term "Tectonics" in Architecture," *Architectural Research*, Vol. 8, No. 2 (Architectural Institute of Korea, December 2006), pp. 17~26.

https://www.koreascience.or.kr/

King, Ross, *Brunelleschi's Dome* (London: Pimlico, 2000)

Langley, Batty, *Ancient architecture, restored and improved by a great variety of grand and useful designs, entirely new, in the Gothick mode, for the ornamenting of buildings and gardens* (London: s. n., 1742). https://archive.org/

______, *Gothic architecture, improved by rules and proportions* (London: Printed for John Millan, near Whitehall, 1747). https://archive.org/

Laugier, Marc-Antoine(1753), *An Essay on Architecture* (London, Printed for T. Osborne and Shipton, 1755). https://archive.org/

Lemagny, Jean-Claude, *Visionary Architects: Boullee, Ledoux, Lequeu* (Houston: University of St. Thomas, 1968)

Le Roy, Julien-David, *Les Ruines des plus beaux monuments de la Grèce* (Paris: Chez H. L. Guerin & L. F. Delatour; Chez Jean-Luc Nyon; Amsterdam: Jean Neaulme, 1758). https://archive.org/

Mark, Robert (ed.), *Architectural Technology up to the Scientific Revolution: The Art and Structure of Large-Scale Buildings* (Cambridge, Mass.: The MIT Press, 1994).

Mearns, Andrew, *The Bitter Cry of Outcast London* (London: James Clarke&Co., 1883). https://archive.org/

Montano, Giovanni Battista, *Scielta d. varii tempietti antichi* (Roma: Apresso il sudetto Soria, 1624). https://openlibrary.org/

______, *Diversi ornamenti capricciosi per depositi o altari, vtilisimi a virtuosi* (Roma: Apresso il sudetto Soria, 1625). https://openlibrary.org/

______, *Tabernacoli diversi* (Roma: G. B. Soria, 1628).

https://openlibrary.org/

______, *Architettvra con diversi ornamenti cavati dall'antico* (Roma: Appresso al sudetto Bartolomeo, 1638). https://openlibrary.org/

______, *Raccolta de' tempij et sepolcri disegnati dall'antico* (Roma: Appresso al med. Calisto, 1638). https://openlibrary.org/

Nicoletta Marconi, "Technicians and Master Builders for the Dome of St. Peter's in Vatican in the Eighteenth Century: The Contribution of Nicola Zabaglia(1664~1750)," Conference: Proceedings of the Third International Congress on Construction History (Cottbus, May, 2009) Vol. 2. https://www.researchgate.net/

Palladio, Andrea, *The Four Books of Architecture*, translated by Isaac Ware Isaac Ware (London: Printed for R. Ware, at the Bible and Sun, on Ludgate-Hill, 1738). https://archive.org/

Perrault, Claude, *Ordonnance for the Five Kinds of Columns after the Method of the Ancients*, translated by Indra Kagis McEwen (CA, Santa Monica: The Getty Center for the History of Art and the Humanities, 1993). https://www.getty.edu/

Pugin, Augustus Welby, *Contrasts: or a parallel between the noble edifices of the middle ages, and corresponding buildings of the present day; shewing the present decay of taste* (Edinburgh: J. Grant, 1898). https://archive.org/

______, *The True Principles of Pointed or Christian Architecture* (London: J. Weale, 1841). https://archive.org/

Ranogajec, Paul A., "Claude Perrault, East facade of the Louvre." https://www.khanacademy.org/humanities/renaissance-reformation/baroque-art1/france/a/claude-perrault-east-facadeof-the-louvre

Schwarzer, Mitchell, "Ontology and Representation in Karl Bötticher's Theory of Tectonics," *Journal of the Society of Architectural Historians* Vol. 52, No. 3 (Sep., 1993), pp. 267~280. https://www.jstor.org/

Semper, Gottfried, "The Four Elements of Architecture," *The Four Elements of Architecture and Other Writings*, translated by Harry Francis Mallgrave and Wolfgang Herrmann (Cambridge: Cambridge University Press, 2011). http://designtheory.fiu.edu/

______, *Style in the Technical and Tectonic Arts; or, Practical Aesthetics*, translated by Harry Francis Mallgrave and Michael Robinson (Los Angeles: Getty Research Institute, 2004). https://kupdf.net/

Serlio, Sebastiano(1575), *The first[-fift] booke of architecture*, translated by Robert Peake(London: Printed [by Simon Stafford] for Robert Peake, 1611), https://archive.org/

Stuart, James and Nicholas Revett, *The Antiquities of Athens* (London: Printed by J. Haberkorn, 1762). https://archive.org/

Texier, Edmond, *Tableau de Paris* (Paris: Paulin et Le Chevalier, 1852). https://archive.org/

Unwin, Raymond, *Nothing gained by overcrowd!* (Westminster: P. S. King & Son, 1912). https://www.hgstrust.org/

Vignola, Giacomo Barozzi da, *The Five Orders of Architecture*, translated by Thomaso Juglaris and Warren Locke (Boston: Press of Berwick & Smith, 1889). https://archive.org/

Vitruvius, *The Ten Books on Architecture*, translated by Morris Hicky Morgan (Cambridge: Harvard University Press, 1914). https://archive.org/

Voltaire, *Age of Louis XIV*, in *The Works of Voltaire. A Contemporary Version* Vol. XII, translated by William F. Fleming (New York: E. R. DuMont, 1901). https://oll.libertyfund.org/

______, *An Essay on Universal History, the Manners, and Spirit of Nations*, translated by Nugent (London: Printed for J. Nours, 1759). https://books.google.co.kr/

Wiebenson, Dora, "The Two Domes of the Halle au Blé in Paris," *The Art Bulletin*, Vol.55, No.2 (Jun., 1973), pp. 262~279. https://www.jstor.org/

Winckelmann, Johann Joachim, "History of Ancient Art." in *Winckelmann: Writings on Art*, selected & edited by David Irwin (Phaidon, 1972). https://monoskop.org/

도판 저작권

각 숫자는 장과 도판 번호를 나타낸다. 별표(*)는 저작권자의 허락을 받기 위해 노력했으나 연락이 닿지 않은 도판들이다. 이후 연락이 닿으면 해당 도판 사용에 관한 적절한 조치를 취할 것을 약속한다.

Commons.Wikimedia.org: 6-4, 6-5, 6-6, 6-7, 6-10, 6-12, 6-13, 6-14, 6-16, 6-19, 6-24, 6-25, 6-28, 6-29, 6-31, 6-32, 6-33, 6-34, 6-36, 6-67, 6-39, 6-40, 6-41, 6-42, 6-43, 6-44, 6-45, 6-46, 6-47, 6-48, 6-49, 6-57, 6-60, 6-61, 6-62, 6-63, 6-64, 6-66, 6-68, 6-69, 6-70, 6-71, 6-73, 6-75, 6-76, 6-77, 6-78, 6-79, 6-80, 6-84, 7-1, 7-2, 7-3, 7-4, 7-5, 7-6, 7-7, 7-8, 7-9, 7-10, 7-11, 7-12, 7-13, 7-14, 7-15, 7-16, 7-23, 7-27, 7-28, 7-29, 7-30, 7-31, 7-32, 7-33, 7-34, 7-36, 7-37, 7-38, 7-39, 7-40, 7-41, 7-42, 7-43, 7-45, 7-46, 7-47, 7-48, 7-49, 7-51, 7-52, 7-53, 7-54, 7-57, 7-58, 7-59, 7-60, 7-61, 7-62, 7-64, 7-68, 7-69, 7-71, 7-77, 7-78, 7-79, 7-83, 7-84, 7-85, 7-86, 7-77, 7-88, 7-89, 7-90, 7-91, 7-93, 7-94, 7-95, 7-96, 7-97, 7-105, 7-106, 7-107, 7-108, 7-109, 7-110, 7-111, 7-112, 7-113, 7-114, 7-115, 7-116, 8-2, 8-3, 8-4, 8-5, 8-6, 8-7, 8-9, 8-10, 8-11, 8-14, 8-15, 8-16, 8-17, 8-18, 8-19, 8-20, 8-22, 8-23, 8-24, 8-25, 8-26, 8-28, 8-29, 8-31, 8-32, 8-34, 8-35, 8-36, 8-37, 8-38, 8-39, 8-41, 8-42, 8-43, 8-44, 8-46, 9-1, 9-2, 9-3, 9-4, 9-5, 9-6, 9-7, 9-10, 9-11, 9-12, 9-13, 9-14, 9-15, 9-17, 9-19, 9-20, 9-21, 9-22, 9-23, 9-24, 9-25, 9-26, 9-27, 9-28, 9-29, 9-30, 9-31, 9-33, 9-35, 9-36, 9-37, 9-38, 9-40, 9-41, 9-43, 9-44, 9-45, 9-46, 9-47, 9-49, 9-50, 9-54, 9-55, 9-56, 9-59, 9-60, 9-61, 9-62, 9-63, 9-64, 9-65, 9-66, 9-67, 9-68, 9-69, 9-70, 9-71, 9-72, 9-73, 9-75, 9-76, 9-77, 9-78, 9-79, 9-80, 9-81, 9-82, 9-83, 9-85, 9-86, 9-87, 9-88, 9-89, 9-90, 9-91, 9-93, 9-94, 9-95, 9-96, 9-97, 9-98, 9-99, 9-100, 9-101, 9-102, 9-103, 9-104

Shutterstock: 6-8, 6-9, 6-17, 6-18, 6-20, 6-21, 6-26, 6-30, 6-35, 6-38, 6-32, 6-33, 6-55, 6-56, 6-65, 6-67, 6-72, 6-74, 6-81, 6-82, 6-83, 6-85, 6-86, 6-87, 6-88, 6-89, 6-90, 7-17, 7-18, 7-24, 7-25, 7-35, 7-44, 7-50, 7-63, 7-65, 7-66, 7-67, 7-70, 7-72, 7-73, 7-74, 7-75, 7-76, 7-80, 7-81, 7-82, 7-92, 7-98, 7-99, 7-80, 7-81, 7-102, 7-103, 7-104,

8-8, 8-12, 8-21, 8-27, 8-30, 8-33, 8-40, 8-45, 9-8, 9-9, 9-16, 9-18, 9-32, 9-34, 9-39, 9-42, 9-48, 9-51, 9-52, 9-53, 9-57, 9-58, 9-74, 9-84

http://mathouriste.eu/Brunelleschi/Brunelleschi.html: 6-11 | Castle Baynard: 7-56* | Robert Mark: 6-12* | Nicoleta Marconi/ Poleni, G: 6-50 | 박인석: 6-23, 6-31 | 미상: 6-27, 6-54, 7-26, 8-13, 9-92

찾아보기

〘 ㅂ 〙

〘 ㅅ 〙

〖 ㅇ 〗

〖 ㅌ 〗

〖 ㅎ 〗

박인석
서울대학교 건축학과를 졸업하고 동 대학원에서 석사학위와 박사학위를 받았다. 명지대학교 건축학부 교수로 재직 중이며, 제6기 대통령직속 국가건축정책위원회 위원장을 역임했다. 건축적 사고와 전략에 대한 이해 없이 표준 해법과 관행에서 벗어나지 못하는 도시 주택 정책을 비판하고 대안을 찾는 일에 관심을 두고 있다. 한편으로는 '건축 생산의 역사'라는 강의를 통해 서양 건축사를 다른 시각으로 조망하는 작업을 시도해왔다. 『건축이 바꾼다』, 『아파트 한국사회: 단지공화국에 갇힌 도시와 일상』 등을 비롯해 『아파트와 바꾼 집』, 『한국 공동주택계획의 역사』, 『주거단지계획』(이상 공저) 등을 썼다.

건축 생산 역사 2

만들어진 전통: 고전주의의 성립과 붕괴

박인석 지음

초판 1쇄 인쇄 2022년 8월 30일
초판 1쇄 발행 2022년 9월 15일

ISBN 979-11-90853-33-0 (94540)
979-11-90853-31-6 (set)

발행처 도서출판 마티
출판등록 2005년 4월 13일
등록번호 제2005-22호
발행인 정희경
편집 박정현, 서성진, 전은재
디자인 조정은
일러스트 임지수

주소 서울시 마포구 잔다리로 127-1, 8층 (03997)
전화 02. 333. 3110
팩스 02. 333. 3169
이메일 matibook@naver.com
홈페이지 matibooks.com
인스타그램 matibooks
트위터 twitter.com/matibook
페이스북 facebook.com/matibooks